全国高级技工学校电气自动化设备安装与维修专业教材
QUANGUO GAOJI JIGONG XUEXIAO DIANQI ZIDONGHUA SHEBEI ANZHUANG YU WEIXIU ZHUANYE JIAOCAI

机械常识

（第二版）

王希波　主　编

中国劳动社会保障出版社

简介

本书为全国高级技工学校电气自动化设备安装与维修专业教材，主要内容包括常用金属材料、带传动和链传动、螺纹连接和螺旋传动、齿轮传动与蜗杆传动、常用机构、轴系零部件、液压传动、气压传动等。

本书由王希波任主编，吴洪东任副主编，吴致远、王雪参加编写，焦红军任主审。

图书在版编目（CIP）数据

机械常识 / 王希波主编 . -- 2 版 . -- 北京 : 中国劳动社会保障出版社，2024
全国高级技工学校电气自动化设备安装与维修专业教材
ISBN 978-7-5167-5996-7

Ⅰ. ①机… Ⅱ. ①王… Ⅲ. ①机械学 - 技工学校 - 教材 Ⅳ. ①TH11

中国国家版本馆 CIP 数据核字（2024）第 063550 号

中国劳动社会保障出版社出版发行
（北京市惠新东街 1 号　邮政编码：100029）
*
北京宏伟双华印刷有限公司印刷装订　　新华书店经销
787 毫米 ×1092 毫米　16 开本　15 印张　336 千字
2024 年 4 月第 2 版　　2024 年 4 月第 1 次印刷
定价：37.00 元

营销中心电话：400-606-6496
出版社网址：http://www.class.com.cn
http://jg.class.com.cn

前言

为了更好地适应高级技工学校电气自动化设备安装与维修专业的教学要求，全面提升教学质量，人力资源社会保障部教材办公室组织有关学校的一线教师和行业、企业专家，在充分调研企业生产和学校教学情况、广泛听取教师使用反馈意见的基础上，吸收和借鉴各地技工院校教学改革的成功经验，对现有全国高级技工学校电气自动化设备安装与维修专业教材进行了修订（新编）。

本次教材修订（新编）工作的重点主要体现在以下几个方面。

更新教材内容

◆ 根据企业岗位需求变化和教学实践，针对培养高级工的教学要求，确定学生应具备的知识与能力结构，调整部分教材内容，增补开发教材，合理设计教材的深度、难度、广度，充分满足技能人才培养的实际需求。

◆ 根据相关专业领域的最新技术发展，推陈出新，补充新知识、新技术、新设备、新材料等方面的内容，更新设备型号及软件版本。

◆ 根据现行的国家标准、行业标准编写教材，保证教材的科学性和规范性。

◆ 在专业课教材中进一步强化一体化教学理念，将工艺知识与实践操作有机融为一体，构建“做中学”“学中做”的学习过程；在通用专业知识教材中注重课堂实验和实践活动的设计，将抽象的理论知识形象化、生动化，引导教师不断创新教学方法，实现教学改革。

优化呈现形式

◆ 创新教材的呈现形式，尽可能使用图片、实物照片和表格等形式将知识点生动地展示出来，提高学生的学习兴趣，提升教学效果。

◆ 部分教材将传统黑白印刷升级为双色印刷或彩色印刷，提升学生的阅读体验。例如，《工程识图与 AutoCAD（第二版）》采用双色印刷，《安全用电（第二版）》《机械常识（第二版）》采用彩色印刷，使内容更加清晰明了，符合学生的认知习惯。

提升教学服务

为方便教师教学和学生学习，在原有教学资源基础上进一步完善，结合信息技术的发展，充分利用技工教育网这一平台，构建“1+4”的教学资源体系，即 1 个习题册和二维码资源、电子教案、电子课件、习题参考答案 4 种互联网资源。

习题册——除配合教材内容对现有习题册进行修订外，还为多种教材补充开发习题册，进一步满足学校教学的实际需求。

二维码资源——在部分教材中，针对重点、难点内容制作微视频，针对拓展学习内容制作电子阅读材料，使用移动设备扫描即可在线观看、阅读。

电子教案——结合教材内容编写教案，体现教学设计意图，为教师备课提供参考。

电子课件——依据教材内容制作电子课件，为教师教学提供帮助。

习题参考答案——提供教材中习题及配套习题册的参考答案，为教师指导学生练习提供方便。

电子教案、电子课件、习题参考答案均可通过技工教育网（http://jg.class.com.cn）下载使用。

致谢

本次教材的修订（新编）工作得到了辽宁、江苏、山东、河南、湖北、广东、广西等省（自治区）人力资源社会保障厅及有关学校的大力支持，在此我们表示诚挚的谢意。

人力资源社会保障部教材办公室

2023 年 12 月

目　录

绪论

机械是指利用力学原理组成的各种装置。可以说，人们的生活几乎每时每刻都离不开机械，从小小的剪刀、钳子、扳手，到计算机控制的机械设备、机器人、无人机等都属于机械。机械的种类很多，如图 0-1 所示的数控机床、挖掘机、电风扇、自行车、扳手等。机械在现代生活和生产中起着非常重要的作用。想一想，你知道哪些关于机械的知识？

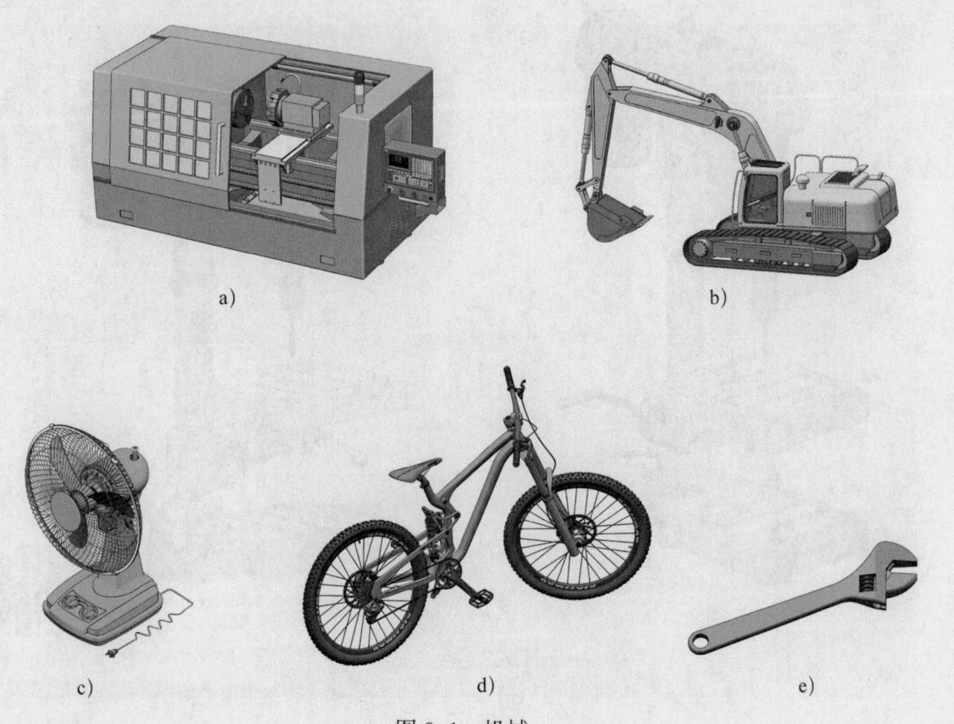

图 0-1 机械

a）数控机床 b）挖掘机 c）电风扇 d）自行车 e）扳手

一、机器与机构

1. 机器

机器是人们根据某种使用要求而设计制造的一种能执行机械运动的装置，用来完成所赋予的功能，如变换或传递能量、变换与传递运动和力，以及传递物料或信息等，其类型及应用见表 0–1。

表 0–1　常见机器的类型及应用

类型	应用举例
变换或传递能量的机器	发电机、电动机、空气压缩机和电动汽车等
变换与传递运动和力的机器	车床、铣床和冲床等
传递物料的机器	铲车、机械手和起重机等
传递信息的机器	3D 打印机、扫描仪和激光打印机等

台式钻床（简称台钻）是一种常用的孔加工机器，由电动机 7、带传动机构 6、齿轮齿条进给机构 4、钻夹头 3、可调工作台 2、底座 1、主轴箱 8、立柱 9 等组成，如图 0–2 所示。

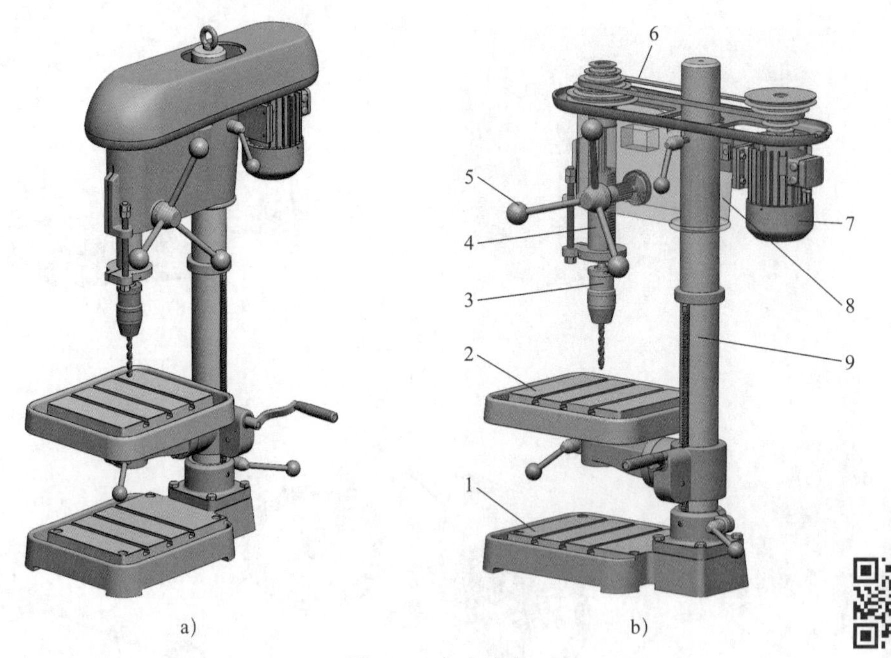

图 0–2　台式钻床

1—底座　2—可调工作台　3—钻夹头　4—齿轮齿条进给机构
5—进给手柄　6—带传动机构　7—电动机　8—主轴箱　9—立柱

机器尽管多种多样、千差万别，但其组成大致相同，一般由动力部分、传动部分、执行部分、控制部分、支承部分和辅助部分等组成。机器各组成部分的作用和应用举例见表 0–2。

表 0–2　　机器各组成部分的作用和应用举例

组成部分	作用	应用举例
动力部分	把其他形式的能量转换为机械能，以驱动机器各运动部件运动	电动机、内燃机和蒸汽机等
传动部分	将原动机的运动和动力传递给执行部分的中间环节	金属切削机床中的带传动、螺旋传动、齿轮传动和连杆机构等
执行部分	直接完成机器工作任务的部分，处于整个传动装置的终端，其结构形式取决于机器的用途	金属切削机床的主轴、滑板等
控制部分	显示和反映机器的运行位置和状态，控制机器正常运行和工作	机电一体化设备（如数控机床、机器人）中的控制装置等
支承部分	支承动力、传动、执行、控制部分，并将它们连为一体	机床的床身、汽车的车身等
辅助部分	改善机器的运行环境，延长机器的使用寿命	金属切削机床的冷却装置、润滑装置、安全防护装置、照明装置和显示装置等

图 0–2 所示台式钻床的动力部分为电动机，传动部分为带传动机构和齿轮齿条进给机构，执行部分为钻夹头及其上的钻头，控制部分为电源开关和进给手柄，支承部分为底座、立柱、主轴箱的箱体等。电动机通过带传动带动钻夹头做旋转运动；转动进给手柄，通过齿轮齿条传动带动钻夹头升降，从而完成钻孔。

2. 机构

机构是具有确定相对运动的实物组合，用于传递和转换运动和力，是机械的重要组成部分。图 0–3 所示为台式钻床上的带传动机构，它由主动塔式 V 带轮、从动塔式 V 带轮和 V 带组成，该机构将电动机的动力和旋转运动传递给主轴，从而带动钻头旋转。在传递运动和动力时，可以通过变换 V 带在塔式 V 带轮上的位置使钻夹头产生五种不同的转速。

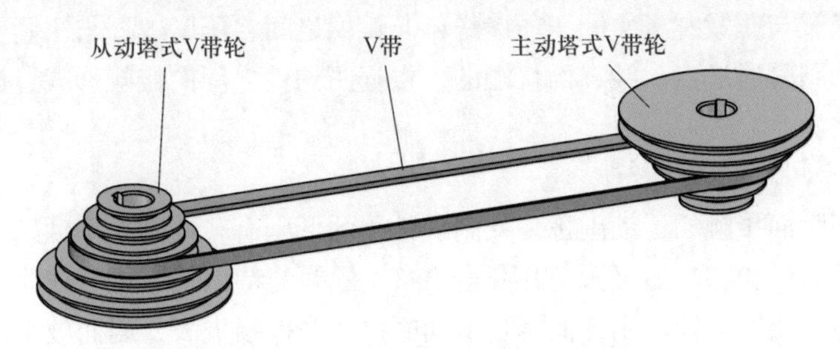

图 0–3　台式钻床上的带传动机构

图 0–4 所示为台式钻床上的进给机构，旋转进给手柄 1，带动齿轮 7 旋转，通过齿轮齿条传动将运动转换为套筒 5 的上下移动，从而带动钻头 9 上下运动。

一部机器可以有多种机构，也可以只包含一种机构。从结构和运动观点来看，机器和机构并无区别，因此人们习惯于用机械一词作为机器与机构的总称。有些简单的机械装置，没有动力部分，如自行车、活扳手等，它们不是机器，只能称为机械。

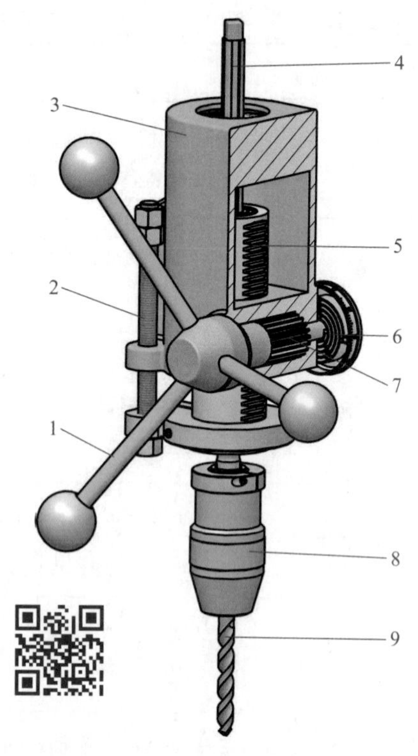

图 0–4　台式钻床上的进给机构
1—进给手柄　2—限位螺杆　3—箱体　4—主轴　5—套筒（齿条）　6—涡卷弹簧　7—齿轮　8—钻夹头　9—钻头

二、零件、部件与构件

组成机械的每一个单独加工的单元称为零件，零件也是用于装配产品的基本单元，机器由若干个零件装配而成。在图 0–2 所示台式钻床中，塔式 V 带轮、立柱、主轴箱的箱体等都是零件。

部件是机械的一个组成部分，由若干装配在一起的零件组成。在机械产品的装配过程中，常将零件先装配成部件，再将部件装配成机器。在图 0–2 所示台式钻床中，电动机、钻夹头、安装了主轴和齿轮齿条进给机构的主轴箱等都是部件。

从运动学的角度出发，机械包含若干个运动单元体，机构中的运动单元体称为构件。构件可以是一个零件，也可以是几个零件的刚性组合。图 0–5 所示为两爪顶拔器，主要由旋柄 1、压紧螺杆 3、压紧垫 8、横梁 5、销轴 6 和抓手 7 等零件组成，用于拆卸轴上紧配合的零件，如套、轴承、齿轮等。转动旋柄，通过螺旋传动，使压紧螺杆及压紧垫与抓手之间产生相对运动，从而将套从轴上拆卸下来。在该两爪顶拔器中，压紧螺杆、抓手、压紧垫是单个零件的构件，而旋柄、挡圈和沉头螺钉组成一个构件，横梁和销轴组成一个构件。

三、运动副

两个构件直接接触组成的可动连接称为运动副，它限制了两个构件之间的某些相对运动。在机械中，各构件必须以运动副的形式连接起来。在图 0–5 所示的两爪顶拔器中，抓手与销轴之间、横梁与压紧螺杆之间、压紧螺杆与旋柄之间、压紧螺杆与压紧垫之间的连接都是运动副。运动副是通过点、线、面接触的，根据两构件之间的接触形式，运动副可分为低副和高副两大类。

1. 低副

两构件之间为面接触的运动副称为低副。常用的低副有转动副、移动副（棱柱副）和螺旋副等。常用低副的类型、定义及应用见表 0–3。低副的特点是：承受载荷时的单位面积压力较小，故传力性能好，较耐用；低副是滑动摩擦，摩擦损失大，因而效率低；低副不能传递较为复杂的运动。

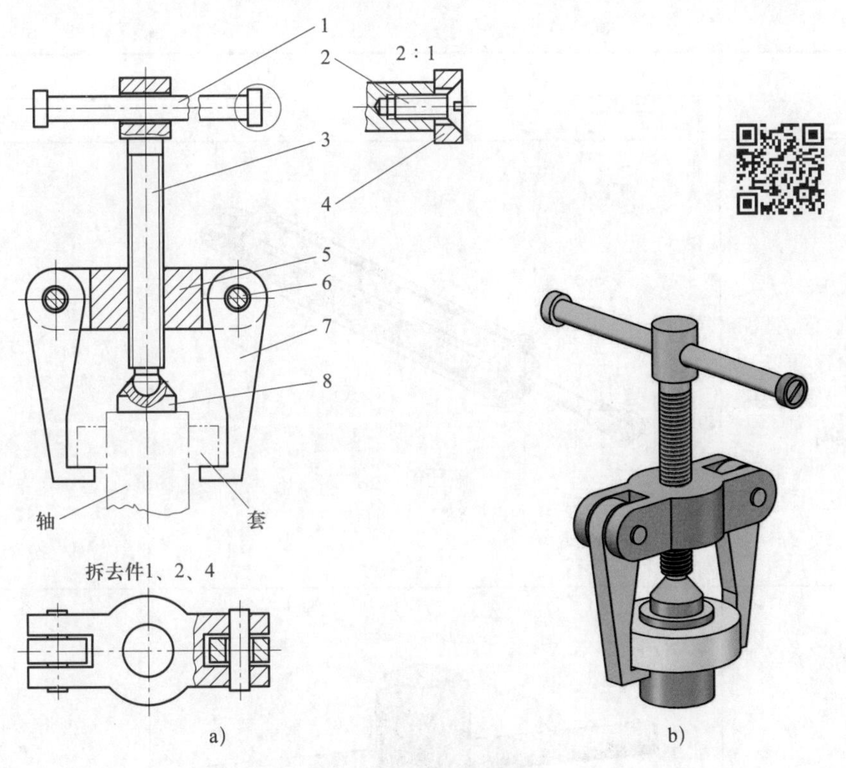

图 0–5　两爪顶拔器

1—旋柄　2—沉头螺钉　3—压紧螺杆　4—挡圈

5—横梁　6—销轴　7—抓手　8—压紧垫

表 0–3　　常用低副的类型、定义及应用

类型	定义	应用	
		图例	说明
转动副	两构件之间只允许做相对转动的运动副	订书机 1、2—销轴　3—上盖 4—钉道　5—底座	上盖与钉道、钉道与底座之间用销轴连接，上盖可以相对于钉道转动，钉道可以相对于底座转动

续表

类型	定义	应用	
		图例	说明
移动副	两构件之间只允许做相对移动的运动副，又称为棱柱副	液压缸 1—活塞杆　2—缸体	活塞杆可以在缸体中进行往复轴向移动
螺旋副	两构件只能沿轴线做相对螺旋运动的运动副	螺旋千斤顶 1—绞杠　2—螺套　3—底座　4—螺杆	螺套用紧定螺钉固定在底座中。转动绞杠，螺杆在螺套中做螺旋运动

2. 高副

两构件之间为点或线接触的运动副称为高副。常用的高副有凸轮副和齿轮副等。常用高副的类型、定义及应用见表 0–4。高副的特点是：承受载荷时的单位面积压力较大，两构件接触处容易磨损；制造和维修困难；高副能传递较复杂的运动。

四、机构运动简图

在实际的机构中，构件和运动副的外形结构通常都很复杂，而这种复杂的外形结构及截面尺寸与构件的运动方式和运动规律无关。因此，在对机构进行运动分析和动力分析时，可以只考虑那些与运动有关的因素，并用最为简洁的方式，把构件和运动副所形成的机构图形画出来。这种仅用简单的线条和符号来代表构件和运动副，并按一定比例表示各构件、运动

表 0–4　　常用高副的类型、定义及应用

类型	定义	应用	
		图示	说明
凸轮副	由凸轮和凸轮从动件直接接触形成的运动副	内燃机配气机构的气门组件 1—缸盖　2—气门　3—弹簧　4—压板　5—凸轮	当凸轮匀速转动时，其外轮廓面迫使气门按照预期的运动规律往复运动，适时地开启或关闭气道
齿轮副	由两齿轮的齿面直接接触形成的运动副	单级圆柱齿轮减速器 1—齿轮轴（小圆柱齿轮）2—大圆柱齿轮	减速机构由一对圆柱齿轮组成，动力由齿轮轴（小圆柱齿轮）输入，从安装大圆柱齿轮的轴输出

副的相对位置和运动关系的图形称为机构运动简图。图 0–6 所示为两爪顶拔器的机构运动简图。在该机构运动简图中，小圆圈表示转动副，线段表示构件，两段平行线表示移动副，波浪线和两边的小圆弧表示螺旋副。国家标准规定，图形符号中表示轴、杆符号的图线用两倍粗实线表示，其他符号用粗实线绘制。

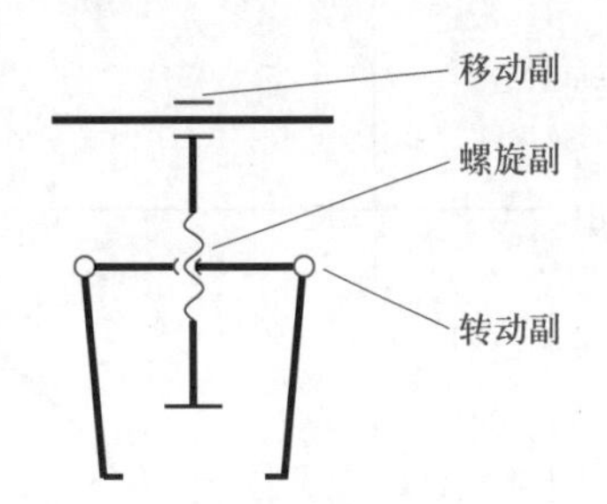

图 0–6　两爪顶拔器的机构运动简图

机构运动简图与实际机构应具有完全相同的运动特

性，即它们的所有构件的运动形式是完全相同的，因此机构运动简图必须根据机构的实际尺寸按比例绘制。《机械制图　机构运动简图用图形符号》（GB/T 4460—2013）规定了机构运动简图中使用的图形符号。常用构件的图形符号见表 0–5，常用运动副的图形符号见表 0–6。

表 0–5　　常用构件的图形符号

名称	图形符号	名称	图形符号
机架	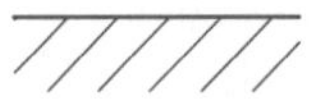	构件是转动副的一部分	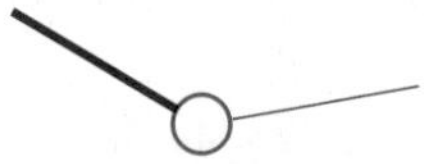 说明：细实线为相邻构件
杆、轴		机架是转动副的一部分	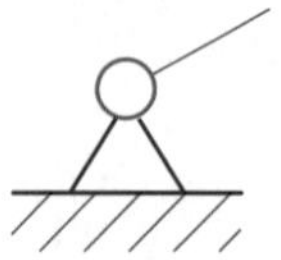 说明：细实线为相邻构件
构件组成部分的永久连接		构件是移动副的一部分	 说明：细实线为相邻构件
组成部分与轴（杆）的固定连接	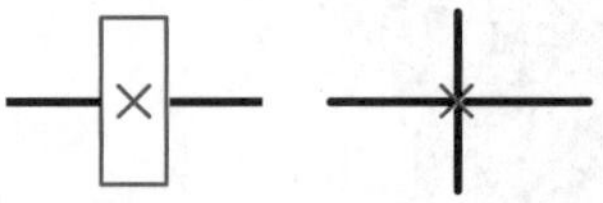	连接转动副的滑块	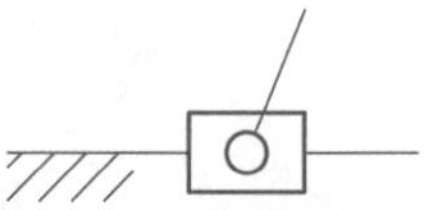 说明：细实线为相邻构件

表 0–6　　常用运动副的图形符号

名称		图形符号	结构图
转动副	固定铰链		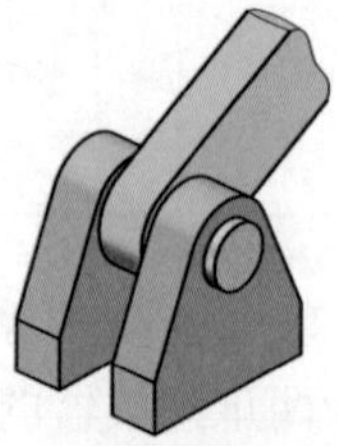
	活动铰链		

续表

名称		图形符号	结构图
移动副	滑块固定		
	滑块不固定		
螺旋副			

第一章 常用金属材料

金属材料是现代工业生产中使用最广泛的材料，其在机械及电气设备中亦有广泛应用。图 1–1 所示为机械及电气设备中常见的金属零件，你知道它们是用什么材料制成的吗？

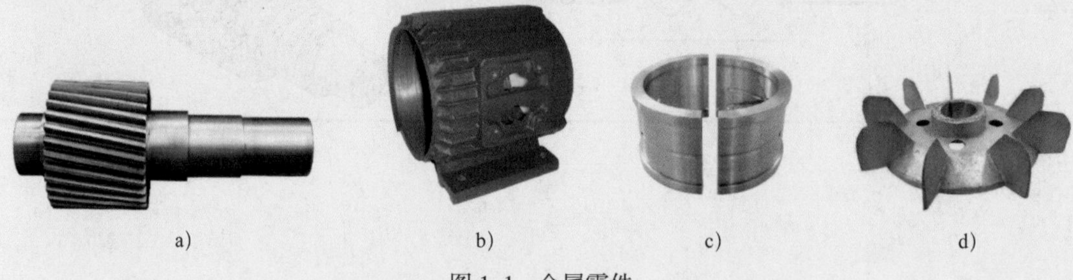

a)　　b)　　c)　　d)

图 1–1　金属零件

a）齿轮轴　b）电动机外壳　c）轴瓦　d）电动机散热风叶

齿轮轴可以用钢制造，电动机外壳可以用铸铁制造，滑动轴承的轴瓦可以用黄铜制造，电动机的散热风叶可以用铝合金制造。作为电气自动化设备安装与维修专业的技能型人才，需要掌握金属材料的基本知识。本章主要内容如下：

1. 金属材料的力学性能指标。
2. 常用金属材料的牌号、主要特性和用途。
3. 钢的热处理。

通过对本章内容的学习，初步了解金属材料的有关知识，为学习本课程后面的知识及其他专业课奠定理论基础。

§1-1　金属材料的力学性能

金属材料是指以金属（包括纯金属与合金）为基础的材料，可分为黑色金属和有色金属两大类。金属材料的力学性能是指金属材料抵抗外力与变形所呈现的性能。常用的力学性能指标主要有强度、塑性、硬度、冲击韧性、疲劳强度等。

一、强度

金属在载荷作用下抵抗变形或断裂的能力称为强度。

二、塑性

金属材料受到载荷作用而产生的几何形状和尺寸的变化称为变形。变形分为弹性变形和塑性变形。随载荷的存在而产生、随载荷的去除而消失的变形称为弹性变形。载荷去除后仍不能恢复的变形称为塑性变形。金属材料在外力作用下产生塑性变形的能力称为塑性。

三、硬度

硬度是指金属抵抗硬的物体压入其表面的能力。硬度越高，材料的耐磨性越好。根据测量方法不同，常用的硬度测量指标有 HBW（布氏硬度）和 HRC（洛氏硬度）。

四、冲击韧性

冲击韧性（简称韧性）是指金属材料抵抗冲击载荷作用而不发生破坏的能力。

五、疲劳强度

大小和方向随时间周期性变化的载荷称为交变载荷。金属材料抵抗交变载荷作用而不发生破坏的能力称为疲劳强度。

§1-2　黑色金属

黑色金属通常是指以铁为主要成分的合金，又称为铁碳合金，常用的有非合金钢、合金钢和铸铁等。

一、非合金钢

非合金钢即碳素钢，是最基本的铁碳合金，它是指冶炼时没有特意加入合金元素，且碳质量分数为 0.021 8% ~ 2.11% 的铁碳合金，按碳质量分数不同分为低碳钢（碳质量分数 <0.25%）、中碳钢（碳质量分数为 0.25% ~ 0.60%）和高碳钢（碳质量分数 >0.60%）。常用的非合金钢主要有碳素结构钢、优质碳素结构钢和铸造碳钢等。

1. 碳素结构钢

碳素结构钢的杂质较多，含碳量较低，焊接性好，塑性、韧性好，冶炼容易，价格低，产量大，在性能上能满足桥梁、建筑等工程构件和一些受力不大的机械零件（如螺钉、螺母等）的要求。这种钢一般在热轧状态下直接使用，很少再进行热处理。常用碳素结构钢的牌号共有四种，分别是 Q195、Q215、Q235和 Q275，其牌号、等级、主要特性和用途见表 1–1。

表 1–1　常用碳素结构钢的牌号、等级、主要特性和用途

牌号	等级	主要特性	用途
Q195	—	具有较好的塑性、韧性和焊接性，良好的压力加工性能，但强度较低	适用于制作载荷小的零件、铁丝、垫铁、垫圈、开口销、拉杆、冲压件及焊接件
Q215	A		适用于制作拉杆、垫圈、轴套、渗碳零件及焊接件
	B		
Q235	A	具有良好的塑性、韧性、焊接性和冷冲压性能，以及一定的强度和好的冷弯性能	适用于制作金属结构件，心部要求不高的渗碳或碳氮共渗零件，拉杆、连杆、吊钩、车钩、螺栓、螺母、套筒、轴及焊接件，C、D 级用于重要的焊接结构
	B		
	C		
	D		
Q275	A	具有较高的强度、较好的塑性和加工性，以及一定的焊接性	适用于制作转轴、心轴、吊钩、拉杆、摇杆、楔等强度要求不高的零件
	B		
	C		适用于制作轴、链轮、齿轮、吊钩等强度要求较高的零件
	D		

2. 优质碳素结构钢

优质碳素结构钢的碳质量分数一般小于 0.7%（个别牌号除外），含硫、磷及非金属夹杂物量较少，在重要机械零件制造中应用广泛，常在加工过程中通过热处理提高其力学性能。优质碳素结构钢的种类很多，常用优质碳素结构钢的牌号、主要特性及用途见表 1–2。

表 1–2　常用优质碳素结构钢的牌号、主要特性及用途

牌号	主要特性	用途
08	强度、硬度低，塑性极好	适用于制作冲压件、压延件，以及各类套筒、靠模、支架等
35	具有一定的强度和良好的塑性，冷变形塑性好	适用于制作承受负载较大但截面尺寸较小的各种机械零件，如销、轴、曲轴、横梁、连杆、垫圈、圆盘、螺栓、螺钉、螺母等
45	具有一定的塑性和韧性，强度较高，切削加工性良好，采用调质处理可获得很好的综合力学性能	适用于制作要求具有较高强度的运动零件，如活塞、叶轮轴、连杆、蜗杆、齿条、齿轮、连接销等

续表

牌号	主要特性	用途
60	具有相当高的强度、硬度及好的弹性，切削加工性不好，冷变形塑性差，淬透性差	适用于制作受力较大、在摩擦条件下工作，要求具有较高强度、耐磨性和一定弹性的零件，如直轴、曲轴、轧辊、离合器、钢丝绳、弹簧垫圈、弹簧圈、减振弹簧、凸轮等
45Mn	强度、韧性及淬透性均比 45 钢高，调质处理可获得较好的综合力学性能，切削加工性好	适用于制作承受较大负载及耐磨损的零件，如曲轴、花键轴、直轴、连杆、万向节轴、汽车半轴、啮合杆、齿轮、离合器盘、螺栓、螺母等
65Mn	具有高的强度和硬度，弹性良好，淬透性较好	适用于制作受摩擦、高弹性、高强度的机械零件，如机床主轴、机床丝杠、钢轨、板弹簧、螺旋弹簧、弹簧垫圈等

3. 铸造碳钢

铸造碳钢（简称铸钢）的碳质量分数一般为 0.20%～0.60%，具有较高的强度以及较好的塑性和韧性，生产成本较低，主要用来制造形状复杂、力学性能要求较高的零件。常用铸造碳钢的牌号、主要特性和用途见表 1–3。

表 1–3　　常用铸造碳钢的牌号、主要特性和用途

牌号	主要特性	用途
ZG230–450	具有较好的塑性、韧性，焊接性良好，切削加工性尚可，但强度和硬度较低	适用于制作受力不大、要求具有一定韧性的零件，如砧座、轴承盖、机座、阀体、箱体等
ZG270–500	具有较高的强度和较好的塑性，铸造性能良好，焊接性尚可，切削加工性良好，用途较广	适用于制作机架、连杆、箱体、缸体、曲轴、轴承座等
ZG340–640	具有高的强度和硬度，耐磨性好，铸造和焊接性差，裂纹敏感性大	适用于制作起重运输机齿轮、轧辊、叉头、车轮、棘轮、联轴器等

二、合金结构钢

合金钢是指在非合金钢的基础上，为了改善钢的性能，在冶炼时有目的地加入一种或数种合金元素的钢，按用途分为合金结构钢、合金工具钢和特殊性能钢（如不锈钢、耐热钢等）。合金结构钢是合金钢中应用最广泛的钢材之一，它是在优质碳素结构钢的基础上，适当加入一种或几种合金元素而制成的。常用的合金结构钢有合金渗碳钢和合金调质钢。

1. 合金渗碳钢

合金渗碳钢的碳质量分数为 0.12%～0.25%，可保证心部具有足够的塑性和韧性；加入合金元素主要是为了提高钢的淬透性，使零件在热处理后，表层和心部均得到强化。合金渗碳钢具有高的表面硬度、耐磨性，心部具有足够的强度和韧性，用于制造既要有优良的耐磨性和耐疲劳性，又能承受冲击载荷作用的零件。常用合金渗碳钢的类别、牌号、主要性能和用途见表 1–4。

表 1–4　常用合金渗碳钢的类别、牌号、主要性能和用途

类别	常用牌号	主要性能	用途
低淬透性	20Cr	合金元素的含量较少，淬透性较差	用于制造截面不大、表面耐磨、心部强度要求较高的零件，如机床变速箱齿轮、凸轮、活塞、离合器、花键轴等
	20MnV		用于制造锅炉、高压容器的焊接结构件、活塞销、齿轮、自行车链条等
中淬透性	20CrMn	淬透性较好，淬火后心部强度高	用于制造截面较大，承受中高负荷的零件，如齿轮、轴、蜗杆、调速器的套筒等
	20CrMnTi		用于制造截面直径在 30 mm 以下，承受中高负荷以及冲击、摩擦的渗碳件，如汽车、拖拉机的变速齿轮、传动轴、蜗杆、离合器等
高淬透性	20Cr2Ni4	含有较多的铬、镍等合金元素，淬透性好	用于制作承受高负荷的渗碳件，如传动齿轮、蜗杆、轴、万向接头叉等
	12Cr2Ni4		用于制作截面较大、负荷较高，在交变应力下工作的重要渗碳件，如齿轮、蜗轮、蜗杆、万向接头叉等

2. 合金调质钢

合金调质钢是指经调质处理后使用的合金结构钢，故又称调质处理合金结构钢。机械工程中许多重要的零件，如机床主轴、汽车半轴、连杆、齿轮等，都是在交变载荷、冲击载荷等多种性质外力作用下工作的，它们既要求有很高的强度和硬度，又要求具有很好的塑性和韧性，即要求具有良好的综合力学性能，这些零件一般是采用合金调质钢制造。常用合金调质钢的类别、牌号、主要性能和用途见表 1–5。

表 1–5　常用合金调质钢的类别、牌号、主要性能和用途

类别	常用牌号	主要性能	用途
低淬透性	40Cr	合金元素含量较少，淬透性较差，但力学性能和工艺性能较好	用于制造中等负荷、中速的机械零件，如汽车的转向节、半轴、轴、蜗杆等。调质并经表面热处理后制作耐磨零件，如齿轮、丝杠、套筒、心轴、连杆等
	35SiMn		调质状态下用于制造中等负荷、中速的机械零件，如传动齿轮、主轴、转轴、飞轮等，可代替 40Cr
中淬透性	40CrMn	合金元素含量较多，淬透性较高	用于制造在高速及高弯曲载荷下工作的轴、连杆，在高速、高负荷、无强烈冲击载荷下工作的齿轮轴和离合器等
	38CrMoAl		用于制造要求高耐磨性、高疲劳极限、较高强度、热处理后尺寸精度高的渗氮零件，如阀杆、阀门、气缸套及橡胶塑料挤压机上的耐磨零件等

续表

类别	常用牌号	主要性能	用途
高淬透性	40CrNiMoA	合金元素含量比前两类合金调质钢多，淬透性高	用于制造截面较大、受冲击载荷的高强度零件，如锻造机的传动偏心轴、锻压机的曲轴等
	40CrMnMo		用于制造承受冲击载荷的高强度零件和截面较大的零件及其他受力构件，如卧式锻造机的传动偏心轴、锻压机的曲轴等

三、铸铁

铸铁是应用非常广泛的一种金属材料，工业上常用铸铁的碳质量分数一般为2.5%～4.0%，此外还含有硅（Si）、锰（Mn）、硫（S）、磷（P）等元素。铸铁一般分为灰铸铁、可锻铸铁、球墨铸铁和蠕墨铸铁四类。常用的可锻铸铁有黑心可锻铸铁和珠光体可锻铸铁。常用铸铁的类别、牌号、主要性能和用途见表1–6。

表1–6　常用铸铁的类别、牌号、主要性能和用途

类别		常用牌号	主要性能	用途
灰铸铁		HT100	具有良好的铸造性能和切削加工性，耐磨性和减振性较好，抗压强度和硬度较高，抗拉强度较低，塑性和韧性差	适于低负荷和不重要的零件，如盖、外罩、手轮、支架、重锤等
		HT150		适于承受中等负荷的零件，如汽轮机泵体、轴承座、齿轮箱、工作台、底座、刀架等
		HT200 HT250		适于承受较大负荷的零件，如气缸、齿轮、油缸、阀壳、飞轮、床身、活塞、刹车轮、联轴器、轴承座等
		HT300 HT350		适于承受高负荷的重要零件，如齿轮、凸轮、车床卡盘、剪床和压力机的机身、高压液压筒、滑阀壳体等
可锻铸铁	黑心可锻铸铁	KTH300–06	比灰铸铁强度高，塑性与韧性更好，可承受冲击和扭转负荷，具有良好的耐蚀性，切削加工性良好	适于承受动载或静载、要求气密性好的零件，如管道配件，中、低压阀门等
		KTH330–08		适于承受中等动载和静载的零件，如机床用扳手、车轮壳、钢丝绳轧头等
		KTH350–10 KTH370–12		适于承受较高的冲击、振动及扭转负荷下工作的零件，如汽车上的差速器壳、前后轮壳、转向节壳、制动轮等
	珠光体可锻铸铁	KTZ550–04 KTZ650–02 KTZ700–02	具有高的强度、硬度，塑性和韧性比黑心可锻铸铁稍差	适于承受较高载荷、耐磨损并要求有一定韧性的重要零件，如曲轴、凸轮轴、连杆、齿轮、活塞环、摇臂、扳手等

续表

类别	常用牌号	主要性能	用途
球墨铸铁	QT400–18 QT400–15 QT450–10	具有很高的强度和较高的疲劳强度，以及良好的塑性和韧性。其综合力学性能接近于钢	用于制造承受冲击、振动的零件，如汽车轮毂、驱动桥壳体、差速器壳体、离合器壳、拨叉，铁路垫板，阀体，阀盖等
	QT600–3 QT700–2 QT800–2		用于制造承受载荷大、受力复杂的零件，如汽车、拖拉机的曲轴、连杆、凸轮轴、气缸套，磨床、铣床、车床的主轴、蜗杆、蜗轮等
	QT900–2		用于制造高强度零件，如汽车后桥螺旋锥齿轮，减速器齿轮，内燃机曲轴、凸轮轴等
蠕墨铸铁	RuT300	强度不高，硬度较低，有较好的塑性、韧性及导热性	用于制造受冲击及耐热疲劳的零件，如汽车及拖拉机的底盘零件、内燃机缸盖等
	RuT350	具有较高的强度和硬度，一定的塑性及韧性，较好的导热性	用于制造较高强度及耐热疲劳的零件，如内燃机缸盖、机床底座、变速箱体等
	RuT400	具有较高的强度和硬度，较好的耐磨性及导热性	用于制造较高强度和刚度及耐磨的零件，如大型齿轮箱体、大型机床床身、飞轮、内燃机缸体和缸盖等
	RuT450 RuT500	具有高强度、高耐磨性、高硬度以及较好的导热性	适于制作高强度或高耐磨性的重要铸件，如刹车鼓，制动盘，内燃机的缸套、缸盖和活塞环等

§1–3 有色金属

通常把黑色金属以外的金属称为有色金属，常用的有色金属有铜及铜合金、铝及铝合金等。

一、铜及铜合金

1. 纯铜

纯铜呈紫红色，故又称为紫铜。其导电性和导热性仅次于金和银，是最常用的导电、导热材料。纯铜有 T1、T1.5、T2、T3 等牌号。

2. 铜合金

纯铜强度低，不能用于制造受力的结构件。工业上广泛采用在铜中加入合金元素而制成的性能得到强化的铜合金，常用的铜合金可分为黄铜、白铜、青铜三大类。

（1）黄铜

黄铜是以锌为主加合金元素的铜合金，具有良好的力学性能，易加工成形，对大气、海水有相当好的抗腐蚀能力，是应用最广的有色金属材料。黄铜按生产方式可分为压力加工黄铜和铸造黄铜两类，其中压力加工黄铜按其所含合金元素的种类可分为压力加工普通黄铜和压力加工特殊黄铜两类。常用黄铜的类别、牌号、主要性能和用途见表 1–7。

表 1–7　常用黄铜的类别、牌号、主要性能和用途

<table>
<tr><th>类别</th><th>常用牌号</th><th>主要性能</th><th>用途</th></tr>
<tr><td rowspan="2">压力加工普通黄铜</td><td>H68</td><td>在铜合金中，其塑性和变形加工性能最好，强度较高</td><td>适用于制作复杂的冲压件、散热器、波纹管、轴瓦、弹壳等</td></tr>
<tr><td>H62</td><td>强度高，塑性相对较差，但热态下塑性良好，具有良好的切削加工性和焊接性</td><td>适用于制作销钉、铆钉、螺钉、螺母、垫圈、弹簧、筛网、散热器等</td></tr>
<tr><td rowspan="3">压力加工特殊黄铜</td><td>HSn90–1</td><td rowspan="3">与同等含铜量的普通黄铜相比，具有更高的强度和硬度，并具有一些特殊性能，如耐蚀性和耐磨性等</td><td>适用于制作船舶上的零件、汽车和拖拉机上的弹性套管等</td></tr>
<tr><td>HMn58–2</td><td>适用于制作弱电电路中的零件和在腐蚀条件下工作的重要零件</td></tr>
<tr><td>HPb59–1</td><td>适用于制作热冲压及切削加工零件，如销钉、螺钉、螺母、轴瓦等</td></tr>
<tr><td rowspan="2">铸造黄铜</td><td>ZCuZn38</td><td rowspan="2">具有优良的铸造性能和较好的力学性能及耐磨性，切削加工性好，可以焊接，耐蚀性较好</td><td>适用于制作法兰、阀座、手柄、螺母等</td></tr>
<tr><td>ZCuZn40Mn2</td><td>适用于制作在淡水、海水、蒸汽中工作的零件，如阀体、阀杆、泵管接头等</td></tr>
</table>

（2）白铜

白铜是以镍为主加合金元素的铜合金，具有良好的冷、热加工性能。白铜还具有高的耐蚀性，是精密仪器仪表、化工机械、医疗器械及工艺品制造中的重要材料。常用白铜的类别、牌号、主要性能和用途见表 1–8。

表 1–8　常用白铜的类别、牌号、主要性能和用途

<table>
<tr><th colspan="2">类别</th><th>常用牌号</th><th>主要性能</th><th>用途</th></tr>
<tr><td colspan="2">普通白铜</td><td>B19
B25
B30</td><td>有好的耐蚀性和良好的力学性能，在热态和冷态下压力加工性好，在高温和低温下仍能保持高强度和良好的塑性</td><td>广泛应用于造船、石油化工、电器、仪表、医疗器械、装饰工艺品等领域</td></tr>
<tr><td rowspan="2">特殊白铜</td><td>铁白铜</td><td>BFe5–1.5–0.5
BFe10–1–1</td><td>有良好的力学性能，在海水、淡水和蒸汽中具有高的耐蚀性，但切削加工性较差</td><td>用于造船业中在高温、高压、高速条件下工作的冷凝器和恒温器</td></tr>
<tr><td>锰白铜</td><td>BMn3–12
BMn40–1.5
BMn43–0.5</td><td>具有高的电阻率和低的电阻温度系数，可在较宽的温度范围内使用，耐蚀性好，还具有良好的加工性</td><td>适于制作标准电阻元件和精密电阻元件，是制造精密电工仪器、变阻器、仪表、精密电阻、应变片等的常用材料。BMn40–1.5 和 BMn43–0.5 的热电动势高，还可用作热电偶和补偿导线</td></tr>
</table>

续表

类别		常用牌号	主要性能	用途
特殊白铜	锌白铜	BZn18–18 BZn18–26 BZn15–21–1.8	具有优良的综合力学性能，耐蚀性优异，冷、热加工成形性好，易切削，可制成线材、棒材和板材	用于制造仪器、仪表、医疗器械、日用品和通信等领域的精密零件
	铝白铜	BAl3–3 BAl6–1.5	合金性能与合金中镍含量和铝含量的比例有关，当镍与铝的质量分数之比为 10∶1 时合金性能最好	主要用于船舶、电力、化工等领域中各种高强度的耐蚀件

（3）青铜

除了黄铜和白铜外，所有的铜基合金都称为青铜。按生产方式不同，青铜可分为压力加工青铜和铸造青铜两类。压力加工青铜按主加元素种类的不同又可分为锡青铜、铝青铜、硅青铜和铍青铜等。常用青铜的类别、牌号、主要性能和用途见表 1–9。

表 1–9　常用青铜的类别、牌号、主要性能和用途

类别		常用牌号	主要性能	用途
压力加工青铜	锡青铜	QSn4–3	具有较好的塑性和适当的强度，适于压力加工	用于弹性元件、管配件、化工机械中的耐磨零件及抗磁零件
		QSn6.5–0.1		用于弹簧、接触片、振动片、精密仪器中的耐磨零件
		QSn4–4–4		用于重要的减摩零件，如轴承、轴套、蜗轮、丝杠、螺母等
	铝青铜	QAl7	具有比锡青铜更好的耐蚀性、耐磨性、耐热性和力学性能	用于重要的弹性元件
		QAl9–4		用于耐磨零件（如滑动轴承的轴瓦、蜗轮的齿圈），在蒸汽及海水中工作的高强度、耐蚀零件
	硅青铜	QSi3–1	具有优异的力学性能和耐蚀性，良好的铸造性能和冷、热加工成形性	用于弹簧、耐蚀零件以及蜗轮、蜗杆、齿轮、制动杆等
		QSi1–3		用于发动机和机械制造中的机构件，300 ℃以下工作的摩擦零件
	铍青铜	QBe2	淬火后人工时效，可获得较高的强度、硬度、疲劳强度和较好的耐蚀性，具有良好的导电性和导热性	用于重要的弹性元件、耐磨件，在高速、高压、高温下工作的滑动轴承轴瓦
铸造青铜		ZCuSn5Pb5Zn5	具有优良的耐蚀性，强度中等，耐磨性和减摩性优于其他铜合金	用于较高载荷、中速的耐磨、耐蚀零件，如轴瓦、缸套、蜗轮等
		ZCuSn10Pb1	具有良好的耐磨性和耐蚀性，强度较高	用于高载荷、高速的耐磨零件，如轴瓦、衬套、齿轮等
		ZCuAl9Mn2	具有优良的耐蚀性、较高的强度和良好的韧性	用于耐蚀、耐磨件，如齿轮、衬套、蜗轮等

二、铝及铝合金

铝是一种具有良好的导电性、传热性及延展性的轻金属，其导电性仅次于银、铜，被大量用于电气设备和高压电缆。铝中加入少量的铜、镁、锰等，可形成坚硬的铝合金，具有坚硬美观、轻巧耐用、长久不锈的优点。

1. 纯铝

纯铝按纯度分为高纯铝、工业高纯铝、工业纯铝三类。常用工业纯铝的牌号、特性和用途见表 1–10。

表 1–10　常用工业纯铝的牌号、特性和用途

常用牌号	特性	用途
1060 1050A 1035 8A06	具有塑性好、耐蚀、导电性及导热性好的优点，但强度低，不能通过热处理强化，切削加工性不好，可以接触焊、气焊	主要用于制作具有特定性能的结构件，如垫片、电容器、电子管隔离网、电线、电缆的防护套及网、线芯、飞机通风系统零件及装饰件
1A30	具有与 1060、8A06 类似的特性，但其铁和硅等杂质的含量控制严格，工艺及热处理条件特殊	主要用作航天工业和兵器工业中纯铝膜片等处的板材
1100	强度较低，但延展性、成形性、焊接性和耐蚀性优良	主要用于生产板材、带材，适于制作各种深冲压制品

2. 铝合金

铝合金根据成分和生产工艺不同，可分为变形铝合金、铸造铝合金和压铸铝合金。

（1）变形铝合金

变形铝合金需经过锻造、轧制和挤压等压力加工方式生产成形。其质量小，强度高，是机械工业和航空工业中重要的结构材料。变形铝合金根据性能的不同又分为防锈铝合金、硬铝合金、超硬铝合金和锻铝合金四种，其牌号、性能和用途见表 1–11。

表 1–11　常用变形铝合金的牌号、性能和用途

类别	常用牌号	性能	用途
防锈铝合金	5A02	铝镁系防锈铝合金，强度高，塑性、耐蚀性好，具有较高的疲劳强度	用于制作在油介质中工作的结构件及导管、中等载荷的装饰件、焊条、铆钉等
	3A21	铝锰系铝合金，强度低，退火状态下塑性好，冷作硬化状态下塑性差，耐蚀性好，焊接性较好	用于制作在液体或气体介质中工作的低载荷零件，如油箱、导管及各种异形容器
硬铝合金	2A11	标准硬铝合金，强度中等，点焊焊接性良好，以其作为焊料进行气焊及氩弧焊时有裂纹倾向，耐蚀性不高	用于制作中等强度的零件，如空气螺旋桨叶片、螺栓、铆钉等，用作铆钉时应在淬火后 2 h 内使用
	2A12	高强度硬铝合金，点焊焊接性良好，退火状态下切削加工性尚可，耐蚀性差	用于制作高负荷零件，如工作温度在 150 ℃以下的飞机骨架、加强框、翼梁、翼肋等

续表

类别	常用牌号	性能	用途
超硬铝合金	7A03	铆钉合金，淬火人工时效状态下可以铆接，抗剪强度较高，耐蚀性和切削加工性较好	用于制作承力结构的铆钉
锻铝合金	2A50	热态下塑性较好，易于锻造、冲压。强度较高，耐蚀性较好，切削加工性良好，接触焊性能良好，但电弧焊、气焊性能不佳	用于制作要求中等强度且形状复杂的锻件和冲压件
	2A70	热态下具有好的可塑性，属耐热锻铝，其耐蚀性、切削加工性尚好，接触焊性能良好，电弧焊及气焊性能不佳	用于制作高温环境下工作的锻件，如内燃机活塞及一些复杂件（如叶轮）；板材可用于制作高温下工作的焊接件和冲压件

（2）铸造铝合金

铸造铝合金具有良好的铸造性能，广泛用于制造形状复杂的零件。常用铸造铝合金的牌号、代号、性能和用途见表 1–12。

表 1–12　常用铸造铝合金的牌号、代号、性能和用途

常用牌号	代号	性能	用途
ZAlSi12	ZL102	铸造性能良好，耐蚀性好，焊接性良好；但力学性能不好，切削加工性差，耐热性不佳	用于制作形状复杂、载荷不大而耐蚀的薄壁零件，以及工作温度不高于 200 ℃的高气密性零件，如仪表壳体、机器罩、盖子等
ZAlSi5Cu1Mg	ZL105	铸造性能良好，熔炼工艺简单，室温强度较高，高温力学性能良好，焊接性和加工性良好，耐蚀性尚可；但塑性、韧性较差	用于制作形状复杂、在 225 ℃以下工作的零件，如风冷发动机的气缸头、油泵体、机壳
ZAlSi12Cu2Mg1	ZL108	铸造性能良好，流动性好，力学性能较好，一般在硬模（金属型）中铸造，可以得到尺寸精确的零件，热膨胀系数低，热导率高，耐热性能好；但加工性较差	用于制作有高温强度及低膨胀系数要求的零件，如高速内燃机活塞等耐热零件
ZAlCu5Mn	ZL201	经热处理后具有较高的强度和良好的塑性、韧性，耐热性好，焊接性和加工性良好；但铸造性能不好，耐蚀性差	用于制作在 175 ~ 300 ℃工作的零件，如内燃机气缸、活塞、支臂

（3）压铸铝合金

压铸是压力铸造的简称，它是将熔融金属在高压作用下以较高的速度填充压铸模型腔，并使熔融金属在压力作用下凝固而获得金属铸件的方法。压铸件的精度及表面质量比其他铸造方法高，可压铸出形状复杂的薄壁件或镶嵌件，强度、硬度较高，生产率高。常用压铸铝合金的牌号、代号、性能和用途见表 1–13。

表 1–13　　常用压铸铝合金的牌号、代号、性能和用途

常用牌号	代号	性能	用途
YZAlSi12	YL102	具有较好的抗热裂性、气密性以及流动性；不能热处理强化，抗拉强度低	用于制作承受低负荷、形状复杂的薄壁铸件，如各种壳体、牙科设备、活塞等
YZAlSi9Cu4	YL112	具有较好的流动性、气密性和抗热裂性，力学性能、切削加工性、抛光性和铸造性能良好	常用于制作带轮、活塞和气缸头、缸盖和缸体、汽车发动机零件、电动工具、电梯零件等
YZAlSi11Cu3	YL113	具有良好的流动性、中等的气密性和较好的抗热裂性，特别是具有高的耐磨性和低的热膨胀系数	主要用于制作发动机机体、刹车块、带轮、泵等
YZAlSi17Cu5Mg	YL117		

§1–4　钢的热处理

热处理是指金属材料在固态下，通过加热、保温和冷却等手段，以获得预期组织和性能的一种金属热加工工艺。热处理是强化金属材料，提高产品质量和使用寿命的主要途径之一。因此，绝大部分重要的机械零件在制造过程中都需要进行热处理。根据加热和冷却方法不同，钢的常用热处理方法分为整体热处理、表面热处理和化学热处理三大类。

一、整体热处理

整体热处理俗称常规热处理，简称热处理。常用的热处理方法主要有退火、正火、淬火、回火、调质、时效处理等。

1. 退火与正火

退火与正火热处理通常是指钢在进行机械加工前期，为改善材料的冲压、切削等工艺性能以及调整材料内部的组织状态而进行的一种预备热处理工艺。不同成分的钢进行退火与正火时，所加热的温度和冷却的方式也有所不同。图 1–2 所示为退火与正火热处理工艺曲线，退火与正火热处理的方法、特点及应用见表 1–14。

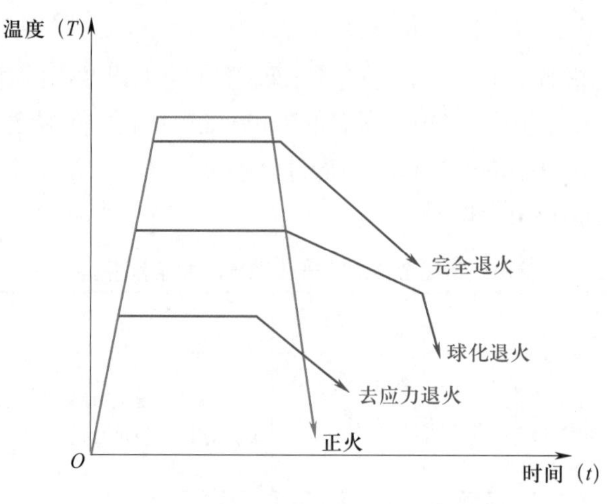

图 1–2　退火与正火热处理工艺曲线

表 1–14　退火与正火热处理的方法、特点及应用

类型	方法	特点	应用
退火	将钢加热到适当温度，保持一定时间，然后缓慢冷却（一般随炉冷却）	降低硬度，提高塑性；细化晶粒，均匀组织；消除残余内应力，防止工件变形与开裂	根据加热温度和目的不同，常用的退火方法有完全退火、球化退火和去应力退火三种 （1）完全退火。主要用于中碳钢及低、中碳合金结构钢的锻件、铸件、热轧型材等，有时也用于焊接件 （2）球化退火。用于碳素工具钢、合金工具钢、滚动轴承钢等 （3）去应力退火。用于消除毛坯、构件和零件的内应力
正火	将钢加热到一定温度，保温适当时间后在空气中冷却	正火的冷却速度比退火快，故正火后得到的组织比较细密，强度、硬度比退火钢高	（1）对于低、中碳合金结构钢，正火的主要目的是细化晶粒、均匀组织、提高力学性能，另外还可以起到调整硬度、改善切削加工性的作用 （2）对于力学性能要求不高的普通零件，正火可作为最终热处理 （3）对于高碳的过共析钢，正火的主要目的是改善组织，为球化退火和淬火做准备

2. 淬火、回火与调质

（1）淬火

淬火是将钢加热到适当温度，经保温后快速冷却，以提高钢的强度、硬度和耐磨性的工艺方法。淬火在机械设备制造工业生产中的应用非常普遍，机械设备的主要零件都要进行淬火，如五金工具（钳子、扳手、锤子、旋具等）、汽车配件（曲轴、连杆、活塞销、链轮、气门、半轴、小轴、拨叉等）、电动工具的传动零件（齿轮、心轴等）、机械设备上的重要零件（轴类、齿轮、链轮、凸轮、夹头、夹具等）。

（2）回火

回火是将淬火后的钢重新加热到某一较低温度，保温后再冷却到室温的热处理工艺。钢淬火后的组织处于不稳定状态，会自发地向稳定组织转变，从而引起工件变形甚至开裂。因此，淬火后必须马上进行回火处理，以稳定组织，消除内应力，防止工件变形、开裂，并获得所需的力学性能。

由于钢最后的组织和性能由回火温度决定，所以生产中一般以工件所需的硬度来决定回火温度。根据回火温度的不同，回火可分为低温回火、中温回火和高温回火三种。低温回火主要用于刀具、量具、冷冲模以及其他要求高硬度、高耐磨性的零件；中温回火主要用于弹性零件及热锻模具等；高温回火广泛用于重要的受力构件，如丝杠、螺栓、连杆、齿轮、曲轴等。

（3）调质

生产中把淬火和高温回火相结合的热处理工艺称为“调质”。由于调质处理后工件可获得良好的综合力学性能，不仅强度较高，而且有较好的塑性和韧性，为零件在工作中承受各种载荷提供了有利条件，因此，重要的、受力复杂的零件一般均采用调质处理。

3. 时效处理

时效处理是指将经冷塑性变形或铸造、锻造以及粗加工后的金属工件，在较高的温度环境下或保持室温放置，使其性能、形状、尺寸随时间而发生缓慢变化的热处理工艺。时效处理的目的是消除工件的内应力，稳定组织和尺寸，改善力学性能等。时效处理分为人工时效处理和自然时效处理。人工时效处理是将工件加热到一定温度（100 ~ 150 ℃），并在较短时间（6 ~ 36 h）内进行的时效处理。自然时效处理是将工件置于室温或自然条件下，通过长时间（几天甚至几年）存放而进行的时效处理。

二、表面热处理

表面热处理常用的方法是表面淬火。表面淬火是一种仅对工件表层进行淬火的热处理工艺。其原理是通过快速加热，仅使钢的表层达到红热状态，在热量尚未充分传递到零件内部时就立即予以冷却。它不改变钢的表层化学成分，但改变表层组织。表面淬火只适用于中碳钢和中碳合金钢。

表面淬火的关键是必须有较快的加热速度。目前，表面淬火的方法很多，如火焰加热表面淬火、感应加热表面淬火、电接触加热表面淬火、激光加热表面淬火等。生产中最常用的方法是火焰加热表面淬火和感应加热表面淬火。

三、化学热处理

化学热处理是将工件较长时间置于一定温度的活性介质中保温，使一种或几种元素渗入其表层，以改变其化学成分、组织和力学性能的热处理工艺。与其他热处理工艺相比，化学热处理不仅改变了钢的组织，而且其表层的化学成分也发生了变化，因而能够更加有效地改变零件表层的性能。根据渗入元素的不同，常用的化学热处理有渗碳、渗氮、碳氮共渗等，其类型、方法、特点及应用见表 1–15。

表 1–15　　常用的化学热处理的类型、方法、特点及应用

类型	方法	特点	应用
渗碳	使碳原子渗入钢的表层	使低碳钢工件具有高碳钢的表层，再经过淬火和低温回火，使工件表层具有较高的硬度和耐磨性，而工件的中心部分仍然保持着低碳钢的韧性和塑性	主要用于低碳钢或低碳合金钢制造的要求耐磨的零件
渗氮	在一定温度下和一定介质中使氮原子渗入工件表层	渗氮温度比较低，因而工件变形较小，但渗层较浅，不能承受大的接触应力和冲击载荷	主要用于重要和复杂的精密零件，如精密丝杆、镗杆、排气阀、精密机床的主轴等
碳氮共渗	向钢的表层同时渗入碳和氮	渗碳与渗氮工艺的结合，既能达到渗碳的深度，又能达到渗氮的硬度，综合性能较好	常用于汽车和机床上的齿轮、蜗杆和轴等零件

第二章 带传动和链传动

带传动是通过传动带把主动轴的运动和动力传递给从动轴的一种机械传动形式。如图 2–1a 所示，空气压缩机采用了带传动。链传动通过链条与链轮轮齿的相互啮合来传递运动和动力。如图 2–1b 所示，摩托车采用了链传动。在机械传动中，带传动和链传动同属挠性传动。当主动轴与从动轴相距较远时，常采用这两种传动方式。本章主要内容如下：

1. 带传动和链传动的组成、工作原理和传动比计算。
2. V 带及 V 带轮的结构、参数及材料，V 带传动的特点和安装维护。
3. 同步带及带轮的结构，同步带传动的特点及应用。
4. 滚子链及链轮的结构，链传动的润滑和维护保养。

带传动和链传动在生产和生活中的应用都非常广泛，想一想，你见过哪些带传动和链传动的实际应用？

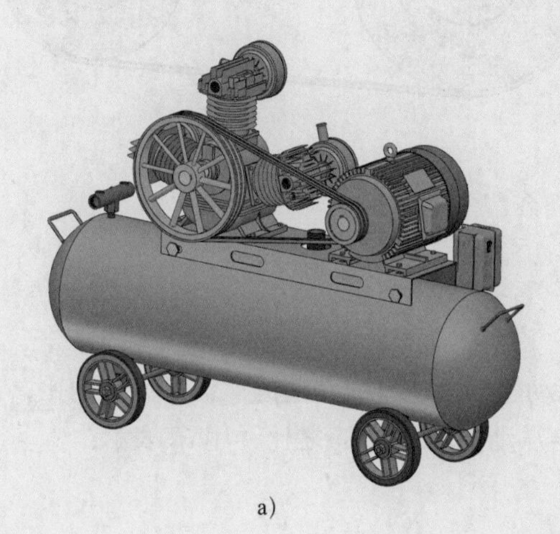

a)

b)

图 2–1　带传动和链传动的应用

a）空气压缩机　b）摩托车

§2-1 带传动

一、带传动概述

1. 带传动的组成

由带和带轮组成、传递运动和动力的传动称为带传动。如图 2–2 所示，带传动一般由固定在主动轴 3 上的主动带轮 4、固定在从动轴 1 上的从动带轮 5 和紧套在两轮上的挠性带 2 组成。

2. 带传动的工作原理

带传动是依靠带与带轮接触面间的摩擦力（或啮合力）来传递运动和动力的。静止时，带轮两边带上的拉力相等。传动时，由于传递载荷的关系，两边带上的拉力会有一定的差值，拉力大的一边称为紧边（主动边），拉力小的一边称为松边（从动边）。如图 2–3 所示，当主动带轮 1 按图示方向旋转时，上边是紧边，下边是松边。

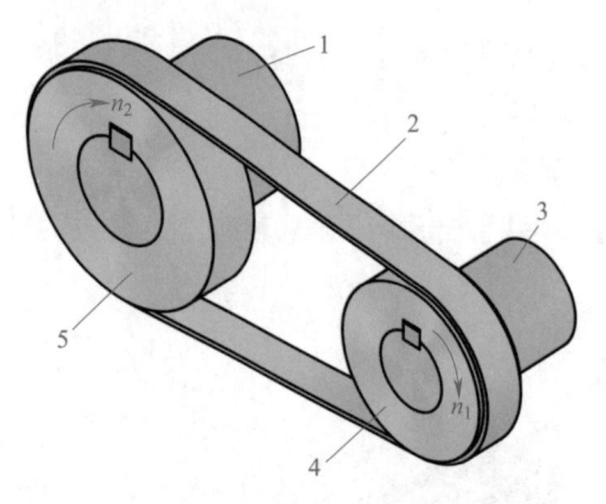

图 2–2　带传动的组成

1—从动轴　2—挠性带　3—主动轴

4—主动带轮　5—从动带轮

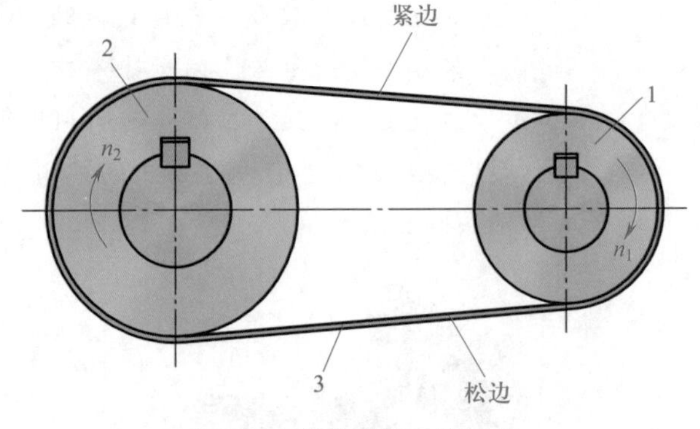

图 2–3　带传动的工作原理

1—主动带轮　2—从动带轮　3—挠性带

3. 带传动的传动比

在机械传动系统中，其始端主动轮与末端从动轮的角速度或转速的比值称为传动比，又称速比。带传动的传动比就是主动带轮转速 n_1 与从动带轮转速 n_2 之比，用 i_{12} 表示：

$$i_{12}=\frac{n_1}{n_2}$$

式中　i_{12}——传动比；

n_1、n_2——主、从动带轮转速，r/min。

4. 带传动的类型、特点与应用

带传动可分为摩擦型带传动和啮合型带传动两类。摩擦型带传动按带的剖面形状又可分为平带传动、V 带传动和多楔带传动等。啮合型带传动主要是指同步带传动。常用带传动的类型、简图、特点与应用见表 2–1。

表 2–1　常用带传动的类型、简图、特点与应用

<table>
<tr><th colspan="2">类型</th><th>简图</th><th colspan="2">特点与应用</th></tr>
<tr><td rowspan="2">摩擦型带传动</td><td>平带传动</td><td></td><td>平带截面为扁平矩形，具有柔顺性较好、传递功率及速度范围较广、结构简单、带长及带宽均无严格限制和便于选用等特点。主要用于中心距较大的场合</td><td rowspan="2">过载时存在打滑现象，传动比不准确，但可以起到过载保护作用</td></tr>
<tr><td>V 带传动</td><td></td><td>V 带的截面呈等腰梯形，V 带只与轮槽的两个侧面接触，在同样大小的张紧力作用下，V 带传动较平带传动能产生更大的摩擦力，传递动力的能力强，传动比较大，结构紧凑。应用最广泛，一般机械传动中常用 V 带传动</td></tr>
<tr><td>啮合型带传动</td><td>同步带传动</td><td></td><td colspan="2">靠齿的啮合传递动力，传动比准确，传动效率高，初张紧力小，轴承承受压力小，传动平稳，传动精度高，传递功率大。常用于汽车、数控机床、扫描仪、打印机等传动精度要求较高的场合</td></tr>
</table>

二、V 带传动

V 带传动是由一条或数条 V 带和 V 带轮组成的摩擦传动，如图 2–4 所示。工作时，V 带张紧在轮槽中，V 带仅与轮槽的两侧面接触而不与槽底接触，依靠 V 带两侧面与轮槽侧面之间产生的摩擦力传递动力。V 带传动有普通 V 带传动和窄 V 带传动两种形式。一般情况下多使用普通 V 带传动，窄 V 带传动适用于传递动力大而又要求传动装置结构紧凑的场合。

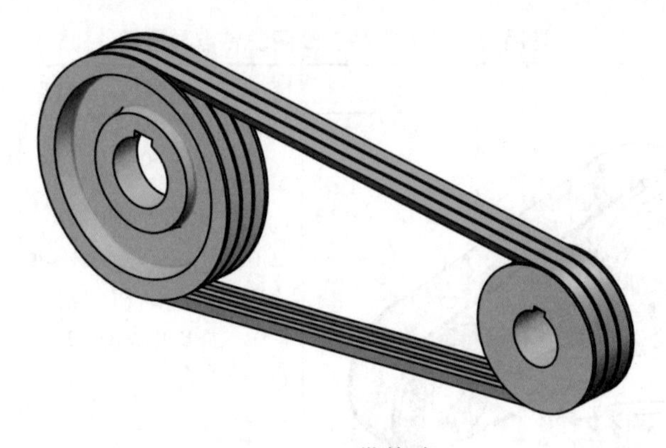

图 2–4　V 带传动

1. V 带的结构

V 带是横截面为等腰梯形或近似等腰梯形的传动带，其工作面为两侧面，V 带与轮槽底面不接触。V 带根据其带体结构分为包边 V 带和切边 V 带两种，如图 2–5 所示。

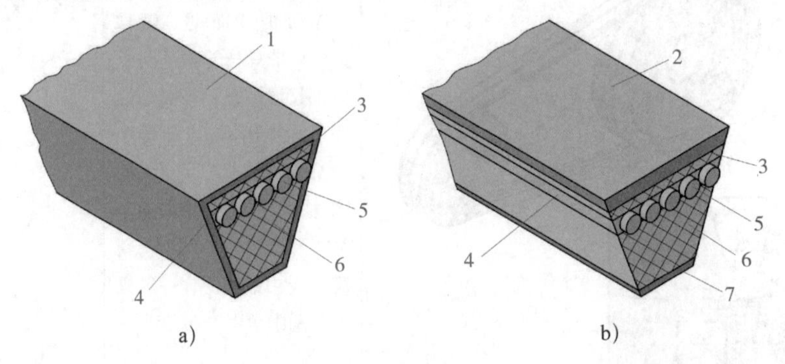

图 2–5　V 带的结构

a）包边 V 带　b）切边 V 带

1—包布　2—顶布　3—顶胶　4—缓冲胶　5—抗拉体　6—底胶　7—底布

2. V 带的横截面参数

V 带横截面的主要参数有顶宽 W、节宽 W_p、高度 T、相对高度 T/W_p、楔角等，如图 2–6 所示。

（1）顶宽 W

V 带横截面中梯形轮廓的最大宽度称为顶宽 W。

（2）节宽 W_p

V 带绕带轮弯曲时，外部受拉伸长，内部受压缩短，其长度和宽度均保持不变的面层称为节面，节面的宽度称为节宽 W_p。

（3）高度 T

高度 T 是指 V 带横截面梯形轮廓的高度。

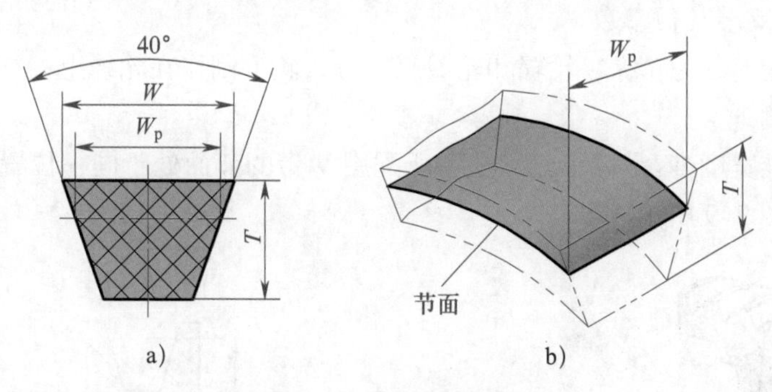

图 2–6　V 带的横截面参数

（4）相对高度 T/W_p

相对高度 T/W_p 是指 V 带的高度与其节宽之比。普通 V 带的相对高度近似为 0.7，窄 V 带的相对高度近似为 0.9。相同节宽的普通 V 带与窄 V 带横截面的比较如图 2–7 所示。

图 2–7　相同节宽的普通 V 带与窄 V 带横截面的比较

a）普通 V 带　b）窄 V 带

（5）楔角

楔角是指 V 带的两侧面所夹的锐角，普通 V 带和窄 V 带的楔角都是 40°。

3. V 带的型号、标记及材料

普通 V 带按横截面尺寸由小到大分为 Y、Z、A、B、C、D、E 七种型号。

V 带受力后会变长。V 带的基准长度 L_d 是指 V 带在规定的张紧力下，位于测量带轮基准直径上的周线长度。

国家标准规定，每条 V 带应有水洗不掉的明显标志，至少包含标记、制造商名或商标、制造年月。V 带的标记由型号、基准长度和标准编号三部分组成。普通 V 带的标记示例如下：

V 带的包布、顶布和底布一般采用含氯丁二烯的棉、聚酯纤维织物等材料；顶胶、底胶及缓冲胶可采用天然橡胶、丁苯橡胶、氯丁橡胶和丁腈橡胶等材料；抗拉体的材料要具有较小的断裂伸长率和较大的断裂强度，多为聚酯线绳，也有采用芳纶与钢丝等材料的。

4. V 带轮的主要几何参数

V 带轮从功能上分为轮缘、轮辐和轮毂三部分，轮槽制作在轮缘上，如图 2–8 所示。

（1）基准宽度 W_d

V 带轮的基准宽度 W_d 是槽形轮廓上与所配用 V 带的节面处于同一位置的宽度，与 V 带的节宽一致，如图 2–9 所示。

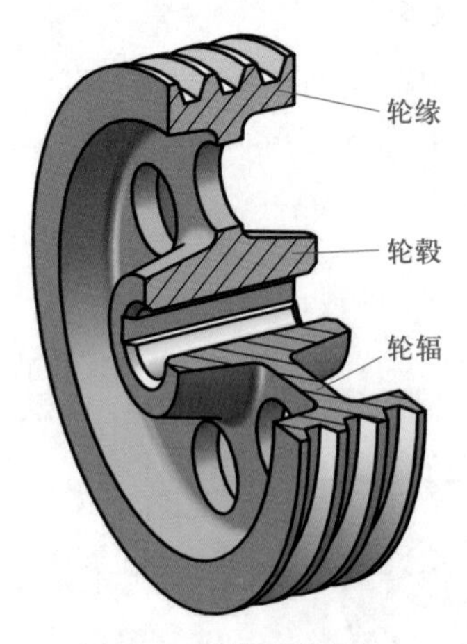

图 2–8　V 带轮的结构

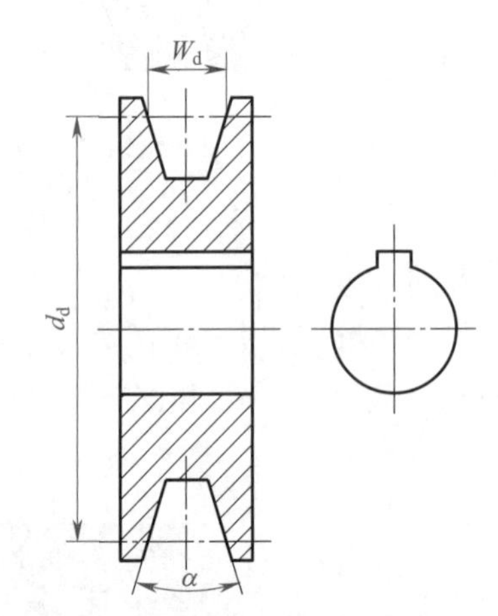

图 2–9　V 带轮的主要几何参数

（2）基准直径 d_d

V 带轮的基准直径 d_d 是指轮槽基准宽度处带轮的直径，如图 2–9 所示。

（3）槽角 α

槽角 α 是指轮槽横截面两侧边的夹角，如图 2–9 所示。一般情况下，小 V 带轮上 V 带变形严重，对应的槽角要小些；大 V 带轮的槽角则大些。

V 带轮的槽型及尺寸要与 V 带一致，普通 V 带轮槽型也分为 Y、Z、A、B、C、D、E 七种型号。

5. V 带轮的结构形式及材料

（1）V 带轮的结构形式

根据 V 带轮的基准直径 d_d 大小不同，轮辐的结构形式有实心式（见图 2–10）、腹板式（见图 2–11）、孔板式（见图 2–12）和轮辐式（见图 2–13）四种。一般而言，V 带轮的基准直径较小时可采用实心式 V 带轮，基准直径较大时可采用腹板式或孔板式 V 带轮，当 V 带轮基准直径大于 300 mm 时可采用轮辐式 V 带轮。

（2）V 带轮的材料

普通 V 带轮通常用灰铸铁制造，带速较高时可采用铸钢，功率较小的传动可采用铸造铝合金或工程塑料等。

6. V 带传动的主要参数

（1）V 带传动的传动比 i

根据带传动的传动比计算公式，对于 V 带传动，如果不考虑 V 带与 V 带轮间打滑因素的影响，其传动比计算公式可用主、从动带轮的基准直径来表示：

$$i_{12}=\frac{n_1}{n_2}=\frac{d_{d2}}{d_{d1}}$$

式中　i_{12}——传动比；

n_1、n_2——主、从动带轮的转速，r/min；

d_{d1}、d_{d2}——主、从动带轮的基准直径，mm。

通常情况下，V 带传动的传动比 $i \leqslant 7$，常用 2 ~ 7。

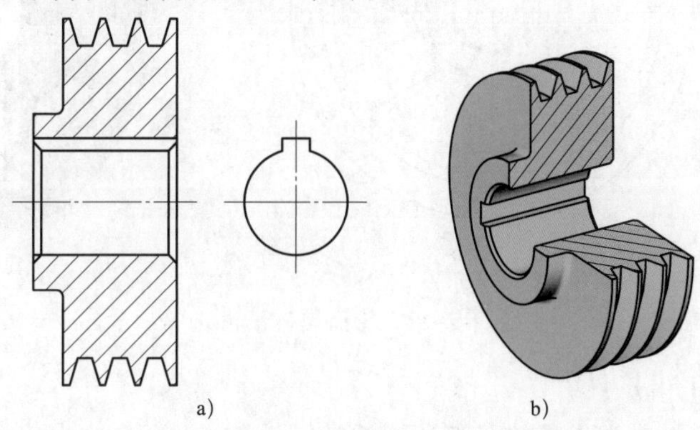

图 2–10　实心式 V 带轮

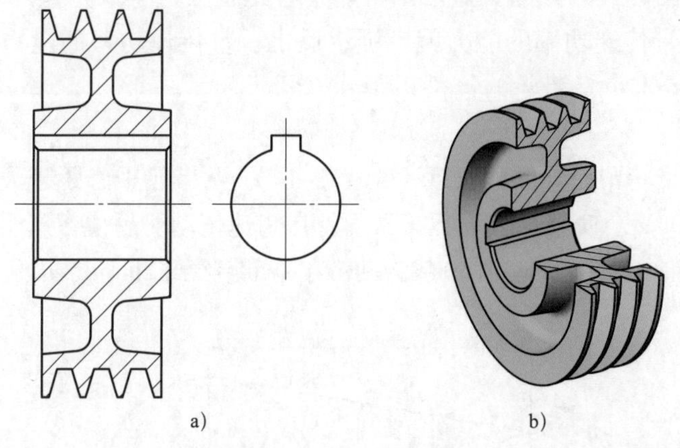

图 2–11　腹板式 V 带轮

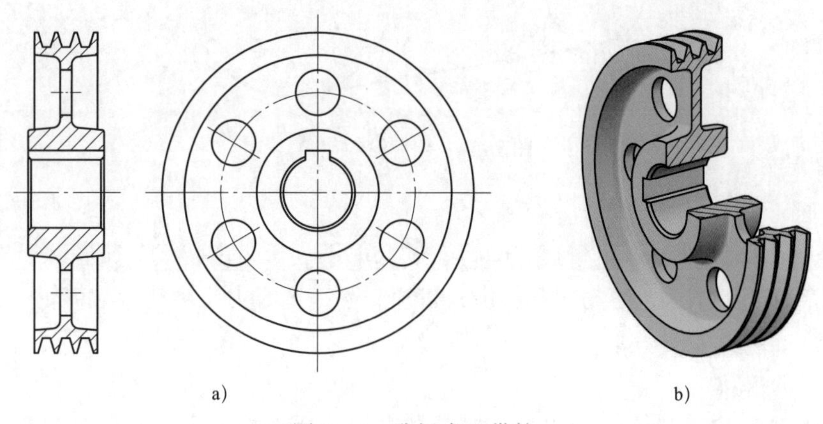

图 2–12　孔板式 V 带轮

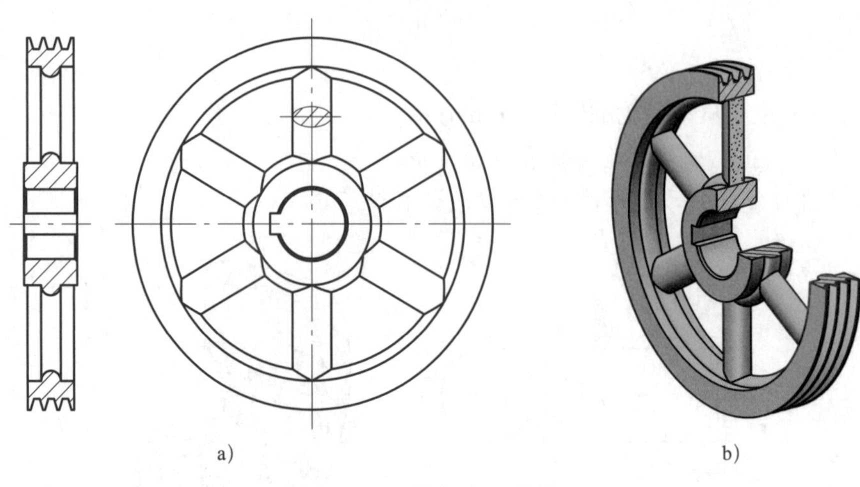

图 2–13　轮辐式 V 带轮

（2）小带轮的包角 θ_1

V 带轮的包角是指带与带轮接触弧所对应的圆心角，如图 2–14 所示。包角的大小反映了带与带轮轮缘表面间接触弧的长短。两带轮中心距越大，小带轮包角 θ_1 也越大，带与带轮接触弧也越长，带传递功率的能力就越强；反之，带传递功率的能力则越弱。为了使 V 带传动可靠，一般要求小 V 带轮的包角 $\theta_1 \geqslant 120°$ 。

（3）中心距 C

中心距 C 是两带轮中心连线的长度（见图 2–14）。两带轮中心距越大，带的传动能力越强；但中心距过大，又会使整个装置不够紧凑，在高速传动时易使带产生振动，反而使带的传动能力下降。因此，两带轮中心距一般为两带轮基准直径之和（$d_{d1}+d_{d2}$）的 70% ~ 200%。

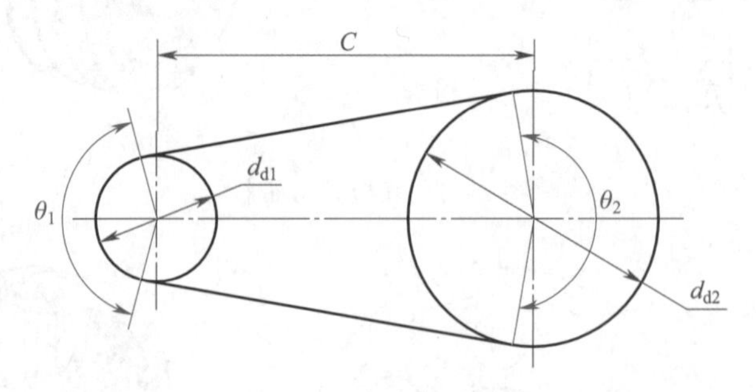

图 2–14　V 带轮的包角

（4）带速 v

带速 v 一般取 5 ~ 25 m/s。带速 v 过高或过低都不利于带的传动。带速太低，在传递功率一定时所需圆周力增大，容易引起打滑；带速太高，离心力又会使带与带轮间的压紧程度减小，传动能力降低。

（5）V 带的根数

V 带的根数影响到带的传动能力。根数越多，传递功率越大，所以 V 带传动中所需 V

带的根数应按具体的传递功率大小而定。但为了使各V带受力比较均匀，V带的根数不宜过多，一般取2～5根为宜，不能超过10根。

7. V带传动的特点

（1）V带传动的优点

1）结构简单，制造、安装精度要求不高，使用维护方便，适用于两轴中心距较大的场合。

2）传动平稳，噪声低，有缓冲吸振作用。

3）过载时V带会在带轮上打滑，可以防止零件损坏，起安全保护作用。

（2）V带传动的缺点

1）不能保证准确的传动比。

2）外廓尺寸大，传动效率较低（一般为0.85～0.95）。

8. V带传动的安装维护

（1）套装V带时不得强行撬入，应将中心距缩小，待V带进入轮槽后再进行张紧。张紧时应在传动装置同一边上试一下每根带的松紧程度，如不均匀可空转几圈使其均匀后再张紧到规定的位置。在生产实践中，往往根据经验来调整V带的张紧程度，在中等中心距的V带传动中，一般以拇指能将V带按下15 mm左右时的张紧程度为合适，如图2–15所示。

（2）安装V带轮时，两带轮的轴线应相互平行，两带轮轮槽的对称平面应重合，其偏角误差应小于20′，如图2–16所示。

图2–15　V带的张紧程度

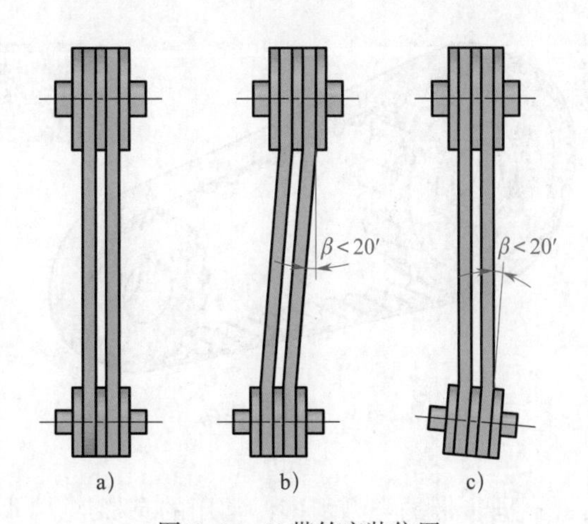

图2–16　V带轮安装位置

a）理想位置　b）、c）允许位置

（3）V带的型号与V带轮要一致。V带安装后，V带顶面与带轮外缘表面平齐（新安装时略高出一些），底面与轮槽底面间有一定的间隙，这样V带的两侧面和轮槽的工作面之间可充分接触，如图2–17a所示。图2–17b、c所示为V带与V带轮型号不一致时的情况。

（4）V带在使用过程中应定期检查并及时调整。若发现一组带中有疲劳撕裂（裂纹）等现象，应及时更换所有V带。不同类型、不同新旧的V带不能同组使用。

（5）为保证安全生产和V带的清洁，应给带传动装置加装防护罩。

（6）V带不宜与酸、碱、油等介质接触，工作温度一般不应超过60 ℃，以防带过快老化。

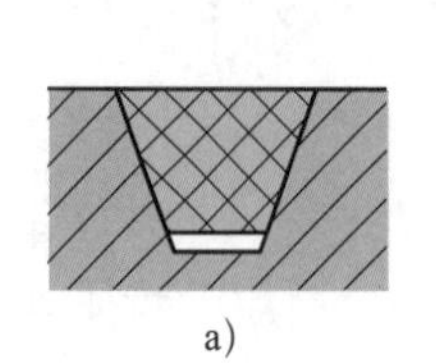
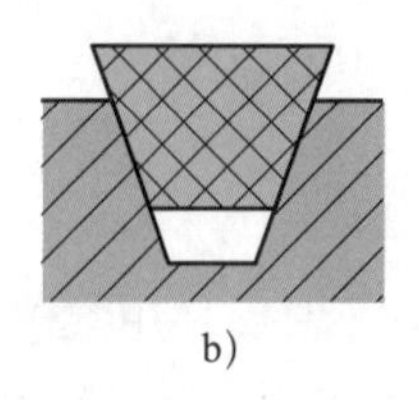
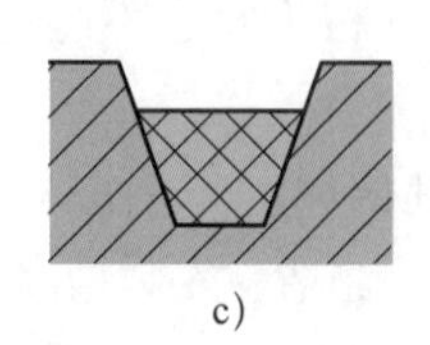

图 2–17　V 带在 V 带轮中的安装情况

a）型号一致时　b）、c）型号不一致时

三、同步带传动

同步带传动是啮合型带传动。它通过传动带内表面上等距分布的横向齿与带轮上的相应齿槽啮合来传递运动，如图 2–18 所示。与 V 带传动相比，同步带传动的带轮和传动带之间没有相对滑动，能够保证准确的传动比。

1. 同步带

同步带是具有等距横向齿的环形传动带，一般由齿布、带齿、芯绳和带背四部分组成，如图 2–19 所示。带背和带齿合称为带体，其材料一般多用聚氨酯或橡胶等。芯绳采用抗拉强度很高的钢丝绳或玻璃纤维绳等。齿布包裹在整个带齿上，起保护、防开裂的作用，其材料采用高耐磨织物。

图 2–18　同步带传动

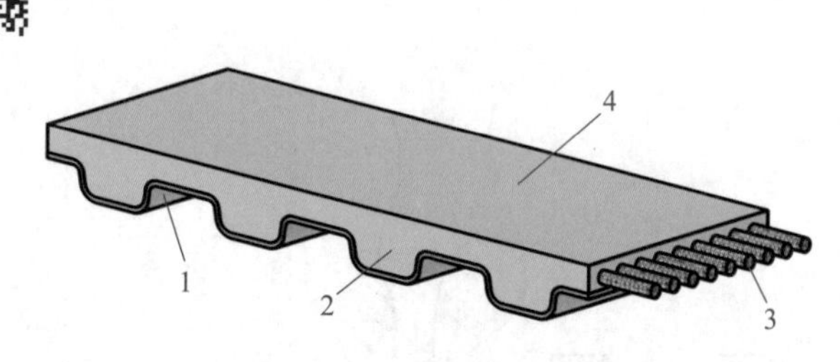

图 2–19　同步带的结构

1—齿布　2—带齿　3—芯绳　4—带背

同步带的类型很多，常用的有梯形齿同步带和圆弧齿同步带，如图 2–20 所示。梯形齿的齿廓为梯形，圆弧齿的齿廓为圆弧。

2. 同步带轮

每种类型和规格的同步带都有与之对应的同步带轮，梯形齿同步带轮和圆弧齿同步带轮的齿形如图 2–21 所示。同步带轮分为有挡圈和无挡圈两种，其结构如图 2–22 所示。同步带轮常用材料有铝合金、钢、铸铁、不锈钢、尼龙、铜、橡胶、POM 聚甲醛塑料（赛钢）等，其中以 45 钢、铝合金最为常见。

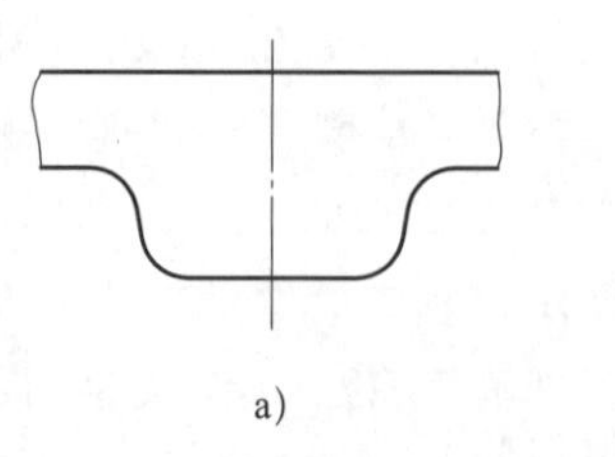
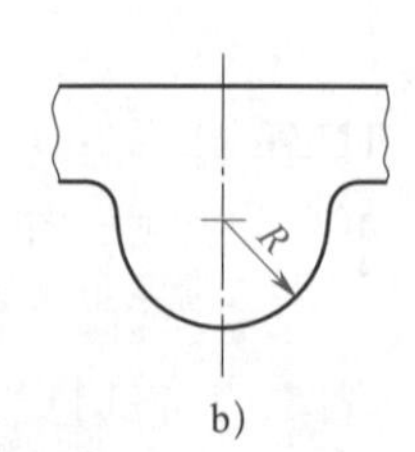

图 2–20　同步带的齿形

a）梯形齿　b）圆弧齿

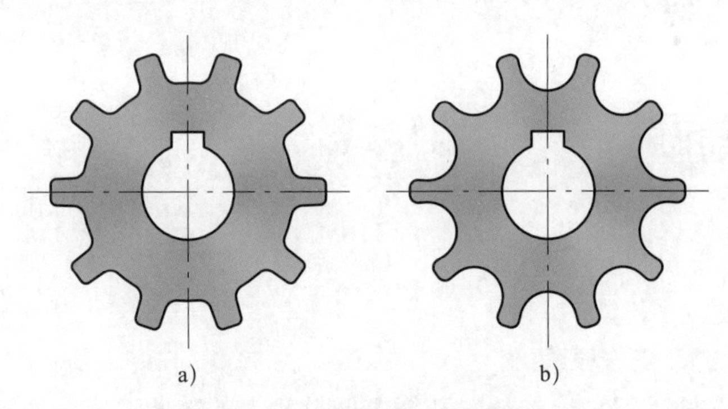

图 2-21　同步带轮的齿形

a）梯形齿　b）圆弧齿

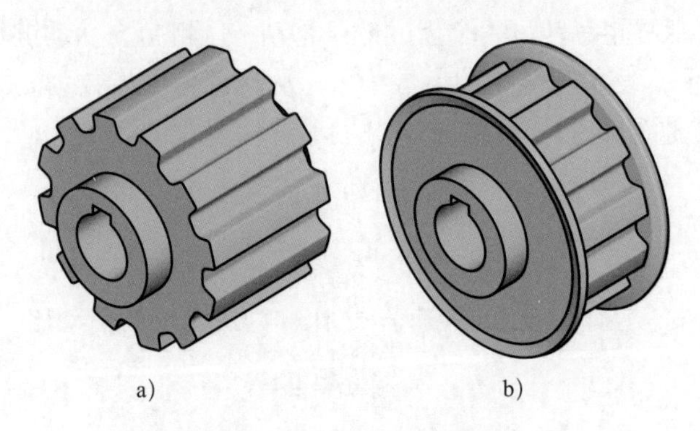

图 2-22　同步带轮的结构

a）无挡圈梯形齿同步带轮　b）有挡圈梯形齿同步带轮

3. 同步带传动的特点及应用

（1）同步带与带轮工作时无相对滑动，传动准确，具有恒定的传动比，广泛用于精密传动的各种设备中，如传真机、激光打印机、扫描仪、一体机等办公设备广泛采用了同步带传动。

（2）传动平稳，具有缓冲、减振能力，噪声低，在轻工机械上得到广泛使用，如纺织机械中大量采用了同步带传动。其他如印刷、造纸、食品、烟草及医疗机械等也都广泛采用同步带传动。

（3）传动效率可达 0.98，节能效果明显。

（4）传动比范围大，一般可达 1∶10，线速度可达 50 m/s，具有较大的功率传递范围，可从几瓦到几百千瓦，常用于强度、工作可靠性、耐磨性和耐蚀性要求较高的场合，如汽车、摩托车发动机上的传动系统广泛采用了同步带传动。

（5）传动机构比较简单，维护保养方便，维护费用低。

（6）结构紧凑，适宜于多轴传动。如数控机床、3D 打印机、机器人等精密设备广泛采用同步带传动。

（7）不需要润滑，无污染，因此可在不允许有污染和工作环境较为恶劣的场合下正常工作，可用于食品、矿山、石油等行业的机械设备中。

§2-2 链传动

一、链传动概述

1. 链传动的组成及工作原理

链传动由分装在两平行轴上的链轮和绕于两链轮上的链条组成，如图 2–23 所示。它通过链轮轮齿与链节相啮合而传递运动和动力。

2. 链传动的传动比

在链传动中，主动链轮每转过一个齿，链条移动一个链节，从动链轮被链条带动转过一个齿。如图 2–24 所示，设主动链轮的齿数为 z_1、从动链轮的齿数为 z_2，当主动链轮的转速为 n_1、从动链轮的转速为 n_2 时，单位时间内主动链轮转过的齿数 z_1n_1 与从动链轮转过的齿数 z_2n_2 相等，即：

$$z_1n_1=z_2n_2 \quad 或 \quad \frac{n_1}{n_2}=\frac{z_2}{z_1}$$

主动链轮的转速 n_1 与从动链轮的转速 n_2 之比称为链传动的传动比，表达式为：

$$i_{12}=\frac{n_1}{n_2}=\frac{z_2}{z_1}$$

式中　i_{12}——传动比；

n_1、n_2——主、从动链轮的转速，r/min；

z_1、z_2——主、从动链轮的齿数。

图 2–23　链传动的组成

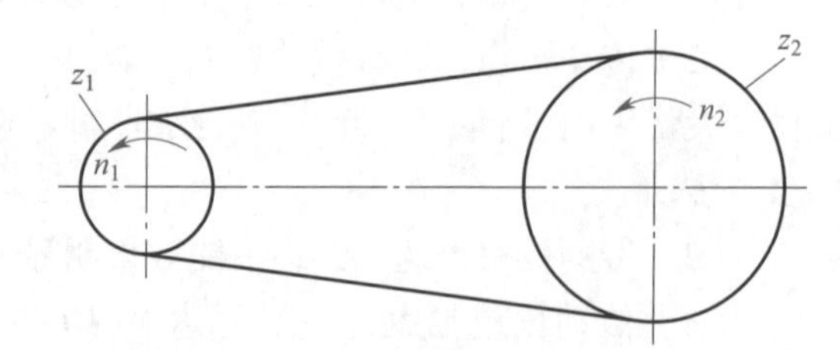

图 2–24　链传动的传动比

链传动的传动比一般为 $i \leqslant 8$，低速传动时 i 可达 10；两轴中心距 a 可达 5 ~ 6 m；传递功率 $P \leqslant 100$ kW；链条速度一般为 $v \leqslant 15$ m/s，高速时可达 20 ~ 40 m/s。

3. 链传动的特点

（1）链传动的优点

链传动具有挠性传动和啮合传动的双重性，因此，它在一定程度上兼有带传动和齿轮传动的特性。

1）与摩擦型带传动相比，其优点如下：

①没有弹性滑动，平均传动比保持恒定。

②承载能力较强，传递功率大，传动效率高（一般可达 0.95 ~ 0.98），工作更为可靠。

③适应工作环境条件宽，能在低速、重载和高温条件下，以及油、酸污染等不良环境中工作。

④张紧力小，作用在轴上的载荷较小。

2）与齿轮传动相比，其优点如下：

①可以发挥挠性传动的优势，非常方便地实现较大中心距和多轴间传动。

②制造、安装精度要求略低，便于制造和安装。

（2）链传动的缺点

1）由于链节的多边形运动，所以瞬时传动比是变化的，链的瞬时速度不是常数，传动中会产生振动、冲击和噪声，因此不宜用于要求精密传动的机械上。

2）链条的铰链磨损后，使链条节距变大，传动中链条容易脱落。

3）链节进入与链轮啮合时会造成冲击和噪声。

4）为了减小链条的磨损，链传动对润滑条件要求严格，润滑油容易造成污染。

5）无过载保护作用。

二、滚子链传动

1. 滚子链

常用的滚子链主要有单排链、双排链和三排链三种结构形式，如图 2–25 所示。链条中的零件由非合金钢或合金钢制造，并经表面淬火处理，强度、硬度及耐磨性好。滚子链的承载能力与排数成正比，但排数越多，各排受力越不均匀，所以排数不能过多，一般不超过四排。

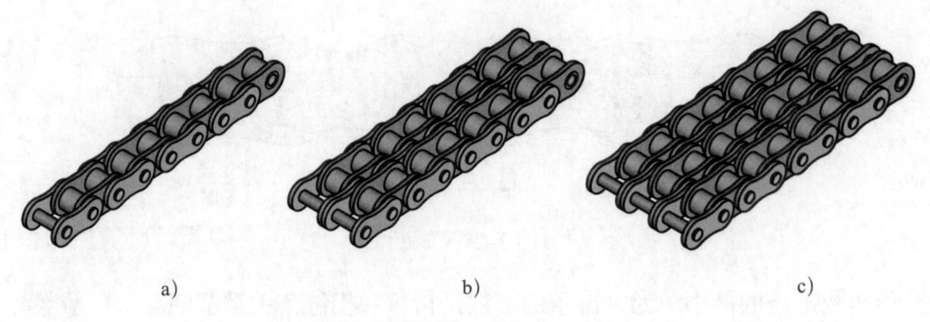

a)　　b)　　c)

图 2–25　滚子链

a）单排链　b）双排链　c）三排链

图 2–26 所示为单排滚子链的结构，它由内链板 4、外链板 2、销轴 1、套筒 3、滚子 5 等组成。销轴与外链板、套筒与内链板之间分别采用过盈配合连接，而销轴与套筒、滚子与套筒之间则为间隙配合连接，以保证链节屈伸时，内链板与外链板之间能相对转动，滚子与

套筒、套筒与销轴之间可以自由转动。当链条与链轮啮合时，滚子与链轮轮齿相对滚动，两者之间主要是滚动摩擦，从而减少了链条和链轮轮齿的磨损。

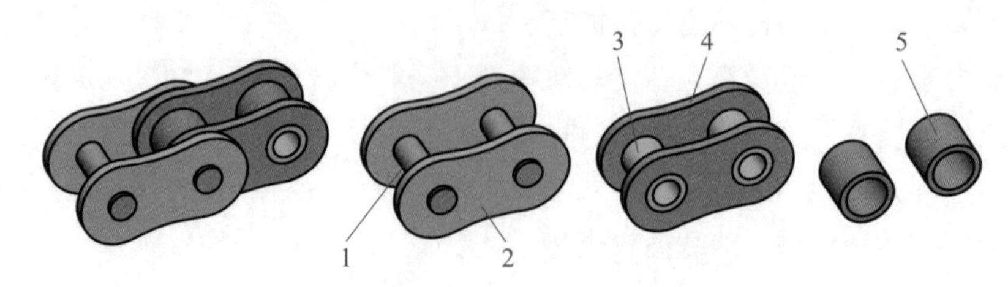

图 2–26　单排滚子链的结构

1—销轴　2—外链板　3—套筒　4—内链板　5—滚子

滚子链接头处一般可用弹簧锁片（见图 2–27a）或开口销（见图 2–27b）锁定。

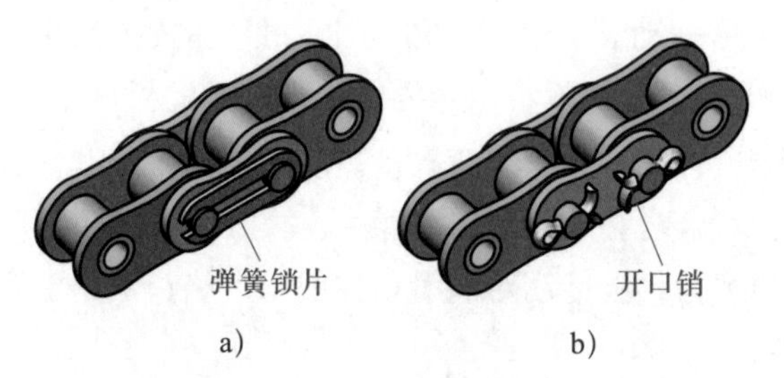

图 2–27　滚子链接头形式

a）弹簧锁片接头　b）开口销接头

链条相邻两销轴轴线之间的距离称为节距，用符号 P 表示（见图 2–28）。节距是链的主要参数，链的节距越大，承载能力越强，但链传动的结构尺寸也会相应增大，传动的振动、冲击和噪声也会相应加重。因此，应用时尽可能选用小节距的链。高速、大功率传动时，可选用小节距的双排链或多排链。

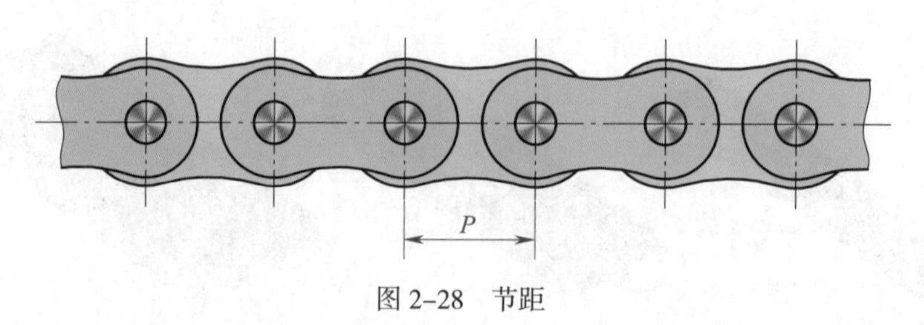

图 2–28　节距

链节是组成链条的最小单元，链条的节数是指每一根链条中链节的总数。节数一般选取偶数，以便连接时正好使内链板和外链板相接。

链条速度不宜过大，链条速度越大，链条与链轮间的冲击力也越大，会使传动不平稳，同时加速链条和链轮的磨损。一般要求链条速度不大于 15 m/s。

2. 滚子链链轮

滚子链链轮要与链配套，其种类分为单排、双排和多排等，如图 2–29 所示。

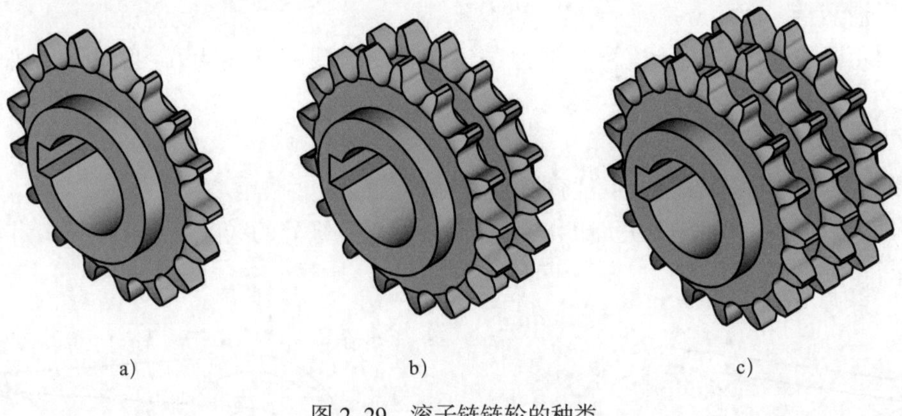

图 2–29 滚子链链轮的种类
a）单排 b）双排 c）多排

为保证传动平稳，减少冲击和动载荷，小链轮齿数不宜过少，一般应大于等于17。大链轮齿数也不宜过多，齿数过多除了增大传动机构的尺寸和质量外，还会出现跳齿和脱链等现象，通常大链轮齿数应小于120。由于链节数常取偶数，为使链条与链轮轮齿磨损均匀，链轮齿数一般应取与链节数互为质数的奇数。

链轮材料应保证轮齿有足够的强度和耐磨性，一般可采用灰铸铁、低碳钢、中碳钢、低碳合金钢、中碳合金钢等。链轮齿面一般都经过热处理，使之达到一定的硬度。

三、链传动的润滑

链传动的润滑十分重要，对高速重载的链传动更为重要。良好的润滑可缓和冲击、减轻磨损、延长链条的使用寿命。链传动的润滑方式主要有手工润滑、滴油润滑、浸油润滑、飞溅润滑和喷油润滑等。

1. 手工润滑

手工润滑是指用刷子向链条刷油或用油壶向链条上注油，如图2–30所示。加油量和频率应保证能有效防止链条过热或铰链部位因润滑不足而出现氧化变色。

2. 滴油润滑

滴油润滑是指使用滴油润滑装置将润滑油施加在链条内表面上，如图2–31所示。滴油量和频率应以能有效防止链条铰链部位因润滑不足出现氧化变色为原则，同时滴油时必须注意不能让链条运动时产生的气流将油滴吹偏。

图 2–30 手工润滑

图 2–31 滴油润滑

3. 浸油润滑

浸油润滑是指将链条低边浸入油池中运行（一般浸油深度为6 ~ 12 mm），如图2–32所示。

4. 飞溅润滑

飞溅润滑是指用旋转的甩油盘将油甩起并溅到链条上，如图2–33所示。通常在链箱上设置一个溅油润滑用的油池。甩油盘的直径应使油盘边缘处的线速度大于3 m/s，链条在油位以上运转。

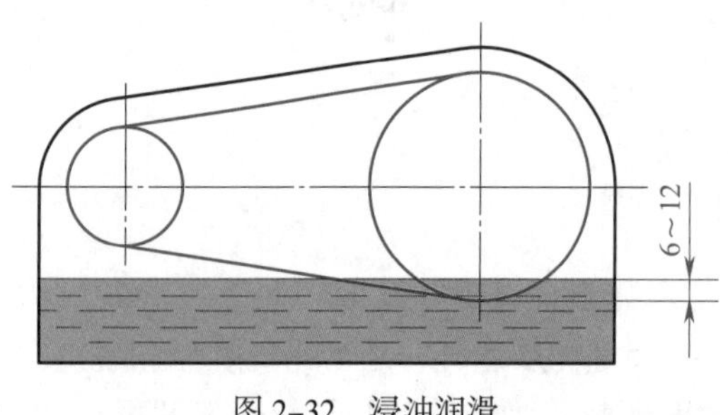

图2–32　浸油润滑

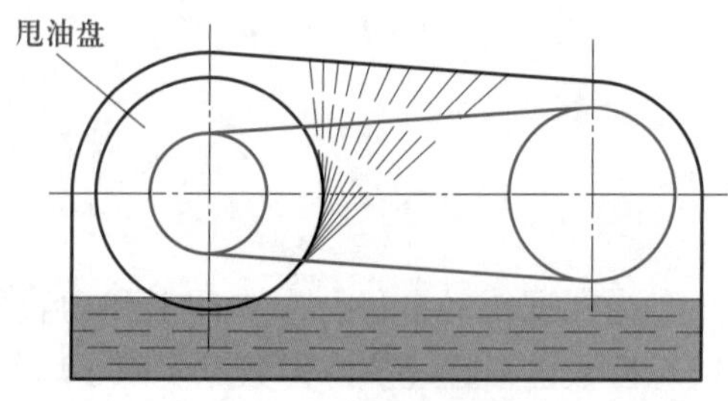

图2–33　飞溅润滑

5. 喷油润滑

喷油润滑是指由油泵提供一个连续的油流施加到链条上，润滑油对准链条的松边，均匀地喷在链条的内侧表面上，如图2–34所示。

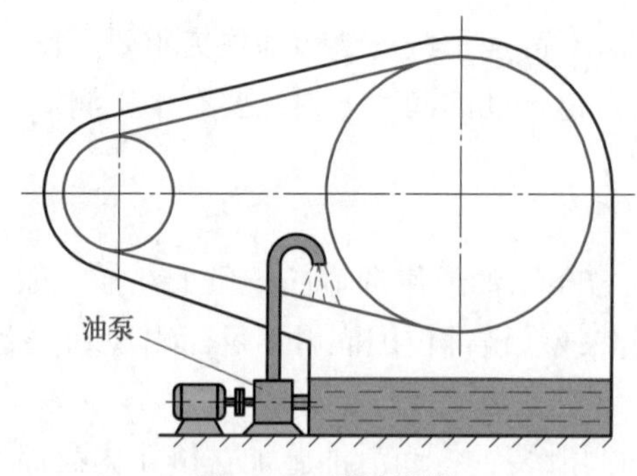

图2–34　喷油润滑

四、链传动的维护保养

1. 链的松紧程度要适宜，太紧会增加功率消耗，轴承容易磨损；太松则容易使链跳动和脱链。链的松紧程度适宜的判定方法是：从链轮的中部提起或压下的距离为两链轮中心距的2% ~ 3%。

2. 链轮装在轴上应没有摆动和歪斜。在同一传动组件中两个链轮的对称平面应位于同一平面内，两轮偏移过大容易产生脱链和加速链与链轮的磨损。

3. 链轮齿面磨损到一定程度后应及时翻面使用（指可调面使用的链轮），以延长使用寿命。链轮磨损严重后应同时更换新链和新链轮，以保证良好的啮合。

4. 当链条磨损造成链条伸长但并不严重时，可调整中心距（链轮中心距可调整时），以改善啮合状态，预防跳链和脱链。新链过长或经使用伸长后，难以调整中心距时，可拆去部分链节，但必须为偶数。接头链节的销轴应从链轮背面穿过，弹簧锁片（或开口销）安装在外面，弹簧锁片的开口应朝着运动的相反方向。

5. 链传动机构在工作中应及时加注润滑油。润滑油必须进入滚子和套筒的配合间隙，以便改善工作条件，减少磨损。

知识链接

齿形链传动

齿形链传动由齿形链及与之配套的齿形链链轮组成，如图 2–35 所示。齿形链由一系列的齿链板和导板交替叠加，用铰链连接而成。与滚子链传动相比，齿形链传动平稳性好、传动速度高、噪声较小、承受冲击性能较好，但结构较复杂、装拆困难、质量较大、易磨损、成本较高。齿形链传动主要用在高速、重载、低噪声、大中心距的场合，其传动性能优于同步带传动、齿轮传动以及滚子链传动。近年来，齿形链传动在汽车、叉车、飞机、船舶、轧钢机械、机床中的应用越来越多。

图 2–35　齿形链传动

第三章 螺纹连接和螺旋传动

螺纹在机械设备及工、夹、量具上随处可见。图 3–1 所示为桌虎钳，用于夹持小型工件。旋转固定手柄 9，通过固定丝杆 8 与固定座 7 之间的螺旋传动可使固定丝杆 8 上移，将桌虎钳夹紧在桌面上。旋转夹紧手柄 1，使夹紧螺杆 2 旋转，通过活动钳身 5 与夹紧螺杆 2 之间的螺旋传动可使活动钳身 5 向左移动，从而夹紧工件。两块钳口板用十字槽沉头螺钉分别连接在固定钳身和活动钳身上，如图 3–2 所示。

螺纹连接和螺旋传动的应用非常广泛，请列举几个螺纹连接和螺旋传动的应用实例。

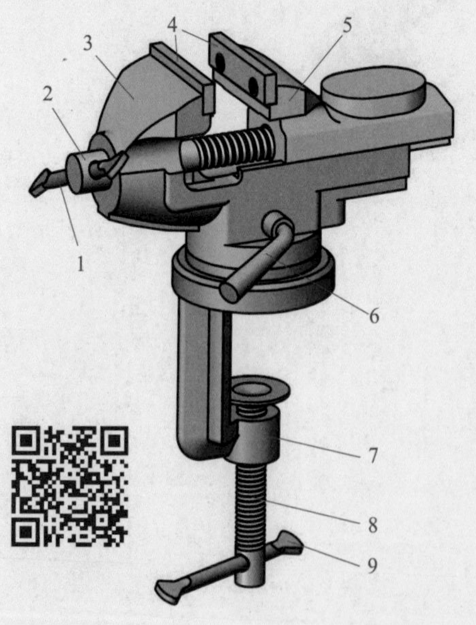

图 3–1 桌虎钳

1—夹紧手柄 2—夹紧螺杆 3—固定钳身
4—钳口板 5—活动钳身 6—锁紧手柄
7—固定座 8—固定丝杆 9—固定手柄

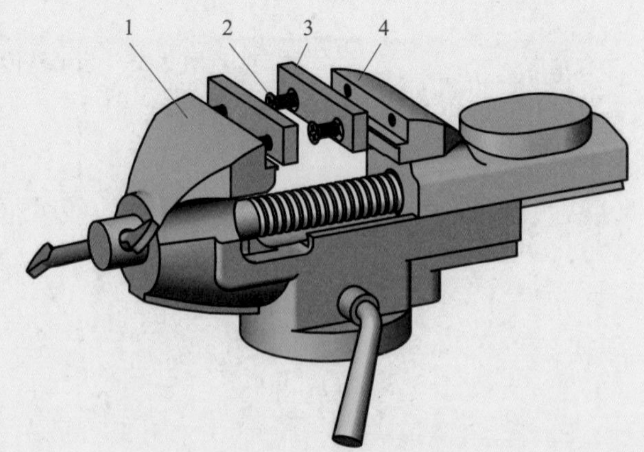

图 3–2 钳口板的连接

1—固定钳身 2—十字槽沉头螺钉
3—钳口板 4—活动钳身

本章主要内容如下：

1. 螺纹的概念、种类、主要参数、标记、特点及应用。
2. 常用螺纹紧固件的结构和标记，螺纹连接的类型、应用、预紧与防松。
3. 普通螺旋传动的形式及运动方向判别，差动螺旋传动的类型。
4. 滑动螺旋副的材料及热处理，滑动螺旋传动的润滑方式。

§3-1 螺纹的基本知识

一、螺旋线的概念

螺旋线是指沿着圆柱（或圆锥）表面运动的点的轨迹，该点的轴向位移与相应角位移成定比，如图 3–3 所示为在圆柱表面上形成的螺旋线。螺旋线有右旋和左旋之分，当圆柱轴线直立时，右旋螺旋线的可见部分自左向右升高（见图 3–3a），左旋螺旋线则自右向左升高（见图 3–3b）。

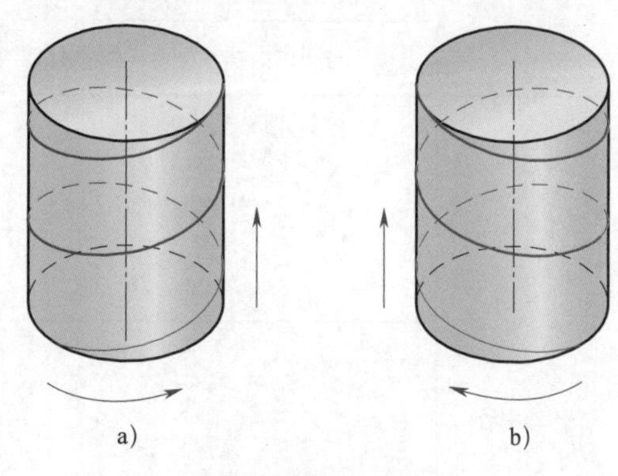

图 3–3　螺旋线的形成

a）右旋　b）左旋

二、螺纹的形成

在圆柱（或圆锥）表面上，具有相同牙型（如三角形、梯形、锯齿形等）、沿螺旋线连续凸起的牙体称为螺纹。在圆柱（或圆锥）外表面上形成的螺纹称为外螺纹，在圆柱（或圆锥）内表面上形成的螺纹称为内螺纹。在圆柱面上形成的螺纹称为圆柱螺纹，在圆锥面上形成的螺纹称为圆锥螺纹。圆柱螺纹的结构如图 3–4 所示。

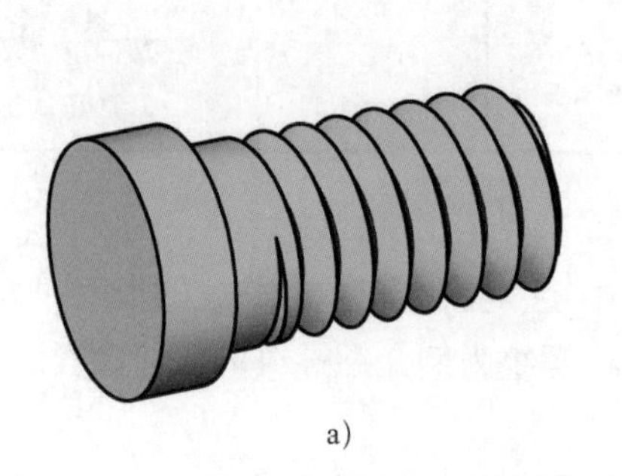

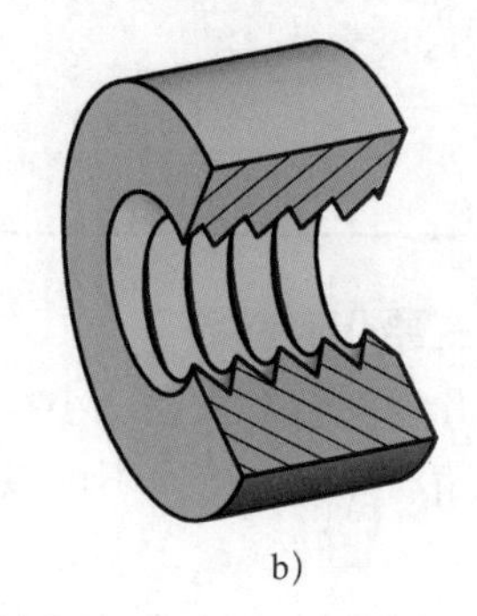

图 3–4　圆柱螺纹的结构

a）内螺纹　b）外螺纹

三、螺纹的种类

螺纹的类型有很多，按用途可分为普通螺纹、管螺纹和传动螺纹，按旋向可分为右旋螺纹和左旋螺纹，按螺旋线的线数可分为单线螺纹和多线螺纹，按螺旋线形成的表面可分为内螺纹和外螺纹。在通过螺纹轴线的断面上，螺纹的轮廓形状称为螺纹牙型，常见的螺纹牙型有三角形、梯形、锯齿形和矩形等。常见螺纹的种类、特征代号和牙型见表 3–1。

表 3–1　　常见螺纹的种类、特征代号和牙型

种类		特征代号	牙型及牙型角（或牙侧角）
普通螺纹	粗牙普通螺纹	M	60°
	细牙普通螺纹		
55°密封管螺纹	圆柱内螺纹	Rp	55°
	与圆柱内螺纹配合的圆锥外螺纹	R_1	
	圆锥内螺纹	Rc	
	与圆锥内螺纹配合的圆锥外螺纹	R_2	
传动螺纹	梯形螺纹	Tr	30°
	锯齿形螺纹	B	30°　3°
	矩形螺纹	—	

四、螺纹的主要几何参数

螺纹的主要几何参数有大径、小径、中径、公称直径、线数、螺距、导程、旋向、升角与螺旋角、牙型角与牙侧角等。下面以圆柱螺纹为例介绍螺纹的几何参数。

1. 大径

螺纹的大径是指与外螺纹牙顶或内螺纹牙底相切的假想圆柱的直径。外螺纹大径用 d 表示，内螺纹大径用 D 表示，如图 3–5 所示。

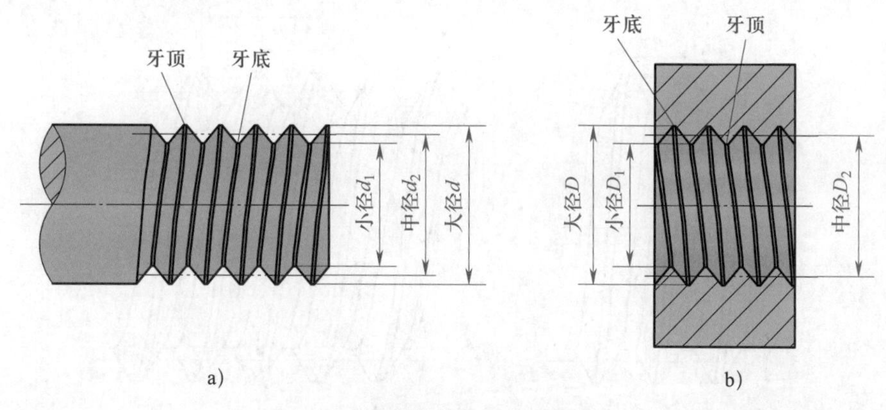

图 3-5　螺纹的大径、小径和中径

a）外螺纹　b）内螺纹

2. 小径

螺纹的小径是指与外螺纹牙底或内螺纹牙顶相切的假想圆柱的直径。外螺纹小径用 d_1 表示，内螺纹小径用 D_1 表示，如图 3-5 所示。

3. 中径

螺纹的中径是指一个假想圆柱的直径，该圆柱的母线通过牙型上沟槽和凸起宽度相等的地方。外螺纹中径用 d_2 表示，内螺纹中径用 D_2 表示，如图 3-5 所示。

4. 公称直径

公称直径是指代表螺纹规格大小的直径。除管螺纹外，公称直径是指螺纹的大径。

5. 线数

螺纹的线数是指螺纹的螺旋线数量，用字母 n 表示。沿一条螺旋线形成的螺纹称为单线螺纹，如图 3-6a 所示；沿两条或两条以上螺旋线形成的螺纹称为多线螺纹，如图 3-6b 所示为双线螺纹。

6. 螺距

螺距是指相邻两牙体上的对应牙侧与中径线（中径圆柱的母线）相交两点间的轴向距离，用 P 表示，如图 3-7 所示。

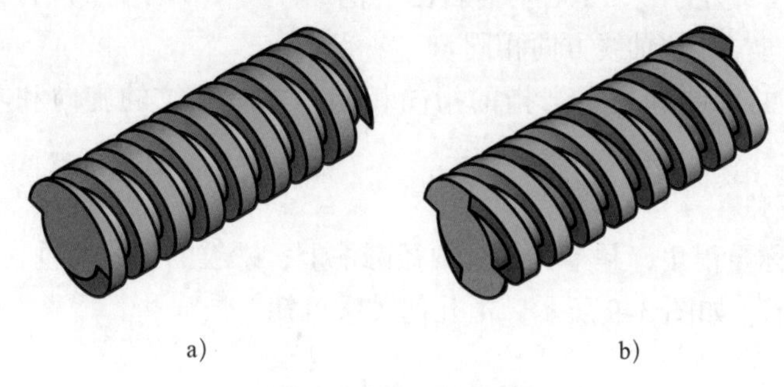

图 3-6　螺纹的线数

a）单线螺纹　b）双线螺纹

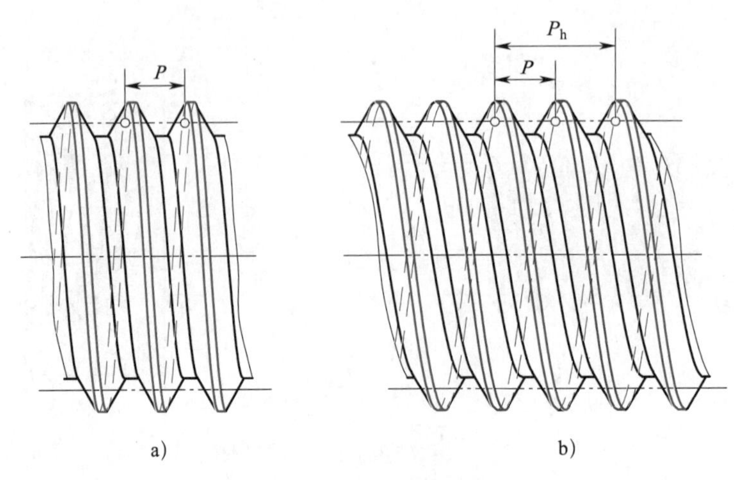

图 3–7　螺距与导程

a）单线螺纹　b）双线螺纹

7. 导程

导程是指最邻近的两同名牙侧（处在同一螺旋面上的牙侧）与中径线相交两点间的轴向距离，米制螺纹的导程用 P_h 表示，如图 3–7 所示。导程也可认为是一个点沿着在中径圆柱上的螺旋线旋转一周所对应的轴向位移。

导程、螺距、线数之间的关系是：

$$P_h=P\times n$$

对于单线螺纹，导程与螺距之间的关系是：

$$P_h=P$$

8. 旋向

螺纹旋向分右旋、左旋两种。沿右旋螺旋线形成的螺纹为右旋螺纹，沿左旋螺旋线形成的螺纹为左旋螺纹。右旋螺杆旋入螺孔时沿顺时针旋转，左旋螺杆旋入螺孔时沿逆时针旋转。当螺杆的轴线竖直放置时，右旋螺纹的可见部分自左向右升高，左旋螺纹的可见部分则自右向左升高。螺纹的旋向及判别方法如图 3–8 所示，具体内容如下。

（1）伸出右手（或左手），手心对着自己，把螺杆放在手心上。

（2）四指的指向与螺纹轴线方向相同。

（3）右旋螺纹的旋向和右手拇指的指向相同，左旋螺纹的旋向和左手拇指的指向相同。

9. 升角与螺旋角

螺纹的升角又称导程角，是指在螺纹中径圆柱上，螺纹的切线与垂直于螺纹轴线的平面间的夹角，用 φ 表示。如图 3–9 所示，由几何关系可知：

$$\tan\varphi=\frac{P_h}{\pi d_2}=\frac{nP}{\pi d_2}$$

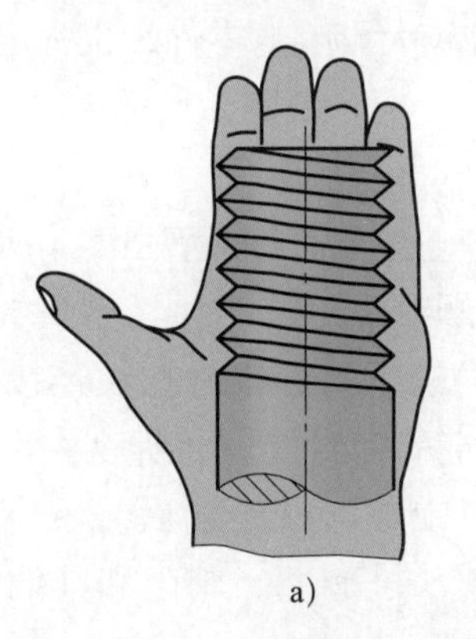
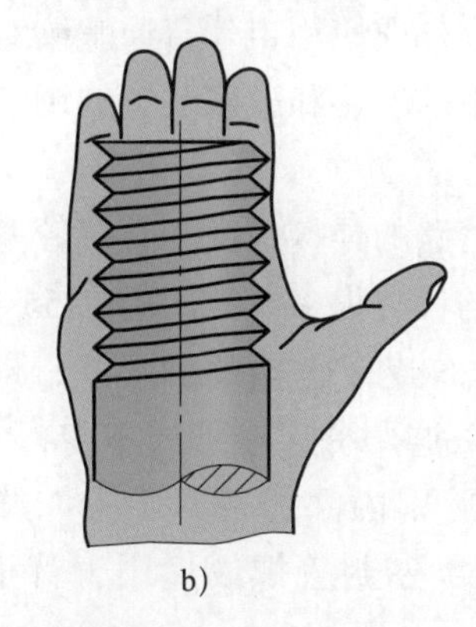

a)　　b)

图 3-8　螺纹的旋向及判别方法

a）左旋螺纹　b）右旋螺纹

螺旋角是指圆柱螺旋线的切线与通过切点的圆柱面的直母线之间所夹的锐角，用 β 表示，如图 3-9 所示。螺旋角与螺纹升角之和为 90°。

10. 牙型角与牙侧角

在螺纹牙型上，两相邻牙侧间的夹角称为牙型角，用 α 表示；在螺纹牙型上，一个牙侧与垂直于螺纹轴线的平面间的夹角称为牙侧角，用 β_1 或 β_2 表示，如图 3-10 所示。常见螺纹的牙型角与牙侧角见表 3-1。

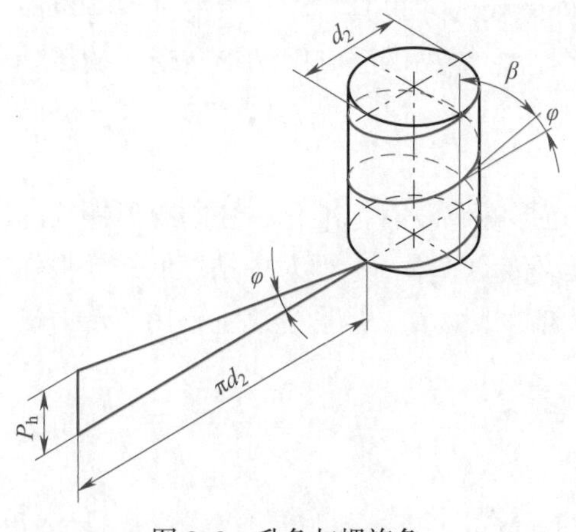

图 3-9　升角与螺旋角

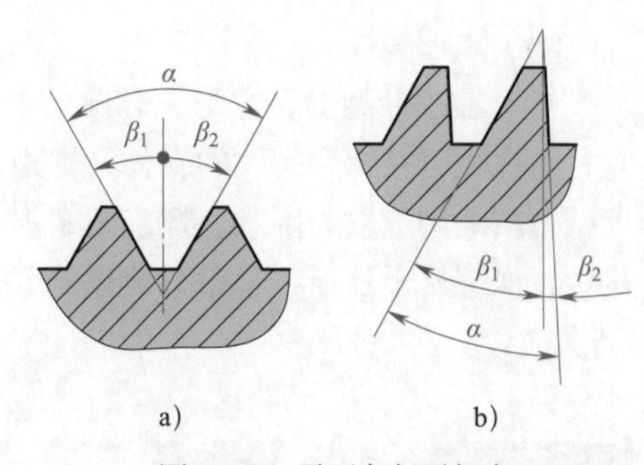

图 3-10　牙型角与牙侧角

a）对称螺纹　b）非对称螺纹

五、螺纹的特点与应用

1. 普通螺纹

普通螺纹应用最广泛，其牙型为三角形，牙型角为 60°。同一直径的普通螺纹按螺距大小分为粗牙普通螺纹和细牙普通螺纹两类。普通螺纹一般多用单线螺纹。普通螺纹的摩擦力大，强度高，自锁性能好。尤其是细牙普通螺纹，因为其小径大而螺距小，所以强度更高，自锁性更好。但是细牙普通螺纹容易磨损和滑扣，所以一般连接多用粗牙普通螺纹。细牙普通螺纹用于薄壁零件或使用粗牙普通螺纹对强度有较大影响的零件，也常用于受冲击、振动或交变载荷情况下的连接和微调装置的调整机构。

2. 55°密封管螺纹

管螺纹用于管路的连接，由于管壁较薄，为防止过多削弱管壁强度，所以采用特殊的细牙螺纹。管螺纹的种类很多，常用的是55°密封管螺纹。

55°密封管螺纹连接包括两种形式，即圆柱内螺纹与圆锥外螺纹连接、圆锥内螺纹与圆锥外螺纹连接。这两种连接形式本身都具有一定的密封能力，所以称为密封管螺纹。必要时，可以在螺旋副内添加密封物（如缠绕生料带或涂抹铅油后缠绕麻丝等），以保证连接的密封性。55°密封管螺纹适用于管子、管接头、旋塞、阀门和其他管路附件的螺纹连接。

3. 传动螺纹

传动螺纹有梯形螺纹、锯齿形螺纹和矩形螺纹。

（1）梯形螺纹

梯形螺纹的牙型为等腰梯形，牙型角为30°，是传动螺纹的主要形式，广泛应用于传递运动或动力的螺旋机构中。梯形螺纹牙根强度高，螺旋副对中性好，加工工艺性好，但与矩形螺纹相比传动效率略低。

（2）锯齿形螺纹

锯齿形螺纹工作面的牙侧角为3°，非工作面的牙侧角为30°。锯齿形螺纹综合了矩形螺纹传动效率高和梯形螺纹牙根强度高的特点。其外螺纹的牙根具有相当大的圆角，以减小应力集中；螺旋副的大径处无间隙，便于对中。锯齿形螺纹广泛应用于单向受力的传动机构。

（3）矩形螺纹

矩形螺纹牙型为正方形，牙厚等于螺距的1/2。矩形螺纹没有标准化，公制矩形螺纹的直径与螺距可按梯形螺纹的直径与螺距选择。矩形螺纹传动效率高，但对中精度低，牙根强度低，精确制造较为困难，螺旋副磨损后的间隙难以补偿或修复。矩形螺纹主要用于传力机构中，如螺旋千斤顶、管钳、顶拔器等。

§3-2 螺纹标记

一、普通螺纹的标记

常用的普通螺纹一般为单线螺纹，其标记主要由特征代号、尺寸代号、旋向代号等组成，尺寸代号与旋向代号之间用“–”分开：

特征代号	尺寸代号	—	旋向代号

1. 特征代号

普通螺纹的特征代号用字母“M”表示。

2. 尺寸代号

（1）单线螺纹的尺寸代号

单线螺纹的尺寸代号为“公称直径 × 螺距”。因为一个公称直径所对应的粗牙螺纹只有一个，而一个公称直径所对应的细牙螺纹有可能不止一个，所以国家标准规定粗牙普通螺纹不标螺距，细牙普通螺纹必须注出螺距。例如：

“M8×1”表示公称直径为 8 mm，螺距为 1 mm 的单线细牙螺纹。

“M8”表示公称直径为 8 mm，螺距为 1.25 mm（查 GB/T 193—2003 可得）的单线粗牙螺纹。

（2）多线螺纹的尺寸代号

多线螺纹的尺寸代号为“公称直径 ×Ph 导程 P 螺距”。例如：

“M16×Ph3P1.5”表示公称直径为 16 mm，螺距为 1.5 mm，导程为 3 mm 的双线普通螺纹。

3. 旋向代号

右旋螺纹不标注旋向代号。对于左旋螺纹，应在代号的尾部标注“LH”，并用“-”与其他部分分开。例如：

“M8×1-LH”表示公称直径为 8 mm，螺距为 1 mm 的单线、左旋普通螺纹。

二、梯形螺纹的标记

梯形螺纹的标记主要由特征代号、尺寸代号、旋合长度代号和旋向代号等组成，其格式如下：

1. 特征代号

梯形螺纹的特征代号用“Tr”表示。

2. 尺寸代号

尺寸代号由“公称直径 × 导程 P 螺距”组成。若为单线螺纹，可只标出螺距；若为多线螺纹，则应同时标注导程和螺距。

3. 旋合长度代号

梯形螺纹的旋合长度分为中等旋合长度和长旋合长度。长旋合长度的螺纹应标注代号 L，并在前面加分隔符“-”。中等旋合长度不标注。

4. 旋向代号

右旋梯形螺纹也不标注旋向代号。若为左旋螺纹，应在代号的尾部标注“LH”，并用“-”与其他部分分开。

例如：

“Tr40 × 7”表示公称直径为 40 mm，螺距为 7 mm，单线，中等旋合长度的右旋梯形螺纹。

“Tr24 × 10P5–L–LH”表示公称直径为 24 mm，导程为 10 mm，螺距为 5 mm，双线、长旋合长度的左旋梯形螺纹。

三、55° 密封管螺纹的标记

55° 密封管螺纹的标记一般由特征代号、尺寸代号和旋向代号组成。

1. 特征代号

圆柱内螺纹的特征代号用“Rp”表示，与圆柱内螺纹配合的圆锥外螺纹的特征代号用字母“R_1”表示；圆锥内螺纹的特征代号用“Rc”表示，与圆锥内螺纹配合的圆锥外螺纹的特征代号用“R_2”表示。

2. 尺寸代号

55° 密封管螺纹的尺寸代号用国家标准规定的分数或整数表示，它只是一个表示螺纹尺寸特征的代号，不是管螺纹的任何尺寸，根据尺寸代号查阅相关国家标准可得到管螺纹的几何尺寸。

例如：

“Rp3/4”表示尺寸代号为 3/4 的右旋圆柱内螺纹。

“$R_1$3”表示尺寸代号为 3 的与圆柱内螺纹配合的右旋圆锥外螺纹。

3. 旋向代号

右旋螺纹也不标注旋向代号。当螺纹为左旋时，应在尺寸代号后面加注“LH”，中间没有其他符号。例如：

“Rc3/4LH”表示尺寸代号为 3/4 的左旋圆锥内螺纹。

§ 3–3 螺纹连接

螺纹连接是指通过螺纹构成的连接，多为可拆卸连接。螺纹连接具有结构简单、连接可靠、装拆方便等优点。

一、螺纹紧固件

螺纹紧固件大都已经标准化，常用的有螺栓、螺柱、螺钉、螺母和垫圈等，其结构和标记示例见表 3–2。

螺纹紧固件的简化标记一般由“名称　标准号　螺纹规格或公称尺寸 × 公称长度（必要时）”组成。根据螺纹紧固件的标记可以查阅相关国家标准获得其类别、尺寸、公差、材料及表面处理要求等技术参数。

表 3–2　　常用螺纹紧固件

名称	结构	规格尺寸	标记示例
六角头螺栓	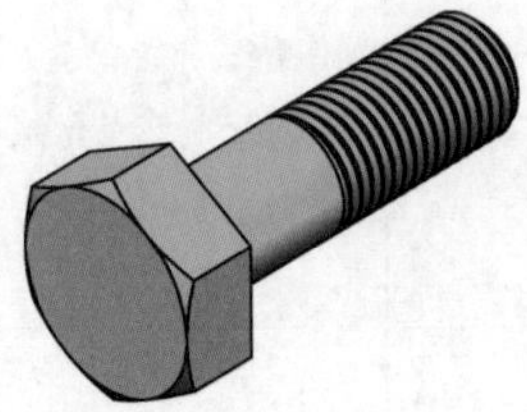	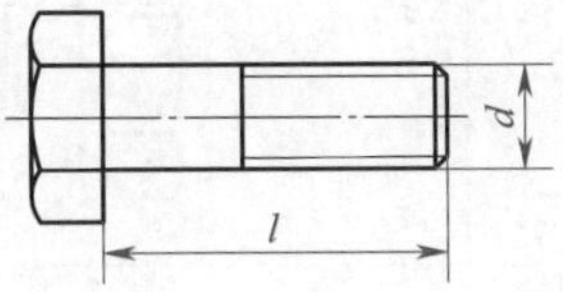 l　d	螺栓　GB/T 5780　M12 × 50 表示六角头螺栓（C级），螺纹规格 d=12 mm，公称长度 l=50 mm
双头螺柱	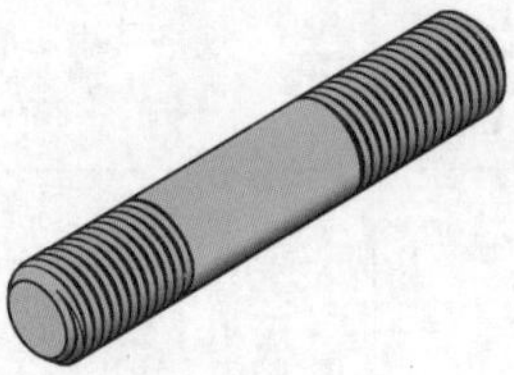	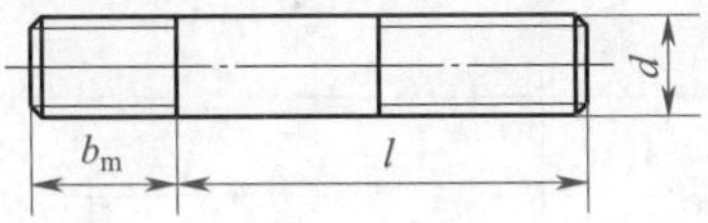 b_m　l　d	螺柱　GB/T 899　M12 × 50 表示两端皆为粗牙普通螺纹的双头螺柱，螺纹规格 d=12 mm，公称长度 l=50 mm，旋入机体一端的长度 b_m=1.5d
开槽圆柱头螺钉	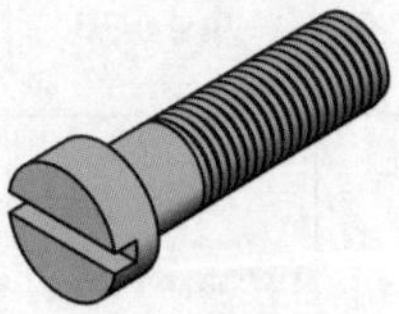	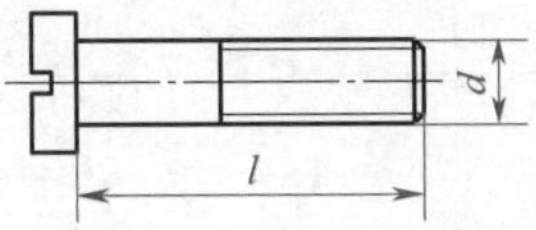 l　d	螺钉　GB/T 65　M6 × 30 表示开槽圆柱头螺钉，规格尺寸 d=6 mm，公称长度 l=30 mm
十字槽沉头螺钉	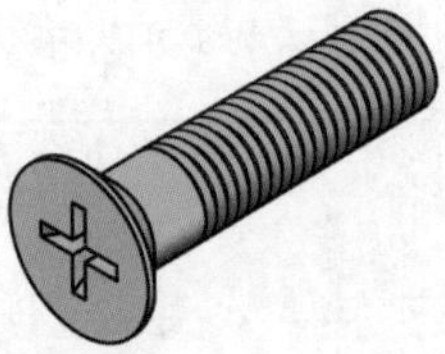	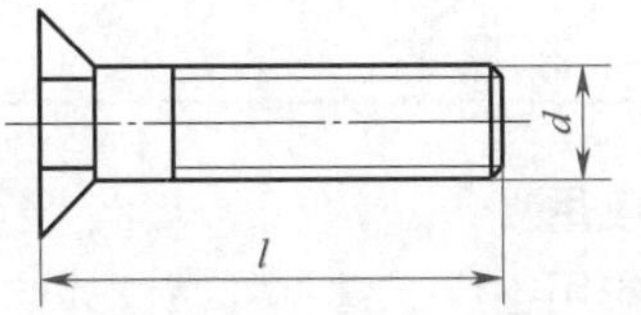 l　d	螺钉　GB/T 819.1　M6 × 20 表示十字槽沉头螺钉，规格尺寸 d=6 mm，公称长度 l=20 mm
内六角圆柱头螺钉	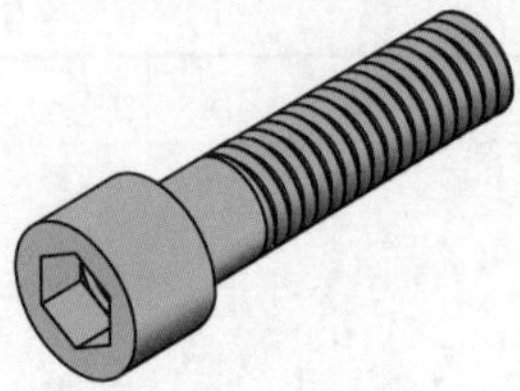	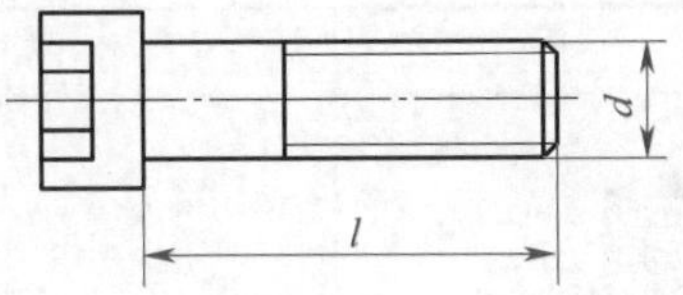 l　d	螺钉　GB/T 70.1　M10 × 35 表示内六角圆柱头螺钉，规格尺寸 d=10 mm，公称长度 l=35 mm
开槽锥端紧定螺钉	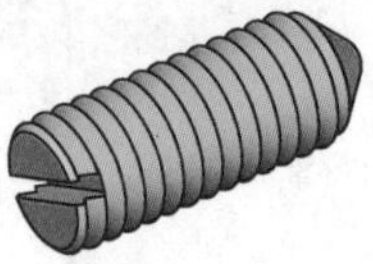	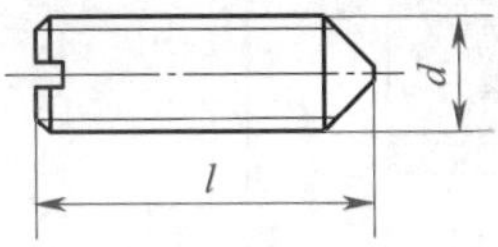 l　d	螺钉　GB/T 71　M6 × 16 表示开槽锥端紧定螺钉，规格尺寸 d=6 mm，公称长度 l=16 mm

续表

名称	结构	规格尺寸	标记示例
六角螺母			螺母 GB/T 6170 M12 表示1型六角螺母，规格尺寸 d=12 mm
六角开槽螺母			螺母 GB/T 6179 M16 表示1型六角开槽螺母（C级），规格尺寸 d=16 mm
平垫圈			垫圈 GB/T 95 10 表示平垫圈（C级），公称规格（与其配套使用的螺栓或螺母的螺纹大径）为10 mm，d_1 和 d_2 可从国家标准中查得
弹簧垫圈			垫圈 GB/T 93 10 表示标准型弹簧垫圈，公称规格（与其配套使用的螺栓或螺母的螺纹大径）为10 mm，d_1 和 d_2 可从国家标准中查得

二、螺纹连接的类型和应用

螺纹连接在生产实践中应用很广，常见的螺纹连接有螺栓连接、双头螺柱连接、螺钉连接和紧定螺钉连接四种类型，其特点和应用见表3–3。

表3–3　　螺纹连接的类型、特点和应用

类型	图示	特点	应用
螺栓连接		螺栓穿过两被连接件上的通孔并加螺母紧固。结构简单，装拆方便，成本低，应用广泛	用于两被连接件上均为通孔且有足够装配空间的场合

续表

类型	图示	特点	应用
双头螺柱连接		螺柱的旋入端靠螺纹配合的过盈及螺纹尾部的台阶（或螺尾最后几圈较浅的螺纹）拧紧在被连接件之一的螺孔中，装上另一个被连接件后，加垫圈并用螺母紧固。拆卸上侧连接件时，只需拧下螺母，故被连接件上的螺纹不易损坏	用于受结构限制或被连接件之一为不通孔并需经常拆卸的场合
螺钉连接		螺钉（也可以是螺栓）穿过一个被连接件上的通孔而直接拧入另一个被连接件的螺孔内并紧固。若经常拆卸，则被连接件上的螺纹易损坏	用于被连接件之一较厚，不便加工通孔，且不必经常拆卸的连接
紧定螺钉连接		紧定螺钉拧入一个被连接件上的螺孔并用其端部顶紧另一个被连接件	用于固定两被连接件的相互位置，并可传递不大的力或转矩

三、螺纹连接的预紧与防松

1. 螺纹连接的预紧

螺纹连接在装配时一般都需要拧紧螺栓、螺母、双头螺柱或螺钉等，即对螺纹连接进行预紧。预紧的目的，一方面是防止螺纹连接松动；另一方面是可以使被连接件接合面之间摩擦力增大，以提高传递载荷的能力。但预紧力不能过大，过大则会损伤螺杆。控制螺纹连接预紧力的方法见表 3–4。

2. 螺纹连接的防松

螺纹连接的防松即防止螺旋副的相对转动。螺纹连接一般采用牙型为三角形的单线普通螺纹，其螺纹升角 φ 为 1.5° ~ 3.5°，具有自锁性能；同时螺纹零件端面与支承面之间还存在

表 3–4　　控制螺纹连接预紧力的方法

方法	特点及应用
感觉法	靠操作者在拧紧时的感觉和经验。该方法简单、经济、实用，常用于普通的螺纹连接
力矩法	用测力矩扳手或定力矩扳手控制预紧力，费用较低，误差较小，应用广泛
螺母转角法	首先把螺母拧紧到“密贴”位置，再转过一定角度，在汽车工业和钢结构中应用广泛

摩擦力，因此在静载荷下螺纹连接不会自行松开。但在冲击、振动和交变载荷作用下，摩擦力会瞬时减小或消失，连接有可能松开，因此必须考虑防松措施。

螺纹连接常用的防松方法有摩擦防松、机械防松和破坏螺纹防松三种形式。

（1）摩擦防松

摩擦防松是指使螺旋副中有不随连接载荷而变的压力，始终有摩擦力防止其相对转动，常用的方法有双螺母防松和弹簧垫圈防松等，见表 3–5。

表 3–5　　摩擦防松

形式	结构	特点及应用
双螺母防松		先用规定拧紧力矩的 80% 拧紧下面的螺母，再用 100% 的拧紧力矩拧紧上面的螺母，使螺栓在旋合段内受拉而螺母受压 其结构简单、成本低，但质量增加，多用于低速重载或载荷平稳的场合
弹簧垫圈防松		依靠弹簧垫圈在压平后产生的弹力及其切口尖角嵌入被连接件及紧固件支承面，以起防松作用 其结构简单、成本低、使用方便，但由于弹力不均匀，也不十分可靠，多用于不太重要的连接。采用鞍形或波形垫圈可明显提高防松效果

（2）机械防松

机械防松是用金属元件锁住螺旋副，使其不能做相对转动，常用的方法有开口销防松、止动垫圈防松、串联钢丝防松等，见表 3–6。

表 3-6　　**机械防松**

形式	结构	特点及应用
开口销防松	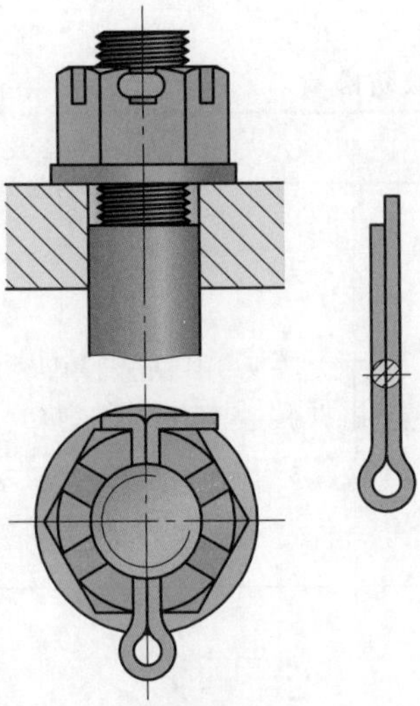	开口销穿过螺母的槽口并插入螺栓上的径向销孔中，使螺母、螺栓不能相对转动 防松可靠，但不便装配，不适用于双头螺柱的防松。多用于交变载荷、振动场合的重要部位连接的防松，如飞行器、汽车等
止动垫圈防松	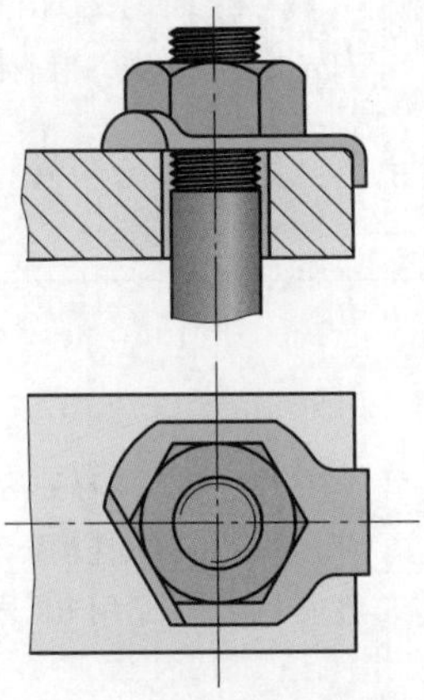	首先将单耳止动垫圈套在螺栓上，拧好六角螺母（未拧紧），将单耳止动垫圈的单耳紧靠被压紧件的边沿弯折，然后拧紧六角螺母，再将止动垫圈另一侧的圆形边缘竖立起来，贴在六角螺母的侧平面上，以实现防松 防松可靠，但需要被连接件具有一定的安装结构
串联钢丝防松	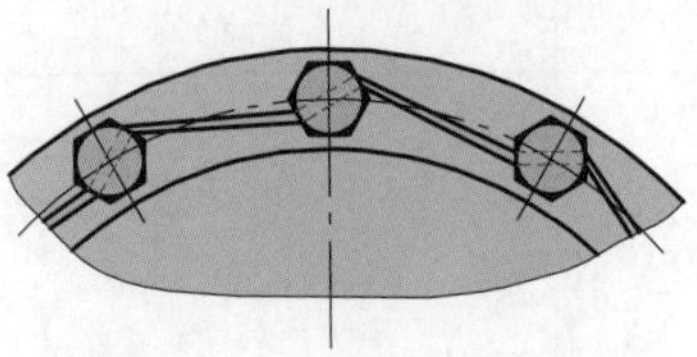 正确 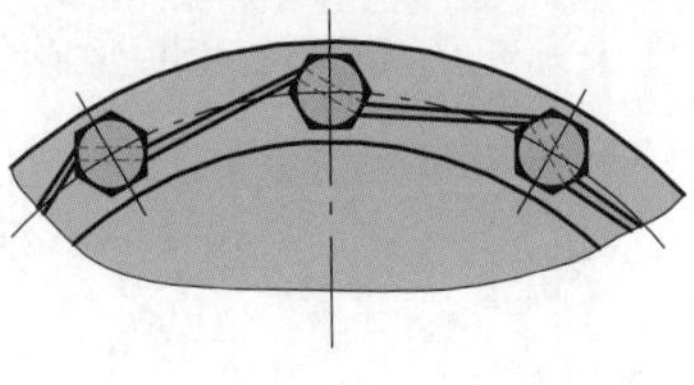 错误	螺栓头部钻有小孔，使用时将钢丝穿入小孔并盘紧，以防止螺栓松脱。但要注意，钢丝盘绕的方向应是使螺栓旋紧的方向（图示为用于右旋螺纹防松） 相互制约，防松可靠，也适用于双头螺柱的防松

（3）破坏螺纹防松

破坏螺纹防松是指通过焊接、铆接、冲点或用黏结剂粘接等方法使螺栓和螺母连为一体，具体见表 3–7。

表 3–7　　破坏螺纹防松

形式	结构	特点及应用
焊接防松	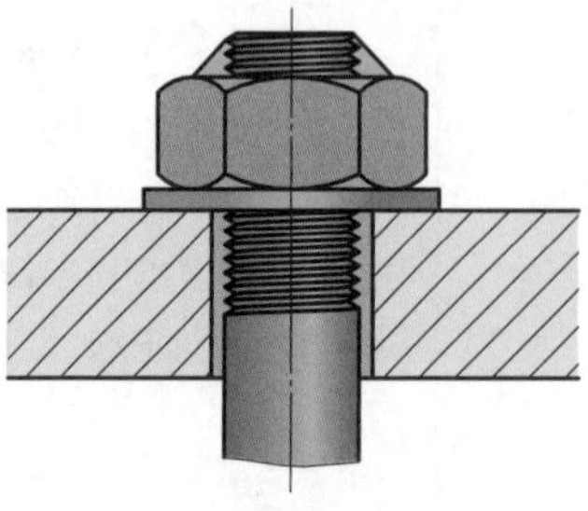	螺母拧紧后，将螺母和螺栓焊接在一起。防松可靠，但拆卸困难，且拆后螺纹连接件不能再使用
铆接防松	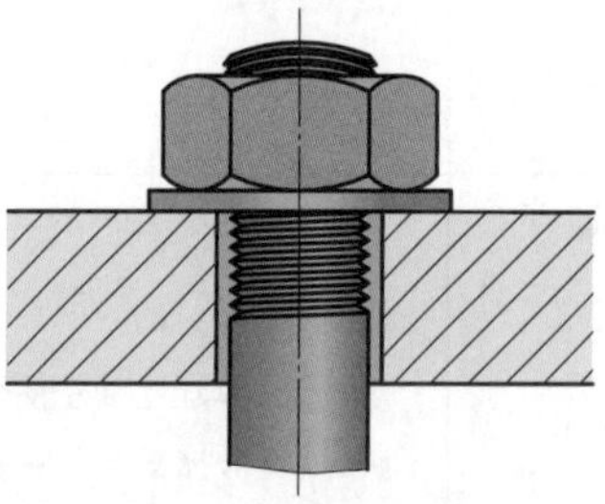	螺栓杆末端外露（1.0 ~ 1.5）P 的长度，拧紧螺母后将螺栓铆死。用于低强度螺栓、不拆卸的场合
冲点防松	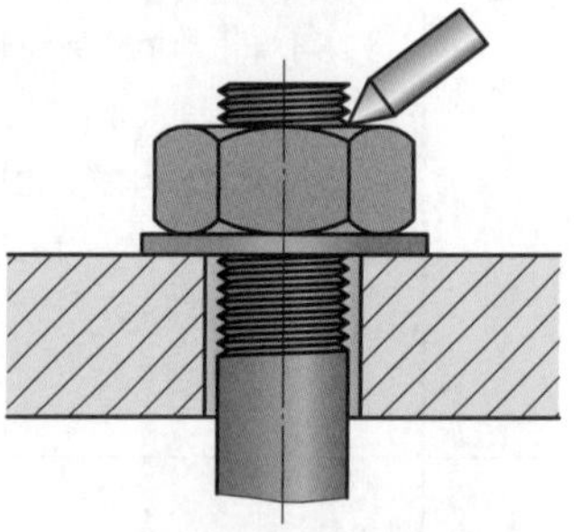	在螺杆靠近螺母处通过冲点将螺杆上的螺纹破坏，以防止螺纹连接松动。可冲单点或多点。防松性能一般，只适用于低强度紧固件
粘接防松	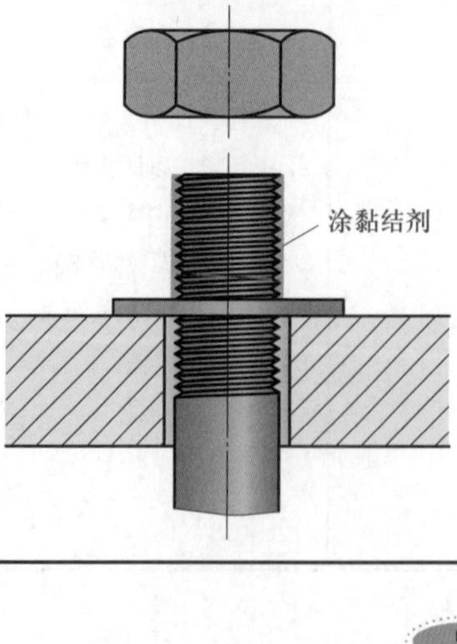 涂黏结剂	在旋合螺纹间涂以黏结剂，使螺旋副旋紧后粘接在一起。防松可靠，且有密封作用

§3-4 螺旋传动

螺旋传动是利用螺杆（丝杠）和螺母组成的螺旋副来实现传动的。螺旋传动具有结构简单，工作连续、平稳，承载能力强，传动精度高等优点，广泛应用于各种机械和仪器中。按螺旋副之间的摩擦状态，可将螺旋传动分为滑动螺旋传动和滚动螺旋传动。滑动螺旋传动又分为普通螺旋传动和差动螺旋传动两种类型。

一、普通螺旋传动

由一个螺杆和一个螺母组成的简单螺旋副实现的传动称为普通螺旋传动。

1. 普通螺旋传动的形式

普通螺旋传动的形式可以分为单动螺旋传动和双动螺旋传动两类。

（1）单动螺旋传动

单动螺旋传动是指螺杆或螺母有一件固定不动，另一件既旋转又移动的传动。其中一种形式是螺母固定不动，螺杆旋转并做直线运动；另一种形式是螺杆固定不动，螺母旋转并做直线运动。单动螺旋传动的运动形式见表 3–8。

表 3–8　单动螺旋传动的运动形式

运动形式	应用实例	工作过程
螺母固定不动，螺杆旋转并做直线运动	1 2 3 4 桌虎钳固定座夹紧装置 1—固定座（螺母）2—压紧盘 3—螺杆　4—手柄	当螺杆做旋转运动时，螺杆连同其上的压紧盘向上运动，将桌虎钳固定在桌面上；或向下运动，以便将桌虎钳从桌面上拆下

续表

运动形式	应用实例	工作过程
螺杆固定不动，螺母旋转并做直线运动	螺旋千斤顶 1—托盘　2—螺母 3—手柄　4—螺杆	螺杆连接在底座上固定不动，转动手柄使螺母旋转，并做上升或下降的直线移动，从而举起或放下托盘

（2）双动螺旋传动

双动螺旋传动是指螺杆和螺母都做运动的螺旋传动。其中一种形式是螺杆原位旋转，螺母做直线运动；另一种形式是螺母原位旋转，螺杆做直线运动。双动螺旋传动的运动形式见表 3–9。

表 3–9　　双动螺旋传动的运动形式

运动形式	应用实例	工作过程
螺杆原位旋转，螺母做直线运动	桌虎钳夹紧工件机构 1—手柄　2—固定钳身 3—螺杆　4—活动钳身	转动手柄时，螺杆与手柄一起旋转，使活动钳身（螺母）做横向往复运动，从而实现对工件的夹紧和松开

续表

运动形式	应用实例	工作过程
螺母原位旋转，螺杆做直线运动	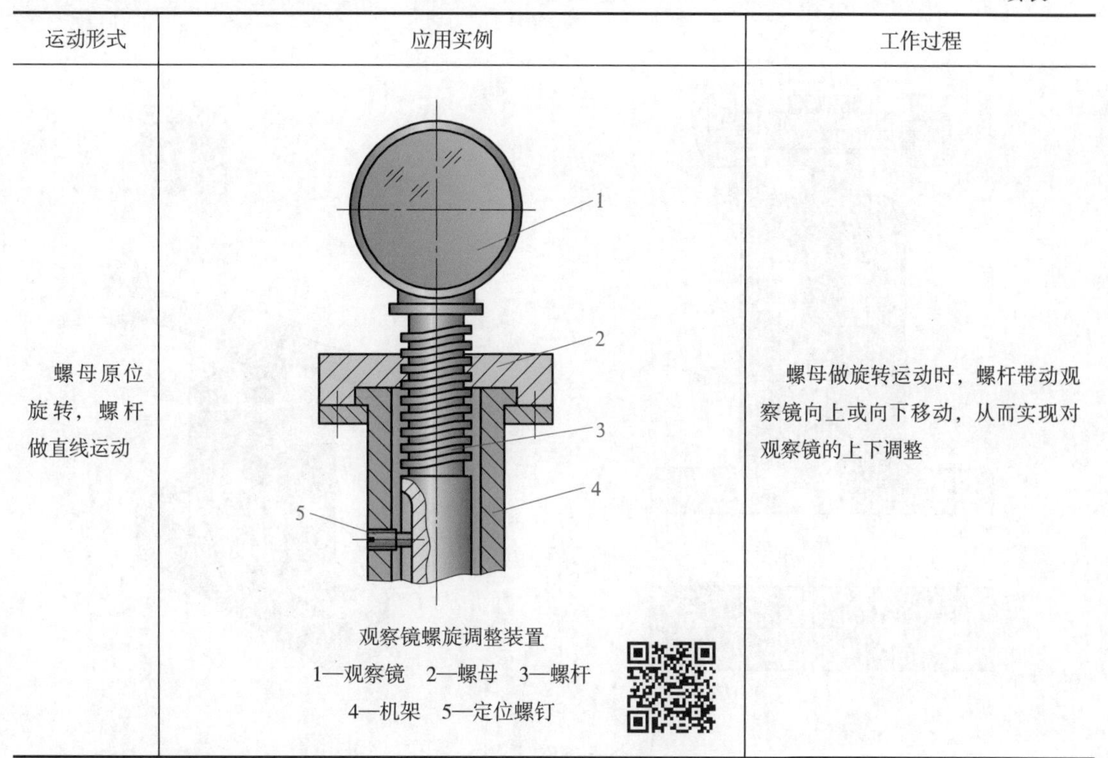 观察镜螺旋调整装置 1—观察镜　2—螺母　3—螺杆 4—机架　5—定位螺钉	螺母做旋转运动时，螺杆带动观察镜向上或向下移动，从而实现对观察镜的上下调整

2. 普通螺旋传动运动方向的判定

（1）普通螺旋传动运动方向的判定方法

在普通螺旋传动中，螺杆或螺母的移动方向可用左、右手法则判断。具体方法如下：

1）左旋螺纹用左手判断，右旋螺纹用右手判断。

2）弯曲四指，其指向与螺杆（或螺母）旋转方向相同。

3）拇指指向与螺杆轴线方向一致。

4）若为单动，拇指的指向即为螺杆（或螺母）的移动方向；若为双动，与拇指指向相反的方向即为螺杆（或螺母）的移动方向。

（2）普通螺旋传动运动方向的判定示例

1）单动螺旋传动运动方向的判定

图 3–11 所示管钳中，螺杆相对于钳座旋转并做直线运动。该机构属于螺杆既做旋转运动又做直线运动的单动螺旋传动，根据图示可判断螺纹的旋向为右旋，所以用右手法则判别。当螺杆按箭头所示方向旋转时，螺杆向下运动，带动活动钳口夹紧管件。

2）双动螺旋传动运动方向的判定

图 3–12 所示机用虎钳中，螺杆只能做旋转运动，螺母带动活动钳身做直线运动。该机构属于螺杆旋转、螺母做直线运动的双动螺旋传动，根据图示可判断螺纹的旋向为右旋，所以用右手法则判别。当螺杆按箭头所示方向旋转时，螺母向拇指指向的反方向运动，即向左移动。

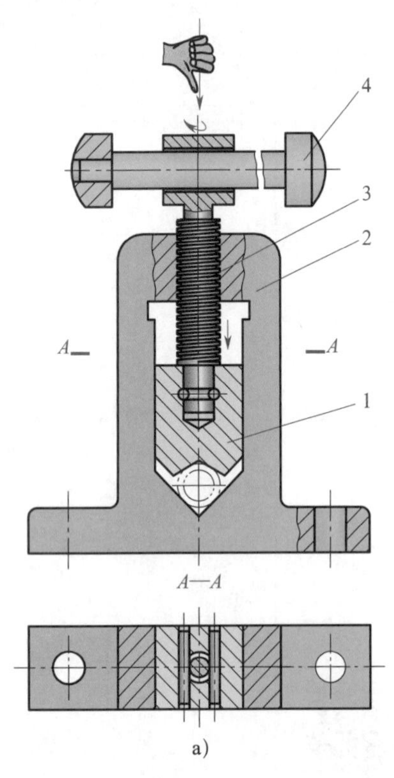

a)

b)

图 3-11　管钳

1—活动钳口　2—钳座　3—螺杆　4—手柄

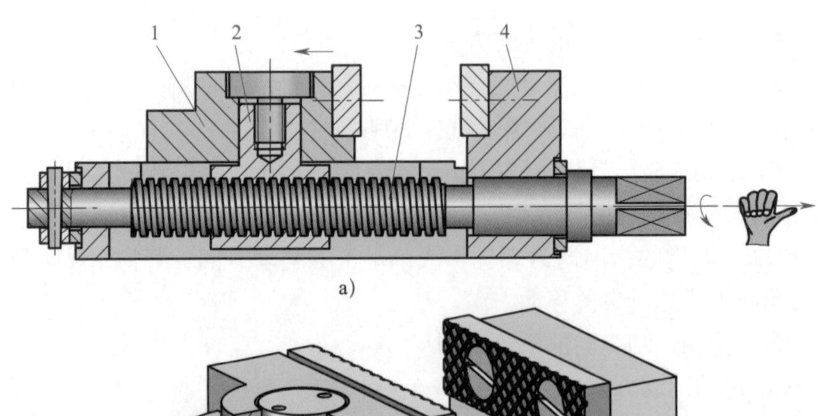

a)

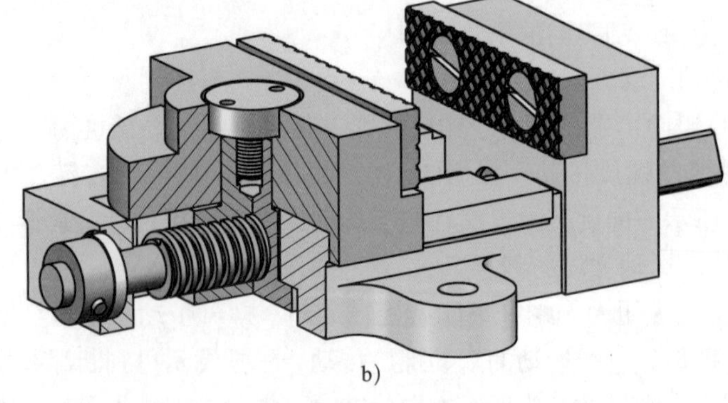

b)

图 3-12　机用虎钳

1—活动钳身　2—螺母　3—螺杆　4—固定钳身

二、差动螺旋传动

差动螺旋传动是指由两个不同导程或（和）旋向的螺旋副组成的传动。根据传动中两螺旋副的旋向，可分为旋向相同的差动螺旋传动和旋向相反的差动螺旋传动两种形式。

1. 旋向相同的差动螺旋传动

旋向相同的差动螺旋传动是指螺杆上两段螺纹旋向相同而螺距不同的传动。如图 3-13 所示，螺杆上有两段螺纹（导程分别为 P_{h1} 和 P_{h2}），分别与固定螺母（机架）和活动螺母组成两个螺旋副，这两个螺旋副组成的传动，使活动螺母与螺杆产生不一致的轴向运动。

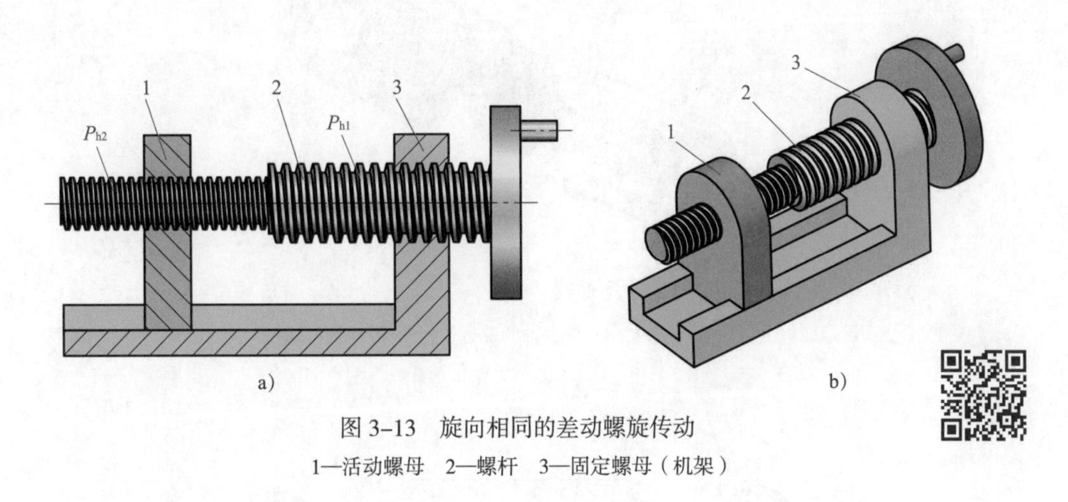

图 3-13　旋向相同的差动螺旋传动

1—活动螺母　2—螺杆　3—固定螺母（机架）

2. 旋向相反的差动螺旋传动

旋向相反的差动螺旋传动是指螺杆（或螺母）上两段螺纹旋向相反的传动。如图 3-14 所示紧绳器，其螺杆的螺纹旋向相反。图 3-15 所示的紧绳器是在一个零件上加工了两个不同旋向的内螺纹，与相应旋向的螺杆配合，也能起到与图 3-14 所示装置相同的作用。

三、滑动螺旋副的材料及热处理

螺杆材料应具有较高的强度和良好的加工性。不经热处理的螺杆可选 Q235、Q275 等碳素结构钢，或选 45、50 等优质碳素结构钢。对于重要传动，要求耐磨性高的螺杆，可选 40Cr、65Mn 等合金钢并进行淬火热处理，或选合金渗碳钢 20CrMnTi 进行渗碳后淬火热处理以提高耐磨性。对于精密的螺旋传动，要求螺杆热处理后要有较好的尺寸稳定性，可选用合金工具钢 CrWMn 并进行淬火热处理，或选用高级优质合金调质钢 38CrMoAlA 并进行渗氮热处理。

螺母材料除了要有足够的强度外，和螺杆配合后还应具有较小的摩擦因数和较高的耐磨性。要求较高时，可选用铸造锡青铜 ZCuSn10P1 和 ZCuSn5Pb5Zn5；低速重载时，可选用铸造铝青铜 ZCuAl9Mn2、ZCuAl10Fe3 或铸造黄铜 ZCuZn38；轻载低速时可选用球墨铸铁。

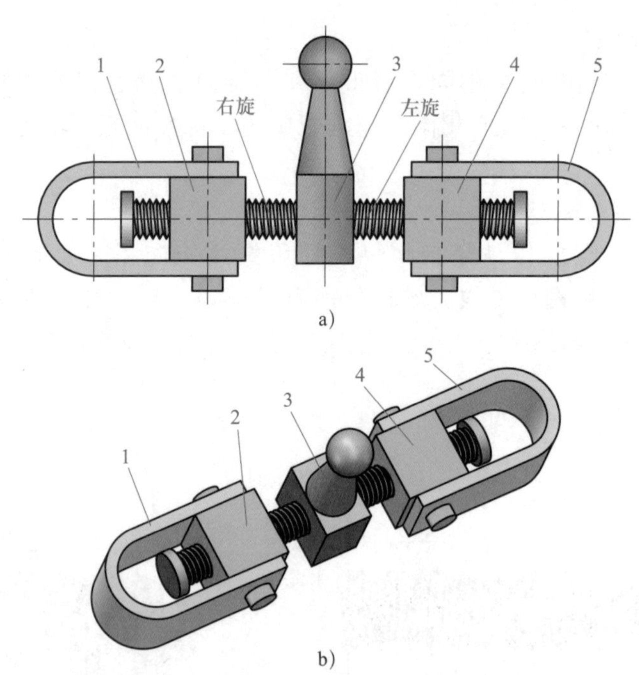

图 3-14　紧绳器（一）

1、5—拉环　2、4—带销轴的螺母块　3—带手柄的螺杆

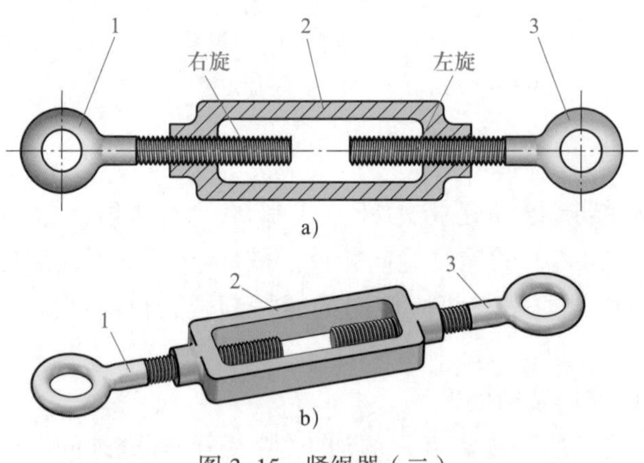

图 3-15　紧绳器（二）

1、3—拉环　2—螺母连接环

四、滑动螺旋传动的润滑

对小型轻载的滑动螺旋传动，可采用低黏度的 L-AN 全损耗系统用油；中型或载荷较重的滑动螺旋传动应采用一般黏度的 L-AN 全损耗系统用油或涡轮机油；大型、重载的滑动螺旋传动应采用高黏度（黏度等级在 100 以上）的齿轮油。对加油方便的小型机械的滑动螺旋传动，可采用手浇或滴油润滑；对有外露部分的滑动螺旋传动，则直接向螺杆（或螺母）加油润滑；对不能靠自然流入进行润滑的滑动螺旋传动，则需采用加压给油的方式进行润滑。

不同类型机床的滑动螺旋传动，其润滑的要求也不同。如立式车床中的滑动螺旋传动，其表面压力高达 10 MPa，所以必须选用黏度高、抗磨性好的导轨油；精密机床中的滑动螺旋传动要求长期保持其精度、较小的温升和较小的摩擦因数，宜选用黏度低及抗磨性好的轴承油或液压油。

知识链接

滚动螺旋传动

在螺旋传动的螺杆和螺母的螺旋滚道间置入滚动体（一般为钢球），就构成了滚动螺旋传动。如图 3-16 所示，在丝杠和螺母上均制有圆弧形螺旋槽，将它们装配在一起便形成了螺旋滚道，滚珠安装在滚道中。当丝杠或螺母转动时，滚珠在螺旋滚道内滚动，变滑动摩擦为滚动摩擦。滚动螺旋副的螺母上有滚动体的循环通道，与螺旋滚道形成循环回路，使滚动体在螺旋滚道内循环。

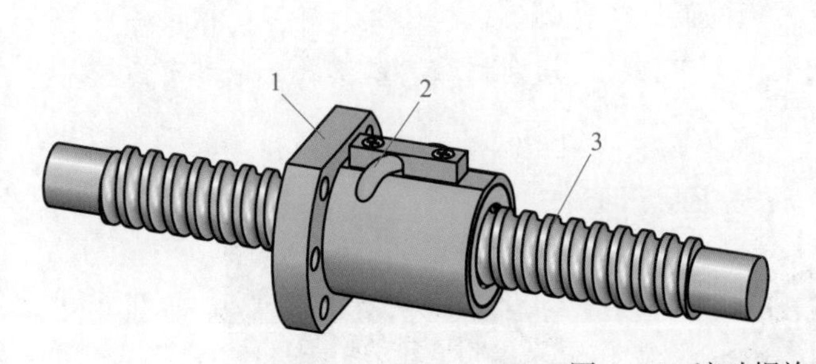

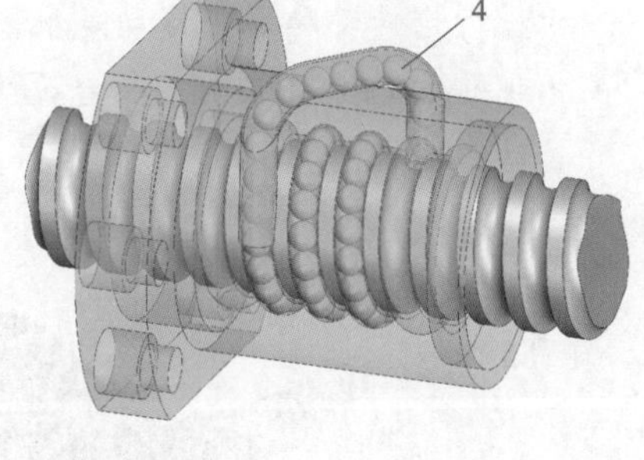

图 3-16　滚动螺旋传动

1—螺母　2—导套　3—丝杠　4—滚珠

第四章 齿轮传动与蜗杆传动

齿轮传动和蜗杆传动是利用齿轮或蜗轮与蜗杆传递运动和动力的，如图 4–1 所示。齿轮传动和蜗杆传动是机器中所占比例最大的传动形式，已成为许多机械设备中不可缺少的传动机构，在金属切削机床、工程机械、冶金机械，以及汽车中都有齿轮传动和蜗杆传动。

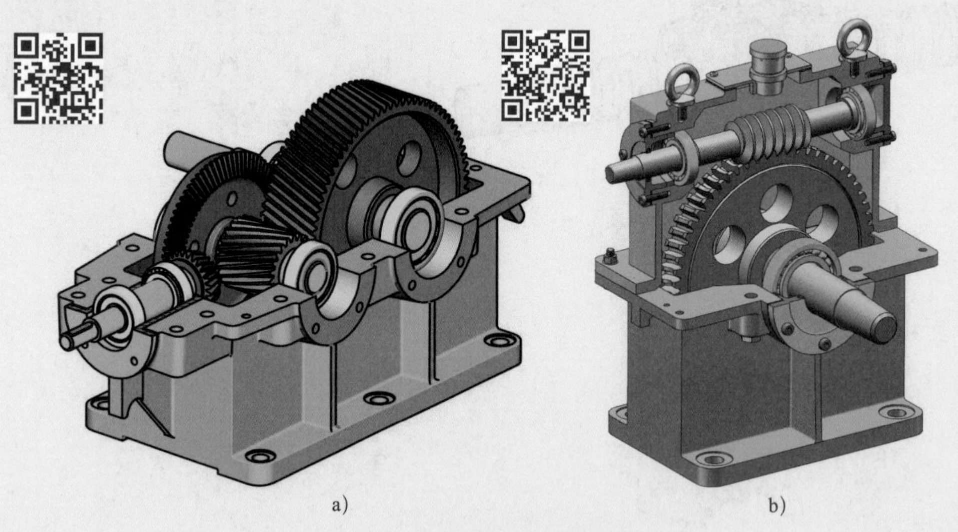

图 4–1　齿轮传动与蜗杆传动

a）齿轮减速器　b）蜗杆减速器

本章主要内容如下：

1. 齿轮传动的类型、传动比和特点。

2. 渐开线齿廓的形成，渐开线直齿圆柱齿轮各部分的名称、基本参数和几何尺寸计算，渐开线直齿圆柱齿轮正确啮合的条件及特点。

3. 斜齿圆柱齿轮传动的形式及特点，齿轮齿条传动和锥齿轮传动的形式。

4. 齿轮的失效、材料及热处理，齿轮的结构与润滑。

5. 蜗杆传动的特点、主要参数，蜗轮旋转方向的判别，蜗杆和蜗轮的结构、材料，蜗杆传动的润滑与散热。

6. 轮系的类型和特点。

§4-1 齿轮传动概述

齿轮是一个有齿构件，它与另一个有齿构件通过其共轭齿面的相继啮合来传递运动和动力。齿轮传动是利用齿轮副来传递运动和动力的一种机械传动，可以用来传递空间任意两轴间的运动，而且传动准确可靠、效率高。

一、齿轮传动的常用类型

齿轮传动的常用类型见表 4-1。

表 4-1　齿轮传动的常用类型

分类方法			类型和图例		
两轴平行	按轮齿方向	类型	直齿圆柱齿轮传动	斜齿圆柱齿轮传动	人字齿圆柱齿轮传动
		图例			
	按啮合情况	类型	外啮合齿轮传动	内啮合齿轮传动	齿轮齿条传动
		图例	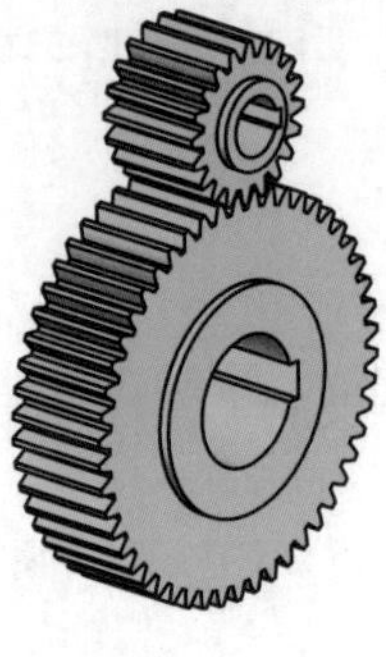		

续表

分类方法	类型和图例			
两轴不平行	类型	相交轴齿轮传动		交错轴斜齿圆柱齿轮传动
		直齿锥齿轮传动	曲线齿锥齿轮传动	
	图例			

二、齿轮传动的传动比

齿轮传动由主动齿轮和从动齿轮组成，如图 4–2 所示。当齿轮互相啮合时，主动齿轮 1 的轮齿逐个推动从动齿轮 2 的轮齿，使从动齿轮转动，从而将主动齿轮的运动和动力传递给从动齿轮。设主动齿轮的齿数为 z_1，从动齿轮的齿数为 z_2；主动齿轮的转速为 n_1，从动齿轮的转速为 n_2。当主动齿轮转过一个齿时，从动齿轮也转过一个齿，且单位时间内主动齿轮转过的齿数与从动齿轮转过的齿数应相等，即：

$$n_1z_1=n_2z_2$$

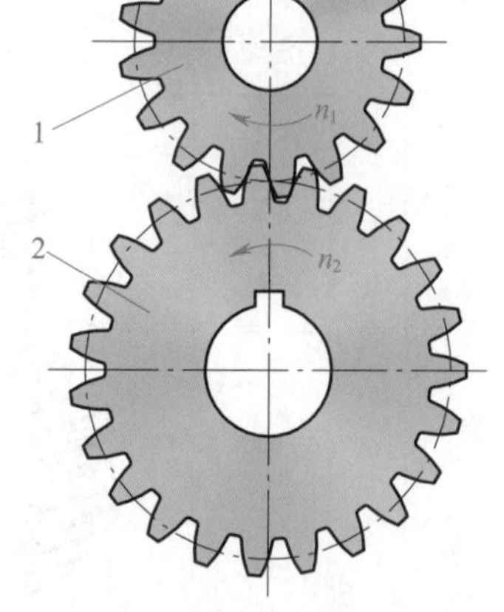

图 4–2　齿轮传动的组成

1—主动齿轮　2—从动齿轮

得到齿轮传动的传动比：

$$i_{12}=\frac{n_1}{n_2}=\frac{z_2}{z_1}$$

式中　i_{12}——传动比；

n_1、n_2——主、从动齿轮的转速，r/min；

z_1、z_2——主、从动齿轮的齿数。

上式说明：齿轮传动的传动比是主动齿轮转速与从动齿轮转速之比，也等于两齿轮齿数之反比。

三、齿轮传动的特点

1. 齿轮传动的优点

（1）能保证瞬时传动比恒定，工作可靠性高，传递运动准确，这是齿轮传动被广泛应用的最主要原因之一。

（2）传递功率和圆周速度范围较宽，传递功率可达 5×10^4 kW，圆周速度可达 300 m/s。

（3）结构紧凑，可实现较大的传动比。

（4）传动效率高，使用寿命长，维护简便。

2. 齿轮传动的缺点

（1）运转过程中有振动、冲击和噪声。

（2）对齿轮的安装精度要求较高。

（3）不能实现无级变速。

（4）不适用于中心距较大的场合。

§4-2　直齿圆柱齿轮传动

一、渐开线齿廓

1. 渐开线的形成

齿轮的齿廓一般为渐开线，渐开线的形成过程如图 4-3 所示。在平面上，一条直线 AB 沿着一固定圆的外侧做纯滚动时，此直线上一点 K 的轨迹 CD 称为圆的渐开线；形成渐开线的“基本圆”称为基圆，它的半径用 r_b 表示；直线 AB 称为发生线。

2. 压力角

如图 4-4 所示，渐开线上某点的法线（正压力方向线）与该点的速度方向线所夹的锐角 α_K 称为渐开线在该点的压力角。

$$\cos\alpha_K=\frac{ON}{OK}=\frac{r_b}{OK}$$

式中　α_K——K 点的压力角，（°）；

r_b——基圆半径，mm。

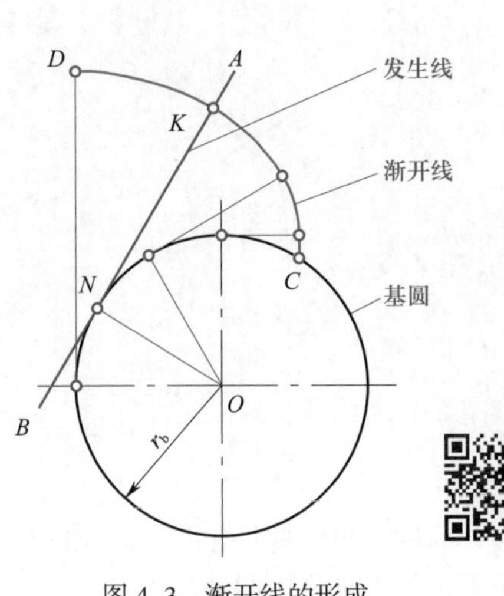

图 4-3　渐开线的形成

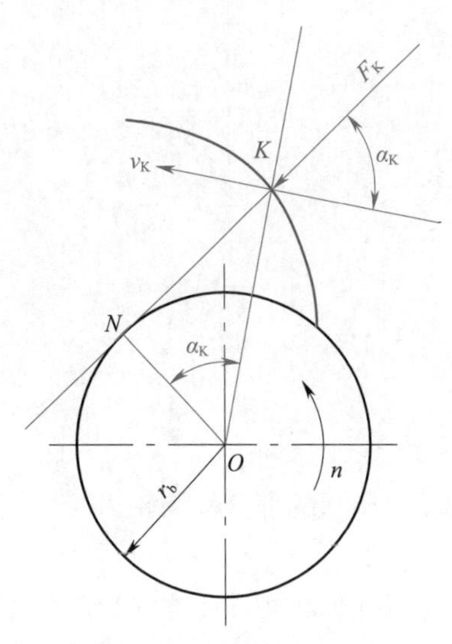

图 4-4　渐开线的压力角

由压力角的计算公式不难看出，渐开线上各点的压力角是不相等的，渐开线在基圆上的压力角为0°，K点离基圆越远压力角越大。

3. 渐开线齿廓的啮合特性

以同一个基圆上产生的两条反向渐开线为齿廓的齿轮就是渐开线齿轮，如图4–5所示。渐开线齿廓啮合时具有以下特性：

（1）能保证瞬时传动比恒定，保证传动的平稳性，减小振动和冲击。

（2）齿轮在啮合过程中，即使两齿轮的实际中心距与设计中心距稍有偏差，其瞬时传动比仍能保持不变，从而保证齿轮在实际工作中，因制造、安装误差或轴承磨损而导致齿轮的中心距产生微小改变时，仍能保持良好的传动性能。

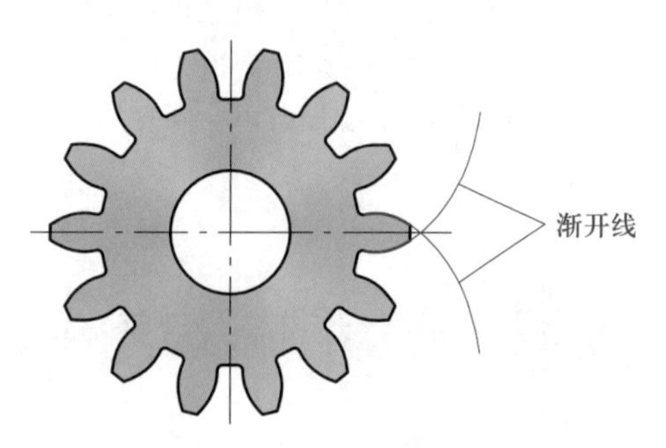

图4–5　渐开线齿廓

二、渐开线直齿圆柱齿轮各部分的名称

齿顶曲面位于齿根曲面之外的齿轮称为外齿轮，如图4–6a所示；齿顶曲面位于齿根曲面之内的齿轮称为内齿轮，如图4–6b所示。下面介绍渐开线直齿圆柱齿轮各部分的名称和表示符号。

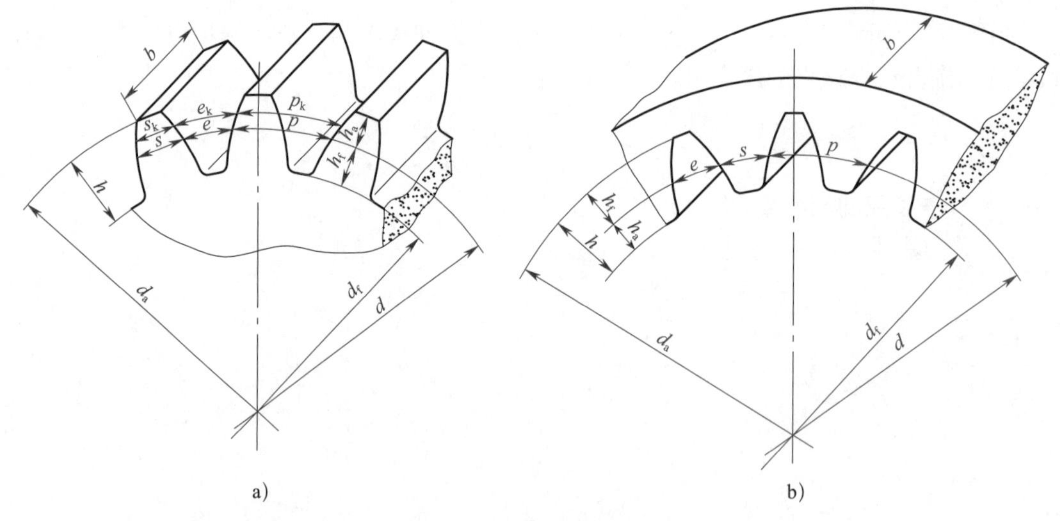

图4–6　外齿轮与内齿轮

a）外齿轮　b）内齿轮

1. 轮齿

齿轮上凸起的部分称为轮齿。

2. 齿廓

轮齿两侧形状相同而方向相反的渐开线轮廓称为齿廓。虽然外齿轮和内齿轮的齿廓都是渐开线，但是外齿轮轮齿的齿廓是外凸的，内齿轮轮齿的齿廓是内凹的。

3. 齿槽与齿槽宽

齿轮上相邻两轮齿之间的空间称为齿槽。在任意圆周上同一齿槽的两侧齿廓之间的弧长称为齿槽宽，用 e_k 表示。

4. 齿厚

在任意圆周上同一个轮齿的两侧端面齿廓之间的弧长称为齿厚，用 s_k 表示。

5. 齿顶圆

各轮齿顶部所连成的圆称为齿顶圆，其直径用 d_a 表示。

6. 齿根圆

各齿槽底部所连成的圆称为齿根圆，其直径用 d_f 表示。

外齿轮的齿顶圆直径大于齿根圆直径，内齿轮的齿顶圆直径小于齿根圆直径。

7. 分度圆

为了设计、制造方便，在齿顶圆与齿根圆之间规定了一个圆，作为计算齿轮各部分尺寸的基准，该圆称为分度圆，其直径用 d 表示。在标准齿轮上，分度圆上的齿厚 s 与齿槽宽 e 相等。

8. 齿距

在任意圆周上，两个相邻而同侧的端面齿廓之间的弧长称为齿距，用 p_k 表示，$p_k=s_k+e_k$。分度圆上的齿距用 p 表示，$p=s+e$。

9. 齿顶高

齿顶圆与分度圆之间的径向距离称为齿顶高，用 h_a 表示。

10. 齿根高

齿根圆与分度圆之间的径向距离称为齿根高，用 h_f 表示。

11. 齿高

齿顶圆与齿根圆之间的径向距离称为齿高，用 h 表示，$h=h_a+h_f$。

12. 齿宽

齿轮的有齿部位沿分度圆柱面的母线方向度量的宽度称为齿宽，用 b 表示。

三、渐开线标准直齿圆柱齿轮的基本参数

标准齿轮是指模数、压力角、齿顶高系数和顶隙系数均为标准值的齿轮。

1. 齿数

齿轮轮齿的总数称为齿数，用 z 表示。

2. 模数

因为分度圆的周长 $\pi d=zp$，所以分度圆的直径为：

$$d=\frac{p}{\pi}z$$

由上式可知，当已知一直齿轮的齿距 p 和齿数 z 时，就可求出分度圆直径 d。但式中 π 为无理数，这样求得的 d 也是无理数，将使计算烦琐而又不精确，而且也给齿轮制造和检验带来不便。工程上为了设计、制造和检验方便，将齿距 p 除以圆周率 π 所得的商称为模数，

用 m 表示，单位是 mm，即：

$$m=\frac{p}{\pi}$$

所以：

$$d=mz$$

为了便于齿轮的设计和制造，模数已经标准化，国家标准规定的标准模数值见表 4–2。

表 4–2　　渐开线圆柱齿轮模数（摘自 GB/T 1357—2008）　　mm

第Ⅰ系列	1	1.25	1.5	2	2.5	3	4	5	6
	8	10	12	16	20	25	32	40	50
第Ⅱ系列	1.125	1.375	1.75	2.25	2.75	3.5	4.5	5.5	（6.5）
	7	9	11	14	18	22	28	36	45

注：优先采用第Ⅰ系列的模数。应尽量避免选用第Ⅱ系列中的模数 6.5。

3. 压力角

齿轮的压力角一般是指分度圆上的压力角（又称为齿形角），用 α 表示。分度圆压力角的计算公式为：

$$\cos\alpha=\frac{r_b}{r}$$

式中　α——分度圆上的压力角，（°）；

r_b——基圆半径，mm；

r——分度圆半径，mm。

标准齿轮的压力角为 20°，在某些特殊场合也允许采用其他值。

4. 齿顶高系数 h_a^* 和顶隙系数 c^*

齿顶高 $h_a=h_a^*m$，h_a^*称为齿顶高系数，标准齿轮的 $h_a^*=1$。

一对齿轮啮合时，为了避免一齿轮齿顶与另一齿轮齿根相撞，并储存一定量的润滑油，齿顶高要略小于齿根高，即相互啮合的两齿轮的齿顶与齿根之间应留有一定的径向间隙 c（称为顶隙，见图 4–7），$c=c^*m$，c^* 称为顶隙系数，标准齿轮的 $c^*=0.25$。

四、渐开线标准直齿圆柱齿轮的几何尺寸计算

标准直齿圆柱齿轮是指模数 m、压力角 α、齿顶高系数 h_a^*、顶隙系数 c^* 都取标准值的直齿圆柱齿轮。渐开线标准直齿圆柱齿轮各部分的几何尺寸计算公式见表 4–3。

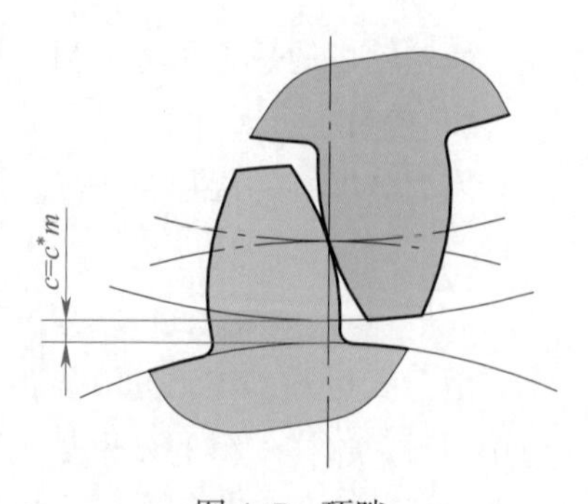

图 4–7　顶隙

五、渐开线直齿圆柱齿轮的啮合传动

1. 直齿圆柱齿轮传动的类型

两外齿轮相互啮合的传动称为外啮合齿轮传动，一个内齿轮与一个外齿轮啮合的传动称为内啮合齿轮传动，如图 4–8 所示。

表 4–3　　渐开线标准直齿圆柱齿轮各部分的几何尺寸计算公式

名称	代号	计算公式	
		外齿轮	内齿轮
压力角	α	标准齿轮为 20°	
齿数	z	通过传动比计算确定	
模数	m	通过计算或结构设计确定	
齿厚	s	$s=p/2=\pi m/2$	
齿槽宽	e	$e=p/2=\pi m/2$	
齿距	p	$p=\pi m$	
齿顶高	h_a	$h_a=h_a^*m=m$	
齿根高	h_f	$h_f=(h_a^*+c^*)\ m=1.25m$	
齿高	h	$h=h_a+h_f=2.25m$	
分度圆直径	d	$d=mz$	
齿顶圆直径	d_a	$d_a=d+2h_a=m(z+2)$	$d_a=d-2h_a=m(z-2)$
齿根圆直径	d_f	$d_f=d-2h_f=m(z-2.5)$	$d_f=d+2h_f=m(z+2.5)$
标准中心距	a	$a=\frac{d_1+d_2}{2}=\frac{m(z_1+z_2)}{2}$	$a=\frac{d_1-d_2}{2}=\frac{m(z_1-z_2)}{2}$

注：内齿轮标准中心距计算公式中，z_1 表示内齿轮的齿数，z_2 表示外齿轮的齿数。

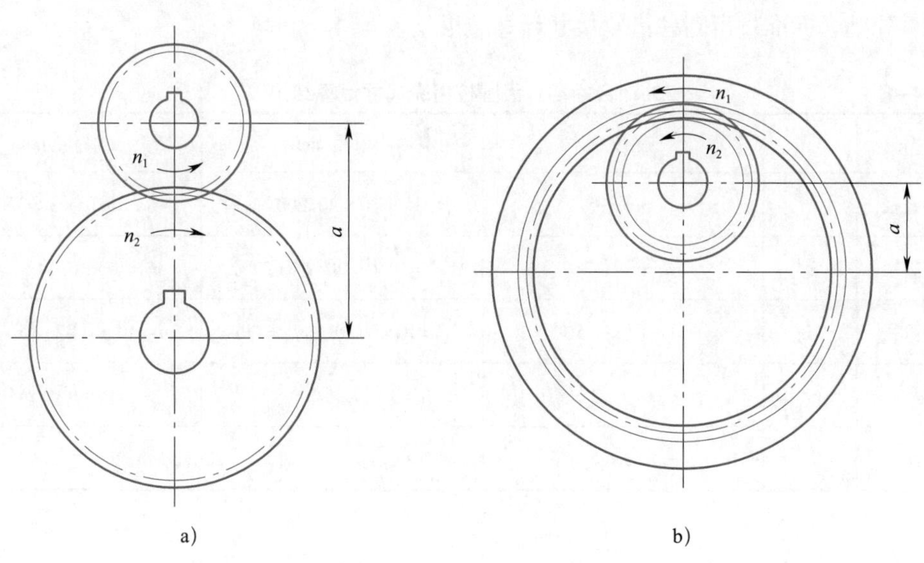

图 4–8　直齿圆柱齿轮啮合传动

a）外啮合　b）内啮合

外啮合齿轮传动的两轴旋转方向相反，内啮合齿轮传动的两轴旋转方向相同。由于外齿轮加工较为方便，机械中大部分情况下都是采用外啮合齿轮传动；当要求齿轮传动的两轴平行、旋转方向相同且结构紧凑时，可采用内啮合齿轮传动。

2. 渐开线直齿圆柱齿轮正确啮合的条件

（1）两齿轮的模数必须相等，即 $m_1=m_2$。

（2）两齿轮分度圆上的压力角必须相等，即 $\alpha_1=\alpha_2$。

3. 齿侧间隙

齿轮啮合传动时，为了在啮合齿廓之间形成润滑油膜，避免因轮齿摩擦发热膨胀而卡死，齿廓之间必须留有间隙，此间隙称为齿侧间隙，简称侧隙。在机械设计中，齿轮都是按照无齿侧间隙的理想情况计算其公称尺寸。但是在实际中，考虑到齿轮加工和安装误差，以及齿面滑动摩擦会导致热膨胀等因素，齿轮必须具有一定的侧隙。侧隙的大小与齿轮的大小、精度、安装和应用情况有关。获得侧隙的方法有两种：一种是在齿厚不变的情况下，通过改变中心距的基本偏差来获得不同的侧隙；另一种是在中心距不变的情况下，通过改变齿厚的上偏差来得到不同的最小侧隙。

4. 直齿圆柱齿轮传动的特点

（1）相比斜齿圆柱齿轮，直齿圆柱齿轮制造工艺更简单，生产成本更低。

（2）传动时不会产生轴向力，对轴承的要求相对简单。

（3）直齿圆柱齿轮用于平行轴间的传动，齿轮进入与退出啮合时沿着齿宽同时进行，容易产生冲击、振动和噪声，传动平稳性较差，不适用于高速传动的场合。

例 有一对外啮合标准直齿圆柱齿轮，齿数 $z_1=20$，$z_2=32$，模数 $m=10$ mm。试计算其分度圆直径 d、齿顶圆直径 d_a、齿根圆直径 d_f、齿厚 s 和中心距 a。

解 外啮合标准直齿圆柱齿轮尺寸计算结果见表 4–4。

表 4–4　外啮合标准直齿圆柱齿轮尺寸计算结果

名称	代号	应用公式	小齿轮 /mm	大齿轮 /mm
分度圆直径	d	$d=mz$	$d_1=10\times20=200$	$d_2=10\times32=320$
齿顶圆直径	d_a	$d_a=m(z+2)$	$d_{a1}=10\times(20+2)=220$	$d_{a2}=10\times(32+2)=340$
齿根圆直径	d_f	$d_f=m(z-2.5)$	$d_{f1}=10\times(20-2.5)=175$	$d_{f2}=10\times(32-2.5)=295$
齿厚	s	$s=\pi m/2$	$s_1=3.14\times10/2=15.7$	$s_2=3.14\times10/2=15.7$
中心距	a	$a=m(z_1+z_2)/2$	$a=10\times(20+32)/2=260$	

§4-3　其他齿轮传动

一、斜齿圆柱齿轮传动

1. 斜齿圆柱齿轮传动概述

渐开线直齿圆柱齿轮的齿廓实际上是一个渐开面，它是发生面在基圆柱上做纯滚动时，其上任意一条与基圆柱母线 NN' 平行的直线 KK' 的运动轨迹，如图 4–9a 所示。当一对直齿圆柱齿轮相互啮合时，两轮齿面的接触线是平行于轴线的直线，如图 4–9b 所示。

斜齿圆柱齿轮的齿廓在形成时，发生面上的直线 KK' 不是与基圆柱母线 NN' 平行，而是成一个夹角 β_b，如图 4–10a 所示。直线 KK' 的运动轨迹形成了一个螺旋形的空间曲面（称为渐开线螺旋面），β_b 称为基圆柱上的螺旋角。因此，斜齿圆柱齿轮的端面齿廓仍然是渐开线，一对相互啮合的斜齿圆柱齿轮仍然符合渐开线齿廓的啮合特性。

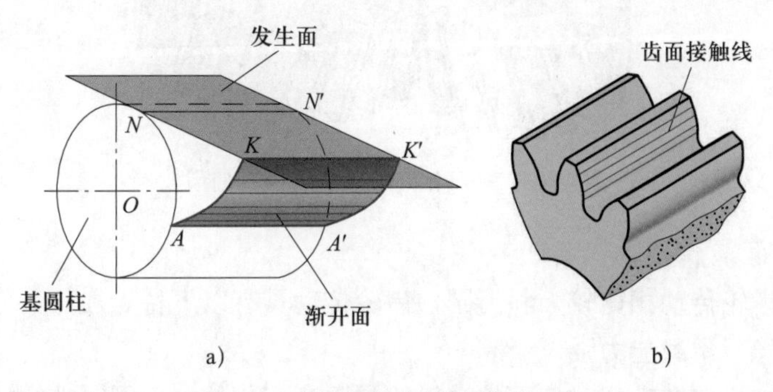

图 4–9　直齿圆柱齿轮齿廓的形成

a）齿廓形成　b）齿面接触线

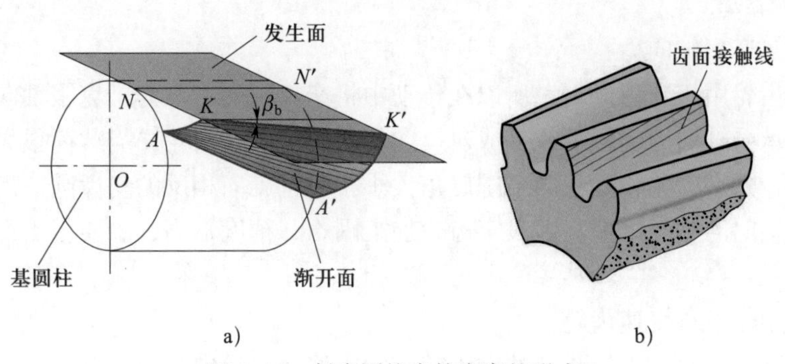

图 4–10　斜齿圆柱齿轮齿廓的形成

a）齿廓形成　b）齿面接触线

当一对斜齿圆柱齿轮啮合时，两齿轮齿面的接触线是一条与轴线倾斜的直线，且其接触线的长度是变化的，如图 4–10b 所示。

斜齿圆柱齿轮的形状如图 4–11 所示，其旋向分为左旋和右旋，判定方法为：将齿轮轴线竖直放置，轮齿自左至右上升者为右旋，反之为左旋。一对相互啮合的斜齿圆柱齿轮的模数相等、旋向应相反，如图 4–12 所示。

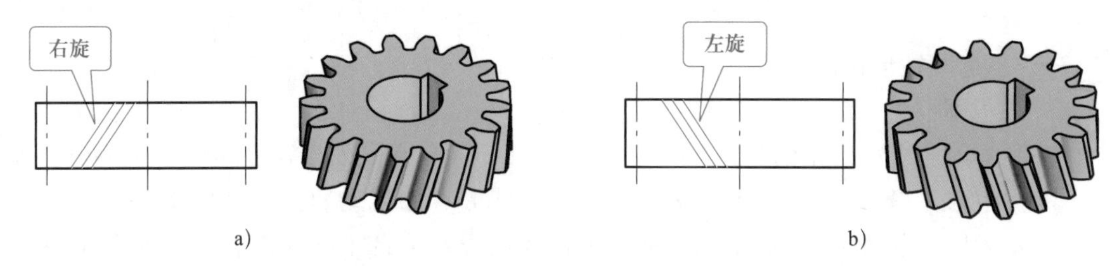

图 4–11　斜齿圆柱齿轮轮齿的旋向判定

a）右旋　b）左旋

图 4–12　一对相互啮合的斜齿圆柱齿轮

2. 斜齿圆柱齿轮传动的特点

与直齿圆柱齿轮传动相比较，斜齿圆柱齿轮传动具有以下特点。

（1）传动平稳，承载能力强

由于斜齿圆柱齿轮在啮合时齿面的接触线是逐渐变化的，且同时啮合的轮齿对数比直齿圆柱齿轮多，因此传动比较平稳且连续性好，冲击和振动也小，承载能力高，适用于高速、大功率传动的场合。

（2）传动时产生轴向力

斜齿圆柱齿轮由于轮齿倾斜，所以在传动中将产生轴向力。为了克服轴向力对传动的影响，须采用可承受轴向力的轴承或是成对反向使用斜齿圆柱齿轮；当载荷很大时，也可使用人字齿轮传动。人字齿轮相当于两个螺旋角大小相等且旋向相反的斜齿圆柱齿轮并起来，以使两边产生的轴向力相互抵消。但人字齿轮加工困难、精度不高，主要用于重型机械传动的场合。

（3）不能用作滑移变速齿轮

因为斜齿圆柱齿轮的轮齿是斜的，齿轮在轴向移动过程中会产生自转，容易造成齿轮脱离，给轴向移动机构的设计增加了困难。所以，斜齿圆柱齿轮不能用作滑移变速齿轮。

二、齿轮齿条传动

齿条是指在一个面上具有一系列相同等距离齿的平板或直杆，可以视为直径无穷大的外圆柱齿轮。当外圆柱齿轮的圆心位于无穷远处时，其上各圆的直径趋于无穷大，齿轮上的分度圆、齿顶圆等各圆成为互相平行的直线，渐开线齿廓也变成直线齿廓（对齿面而言则为平面），齿轮即演化成为齿条。如图 4–13 所示，齿条分为直齿条和斜齿条。

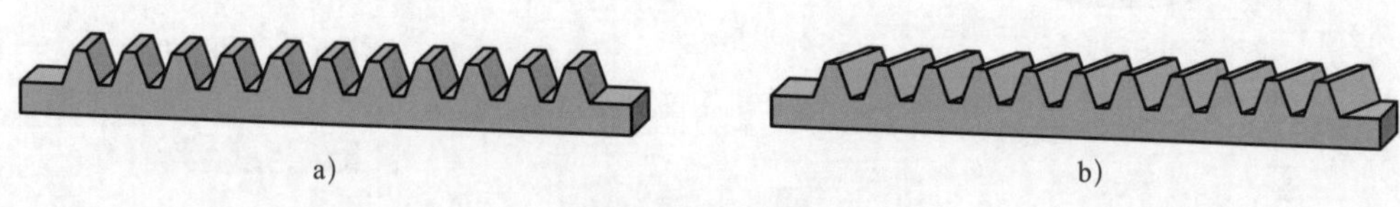

图 4–13　齿条

a）直齿条　b）斜齿条

齿轮齿条传动可以将齿轮的旋转运动转换为齿条的直线运动，或将齿条的直线运动转换为齿轮的旋转运动。图 4–14 所示为直齿圆柱齿轮和直齿条配对的齿轮齿条传动机构。

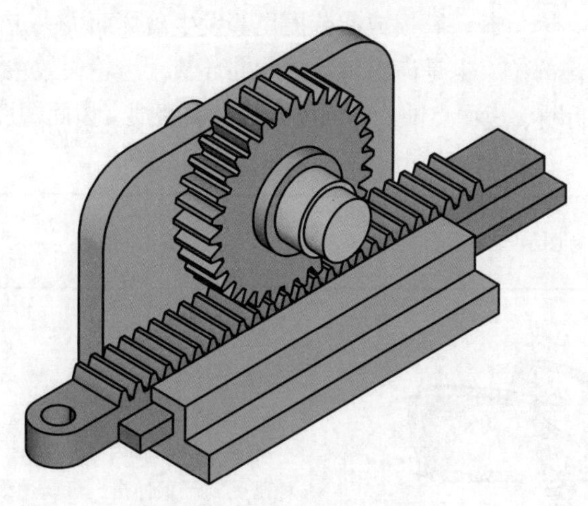

图 4–14　齿轮齿条传动机构

三、锥齿轮传动

锥齿轮是指分度曲面为圆锥面的齿轮，其类型有直齿锥齿轮、曲线齿锥齿轮和斜齿锥齿轮等，其中直齿锥齿轮应用最广，如图 4–15 所示。直齿锥齿轮用于两轴相交时的传动，两轴间的交角可以任意，在实际应用中多采用两轴互相垂直的传动形式。

由于锥齿轮的轮齿分布在圆锥面上，所以轮齿的尺寸沿着齿宽方向变化，大端轮齿的尺寸大，小端轮齿的尺寸小。为了便于测量，并使测量时的相对误差尽量小，规定以大端参数作为标准参数。

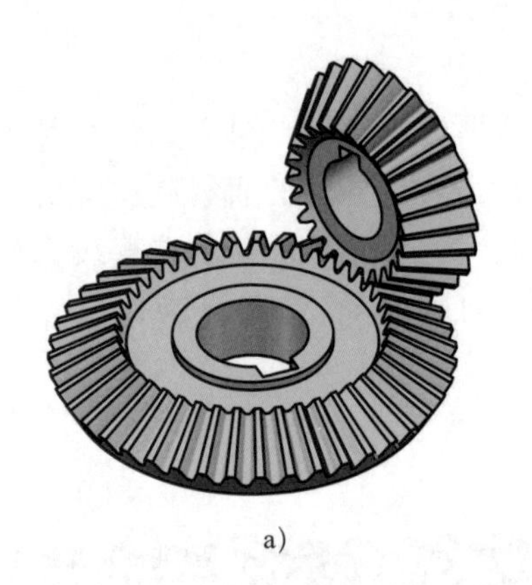
a)

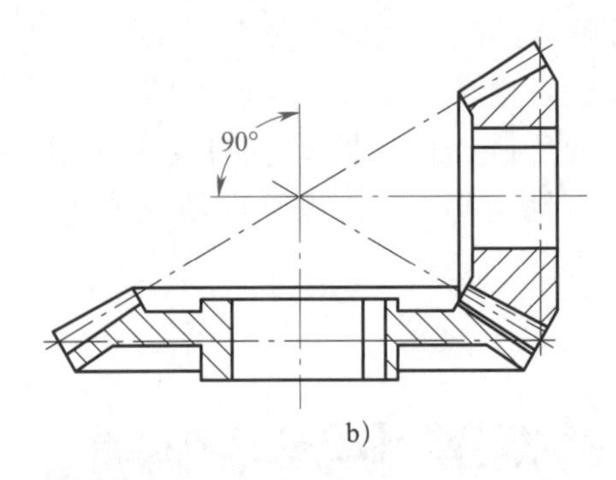

b)

图 4–15　直齿锥齿轮传动

§4–4　齿轮的失效、材料与热处理

一、齿轮的失效

在齿轮工作过程中，因过载、磨损或疲劳损伤等发生破坏而失去正常工作能力的现象称为失效。轮齿是齿轮的关键部位，也是齿轮传动的薄弱环节，齿轮失效主要发生在轮齿上，轮齿的失效形式主要有轮齿折断、齿面点蚀、齿面胶合、齿面磨损、齿面塑性变形等，见表 4–5。

表 4–5　　齿轮轮齿的失效形式

失效形式	图示	引起原因	避免措施
轮齿折断	a) b)	轮齿折断的原因有两种：一种是受到严重冲击、短期过载而突然折断；另一种是轮齿长期工作后经过多次反复的弯曲，使齿根发生疲劳折断。斜齿轮容易发生轮齿的局部折断（见图 a），直齿轮容易在轮齿根部发生全齿折断（见图 b）	对齿根表面进行喷丸或碾压等强化处理，以提高齿根的强度；避免意外的严重过载和冲击；增大齿根过渡圆角半径和减小齿根表面粗糙度值，以降低齿根的应力集中

续表

失效形式	图示	引起原因	避免措施
齿面点蚀	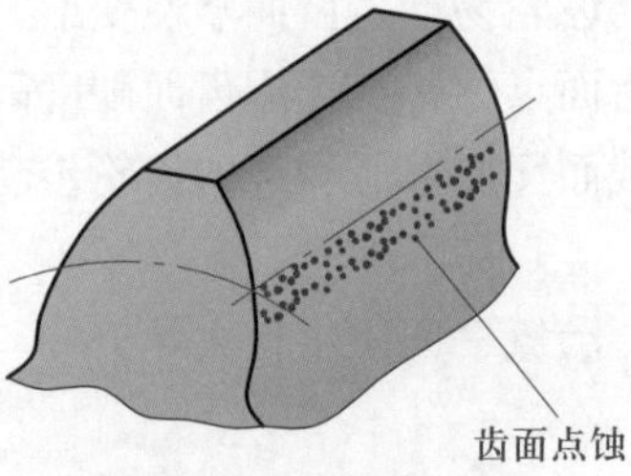 齿面点蚀	轮齿啮合过程中，接触面间产生脉动循环接触应力，当此应力超过轮齿表层材料的疲劳极限时，齿面就会产生细微的疲劳裂纹。封闭在裂纹中的润滑油，在压力作用下产生楔挤作用使裂纹不断扩大，最后导致表层金属小片状剥落，出现凹坑，形成麻点状剥伤，这种现象称为齿面点蚀。齿面点蚀常发生在靠近分度线的齿根部位	减小轮齿表面粗糙度值，提高齿形精度，以改善齿面的接触情况；提高齿面硬度以增大轮齿的疲劳极限；提高润滑油的黏度或采用适宜的添加剂，使啮合齿面间形成较厚的、牢固的油膜，以增大其承载面积
齿面胶合	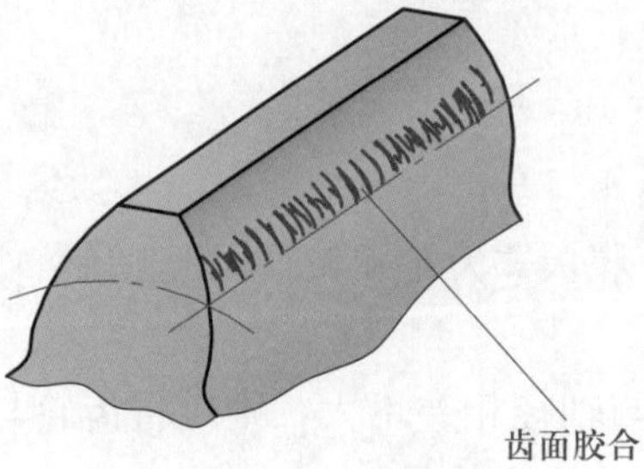 齿面胶合	在重载的条件下，相啮合齿面的金属在一定压力下直接接触发生黏着，同时随着齿面的相对运动使金属从齿面上撕落，并在轮齿表面沿滑动方向形成沟痕，这种现象称为齿面胶合。齿面胶合常发生在靠近分度线的齿顶部位	对低速齿轮传动应采用黏度较大的润滑油，对于高速齿轮传动则应采用含抗胶合剂的润滑油；减小表面粗糙度值和提高齿面硬度也能增强抗胶合能力
齿面磨损	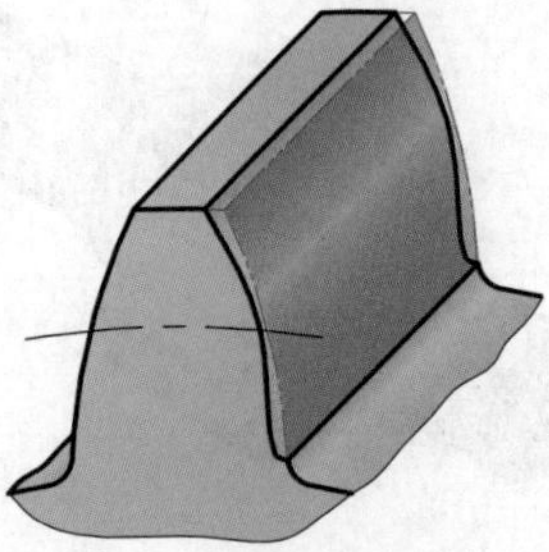	齿面磨损是指在齿轮啮合传动过程中，轮齿接触表面上的材料出现摩擦损耗的现象	提高齿面硬度，减小表面粗糙度值，采用合适的材料组合，改善润滑条件和工作条件（如采用闭式传动）
齿面塑性变形	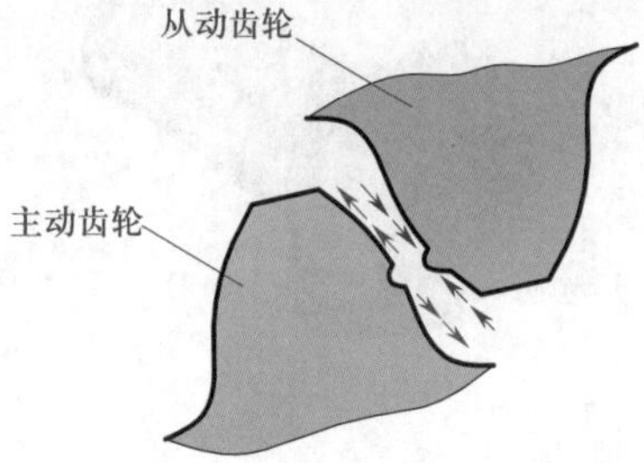 从动齿轮 主动齿轮	齿面塑性变形是指硬度较低的软齿面齿轮，在低速重载时，由于齿面压力过大，在摩擦力作用下，齿面金属产生塑性流动而失去原来的齿形。塑性变形后，主动齿轮沿着分度线形成凹沟，而从动齿轮沿着分度线形成凸棱	选用黏度较高的润滑油，提高齿面硬度，避免频繁启动和过载

二、齿轮常用材料与热处理

由轮齿的失效形式可知，应使齿面具有较高的抗磨损、抗点蚀、抗胶合及抗塑性变形能力。因此，理想的齿轮材料应保证齿面硬度高、齿心韧性好，同时还具有良好的力学性能和热处理性能。常用的齿轮材料为优质碳素结构钢、合金结构钢、铸钢、铸铁和非金属材料等，一般多采用锻件或轧制钢材。当齿轮结构尺寸较大，轮坯不易锻造时可采用铸钢。开式低速传动齿轮可采用灰铸铁或球墨铸铁。低速重载的齿轮易产生齿面塑性变形，轮齿也易折断，宜选用综合性能较好的钢材。高速齿轮易产生齿面点蚀，宜选用齿面硬度高的材料。受冲击载荷的齿轮宜选用韧性好的材料。对高速、轻载而又要求低噪声的齿轮传动，也可采用非金属材料，如夹布胶木、尼龙等。

钢制齿轮的热处理方法主要有表面淬火、渗碳、渗氮、调质、正火等。

§4-5 齿轮的结构与润滑

一、齿轮的结构

按结构不同齿轮可分为齿轮轴、实心式齿轮、腹板式齿轮和轮辐式齿轮等。

1. 齿轮轴

对于直径较小的钢制齿轮，若其齿根圆直径与轴径相差不大，则应将齿轮与轴制成一体，称为齿轮轴，如图 4–16 所示。

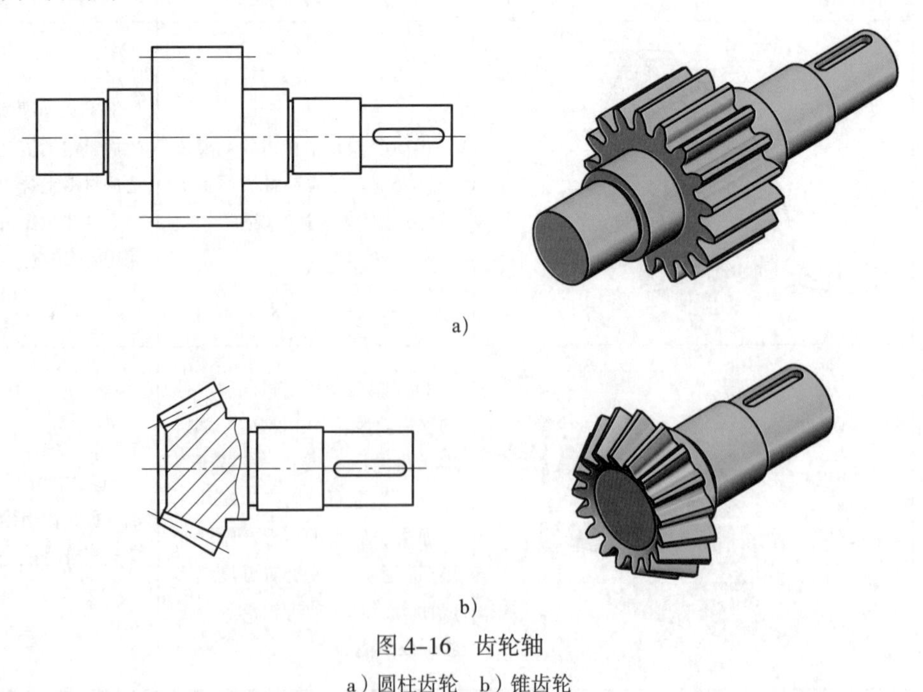

图 4–16　齿轮轴

a）圆柱齿轮　b）锥齿轮

2. 实心式齿轮

当齿轮的齿顶圆直径 $d_a \leqslant 200$ mm，且齿根圆到键槽底部的径向距离 e>2.5 mm 时，可采用实心式结构，如图 4-17 所示。

图 4-17　实心式齿轮

a）圆柱齿轮　b）锥齿轮

3. 腹板式齿轮

当齿轮的齿顶圆直径 d_a=200 ~ 500 mm 时，可采用腹板式结构，如图 4-18 所示。

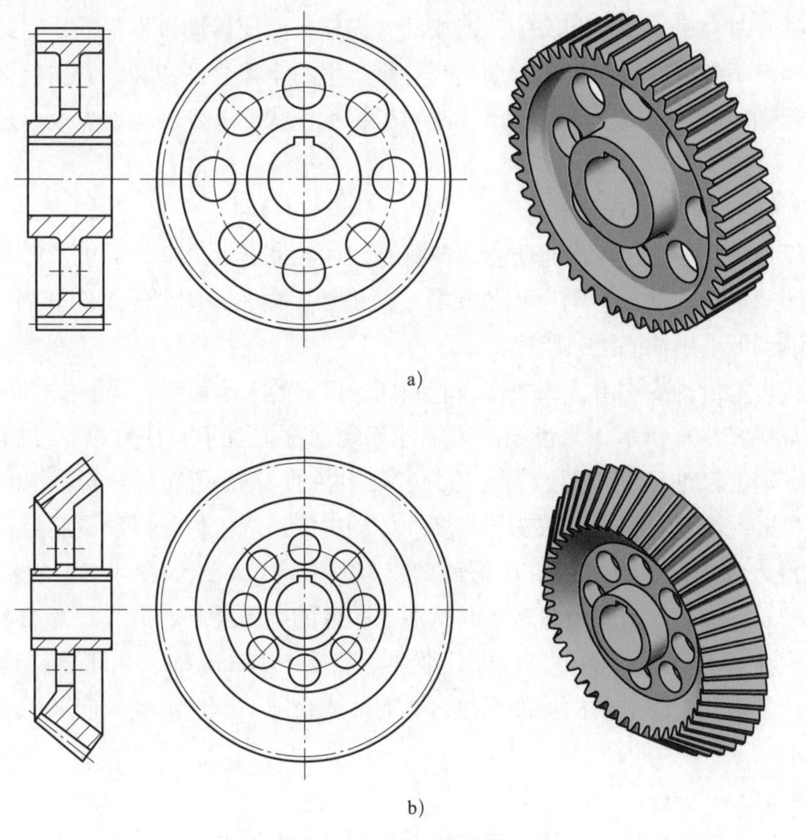

图 4-18　腹板式齿轮

a）圆柱齿轮　b）锥齿轮

4. 轮辐式齿轮

当齿轮的齿顶圆直径 d_a>500 mm 时，可采用轮辐式结构，如图 4–19 所示。

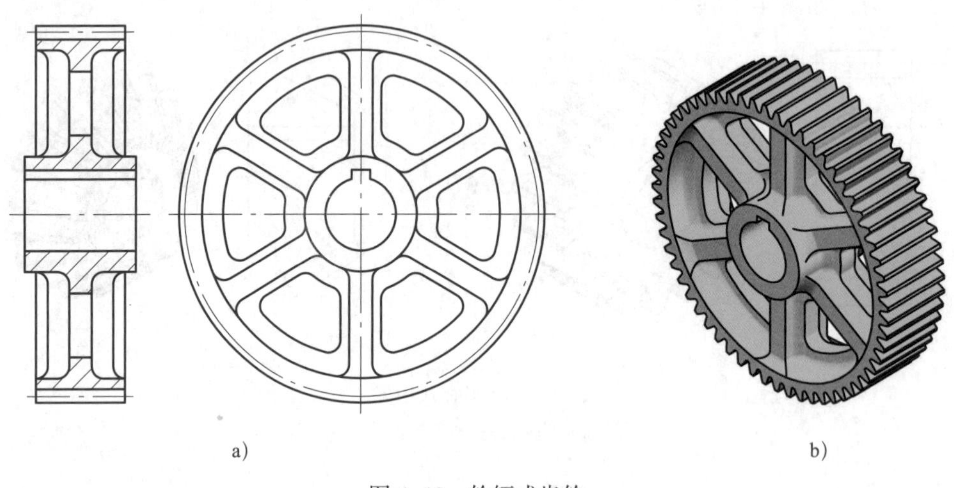

图 4–19　轮辐式齿轮

二、齿轮传动的润滑

齿轮在啮合时会产生摩擦和磨损，造成动力损耗，而使传动效率降低，因此齿轮的润滑十分重要。润滑不仅可以减小齿轮传动啮合时所产生的摩擦、磨损和动力损耗，提高传动效率，还可以起到冷却、防锈、降低噪声、改善齿轮工作状况、延缓轮齿失效、延长齿轮使用寿命等作用。

1. 齿轮传动的润滑方式

开式齿轮传动（传动齿轮没有防尘罩或机壳，齿轮完全暴露在外面）及低速、轻载、不是很重要的闭式齿轮传动（传动齿轮装在经过精确加工而且封闭严密的箱体内），通常采用人工定期润滑，可采用油润滑或脂润滑。

一般闭式齿轮传动的润滑方式根据齿轮圆周速度 v 的大小而定。当 v<12 m/s 时，多采用油池润滑。如图 4–20a 所示，大齿轮浸入油池一定深度，对于圆柱齿轮，浸油深度以 1 ~ 2 个齿高为宜，最大浸油深度不超过大齿轮分度圆半径的 1/3，齿轮运转时就把润滑油带到啮合区，同时也甩到箱壁上，借以散热。当多级传动中低速级大齿轮浸油深度合适，而高速级大齿轮未能浸入油中时，可采用带油轮给高速级大齿轮供油，如图 4–20b 所示。油池深度一般不应小于 30 mm，以防止齿轮转动时将油池底部的杂质搅起，造成润滑油不洁，加剧齿面磨损。油池中应有充足的油量，以保证散热。当 $v \geqslant 12$ m/s 时，由于圆周速度大，齿轮搅油剧烈，且黏附在齿面上的油易被甩掉，不能形成合适的润滑油膜，应采用喷油润滑，如图 4–20c 所示。

2. 齿轮润滑剂的选择

齿轮润滑剂的选择应根据齿轮的工作情况、润滑方式以及与其配套使用的其他组件对润滑的要求综合考虑，通常有下列几项原则供选择时参考：

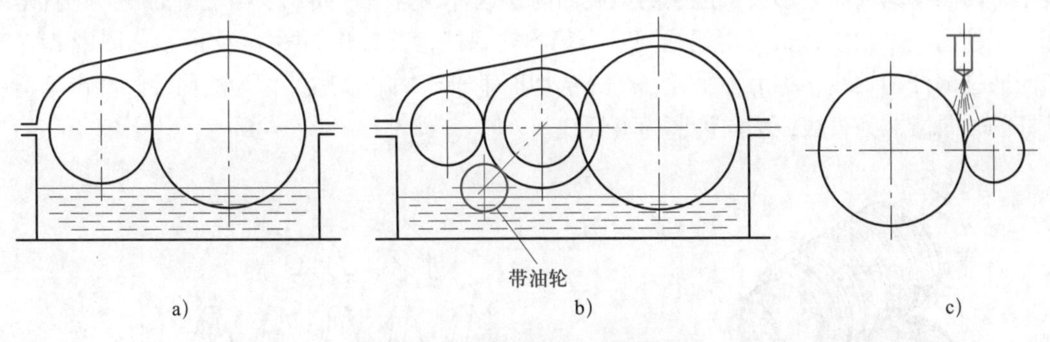

图 4–20　闭式齿轮传动的润滑方式
a）油池润滑　b）带油轮润滑　c）喷油润滑

（1）齿轮的载荷是选择润滑油的主要依据。轻负荷的齿轮，可选用抗氧防锈齿轮油。负荷较大、滑动较大的齿轮（如斜齿轮等），可选用中负荷工业齿轮油。重负荷而又有强烈冲击的齿轮，应考虑选用重负荷工业齿轮油。

（2）齿轮的速度是选择润滑油黏度的主要依据。速度高的选用黏度小的润滑油，速度低的选用黏度大的润滑油。

（3）润滑方式也是选择润滑油的参考条件。循环润滑要求油品的流动性好，宜选用黏度小的润滑油。对人工间歇加油的装置，则应采用黏度大一些的润滑油，以免迅速流失。

（4）与齿轮共用同一个润滑系统的其他对象对润滑油的要求也是要考虑的因素。所选择的润滑油要同时满足齿轮与其他润滑对象的润滑性能要求，而且不得与其他润滑对象的材料发生化学反应。

在使用过程中，必须经常检查齿轮传动润滑系统的状况，油面过低则润滑不良，油面过高则会增加搅油功率损失。对于压力喷油润滑系统还需检查油压状况，油压过低会造成供油不足，应及时调整油压至正常值；油路不畅通可能会导致油压过高，应及时清理油路。

§4–6　蜗杆传动

一、蜗杆传动概述

蜗杆传动是指由蜗杆与蜗轮互相啮合组成的交错轴间的齿轮传动，如图 4–21 所示。它主要用于传递空间垂直交错两轴间的运动和动力。通常由蜗杆作为主动件带动蜗轮转动，并传递运动和动力，其两轴线在空间一般交错成 90°。

1. 蜗杆

蜗杆传动相当于两轴交错成 90° 的螺旋齿轮传动，只是小齿轮的螺旋角很大，而直径却很小，因而在圆柱面上形成了连续的螺旋面齿，这种只有一个或几个螺旋齿的斜齿轮就是蜗杆。蜗杆的类型很多，最常用的是阿基米德圆柱蜗杆，其形状如图 4–22 所示。图中 *I—I* 剖切面通过蜗杆的轴线，称为轴平面；*n—n* 剖切面垂直于蜗杆齿廓，称为法面。阿基米德圆柱蜗杆的轴向齿廓为直线，法向齿廓为渐开线。

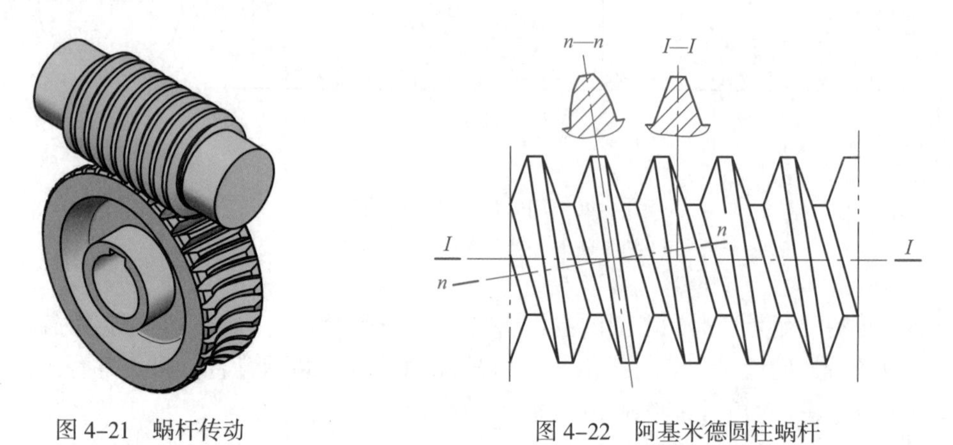

图 4–21　蜗杆传动　　　　图 4–22　阿基米德圆柱蜗杆

2. 蜗轮

与蜗杆组成交错轴齿轮副且轮齿沿着齿宽方向呈内凹弧形的斜齿轮称为蜗轮，如图 4–23 所示。蜗轮齿廓随蜗杆的齿廓而异。蜗轮一般在滚齿机上用与蜗杆形状和参数相同的滚刀或飞刀加工而成。

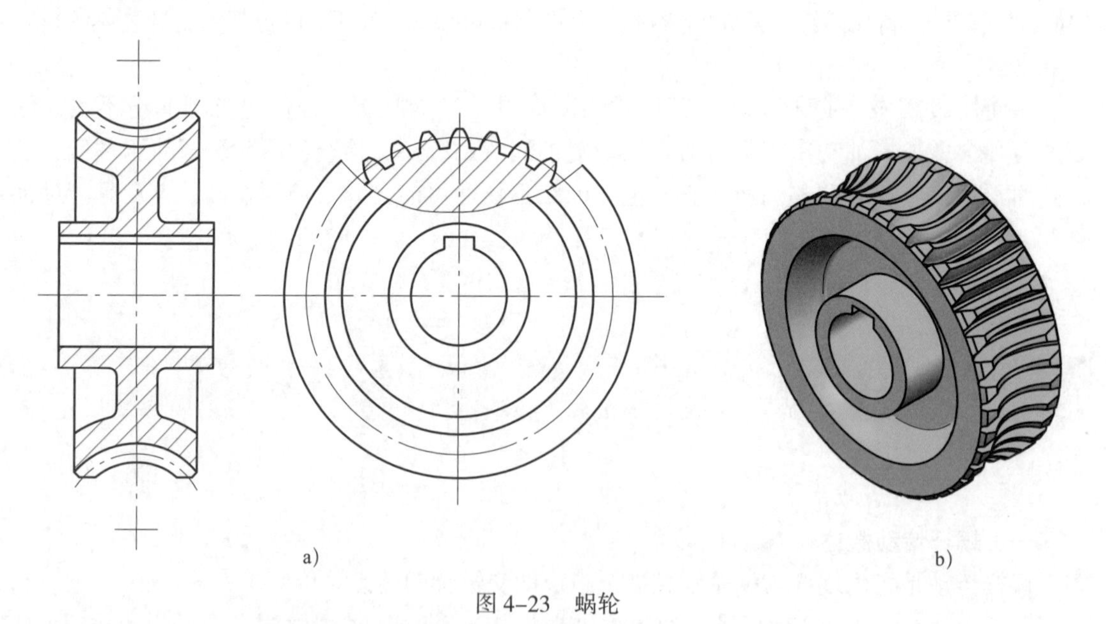

图 4–23　蜗轮

3. 蜗杆传动的特点及应用

（1）传动比大，结构紧凑。单级传动比 i 一般为 8 ~ 80，在分度机构中可达 1 000。

（2）传动平稳、噪声小。蜗杆上是连续不断的螺旋齿，蜗轮与蜗杆的啮合是逐渐进入并逐渐退出的，同时啮合的齿数较多，所以传动平稳、噪声小。

（3）在一定条件下可以实现自锁。

（4）传动效率低，磨损严重，易发热。由于蜗轮和蜗杆在啮合处有较大的相对滑动，因而磨损严重，发热量大，效率较低。蜗杆传动的效率一般为 η=0.7 ~ 0.8，当其具有自锁性时，效率小于 0.5。

（5）蜗杆轴向力较大，轴承易磨损，蜗轮造价较高。

由于蜗杆传动具有以上特点，故常用于两轴交错、传动比较大、传递功率不太大或间歇工作的场合。由于蜗杆传动具有自锁性，故常用在卷扬机等起重机械中，起安全保护作用。

在制造精度和传动比相同的条件下，蜗杆传动的效率比齿轮传动低。蜗杆和蜗轮齿间发热量较大，容易导致润滑失效，引起磨损加剧。因此，蜗杆传动不适用于大功率、长时间工作的场合。

二、蜗杆传动的主要参数

通过蜗杆轴线并与蜗轮轴线垂直的平面称为中平面，如图 4–24 所示。在此平面内，蜗杆相当于齿条，蜗轮相当于渐开线齿轮，蜗杆与蜗轮的啮合相当于齿条与渐开线齿轮的啮合。在蜗杆传动中，其主要参数及几何尺寸计算均以中平面为准。

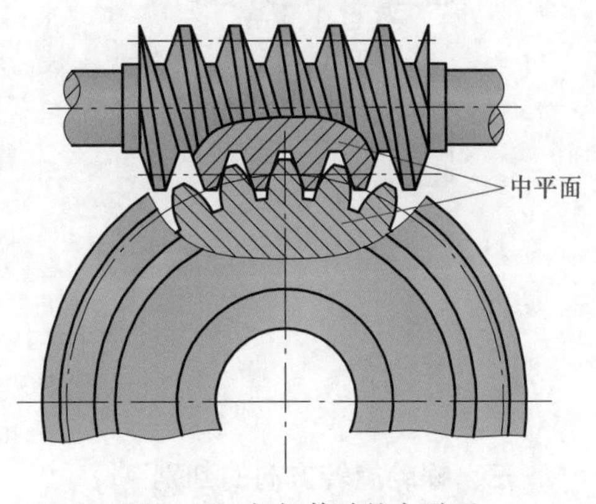

图 4–24　蜗杆传动的中平面

1. 模数 m

蜗杆的轴向模数 m_{x1} 和蜗轮的端面模数 m_{t2} 相等，且为标准值，即：

$$m_{x1}=m_{t2}=m$$

2. 压力角 α

蜗杆的轴向压力角 α_{x1} 和蜗轮的端面压力角 α_{t2} 相等，且为标准值，即：

$$\alpha_{x1}=\alpha_{t2}=\alpha=20°$$

3. 蜗杆头数 z_1 与蜗轮齿数 z_2

一般推荐选用蜗杆头数 z_1=1、2、4、6。蜗杆头数少，则蜗杆传动的传动比大，容易自锁，传动效率较低；蜗杆头数越多，传动效率越高，但加工也越困难。

蜗轮齿数 z_2 可根据蜗杆头数 z_1 和传动比 i 来确定，一般推荐 z_2 为 29 ~ 80。

4. 传动比 i

蜗杆传动的传动比为：

$$i_{12}=\frac{n_1}{n_2}=\frac{z_2}{z_1}$$

式中　i_{12}——传动比；

n_1——蜗杆转速，r/min；

n_2——蜗轮转速，r/min；

z_1——蜗杆头数；

z_2——蜗轮齿数。

5. 旋向

蜗杆的旋向有左旋和右旋两种，同样，蜗轮也有左旋和右旋之分。在蜗杆传动中，蜗杆和蜗轮的旋向应一致，即同为左旋或右旋。可以用判别螺杆和斜齿圆柱齿轮旋向的方法判别蜗杆和蜗轮的旋向，也可以只用右手判别蜗杆和蜗轮的旋向。如图 4-25 所示，手心对着自己，四指顺着蜗杆或蜗轮轴线方向摆正，若齿向与右手拇指指向一致，则该蜗杆或蜗轮为右旋，反之则为左旋。

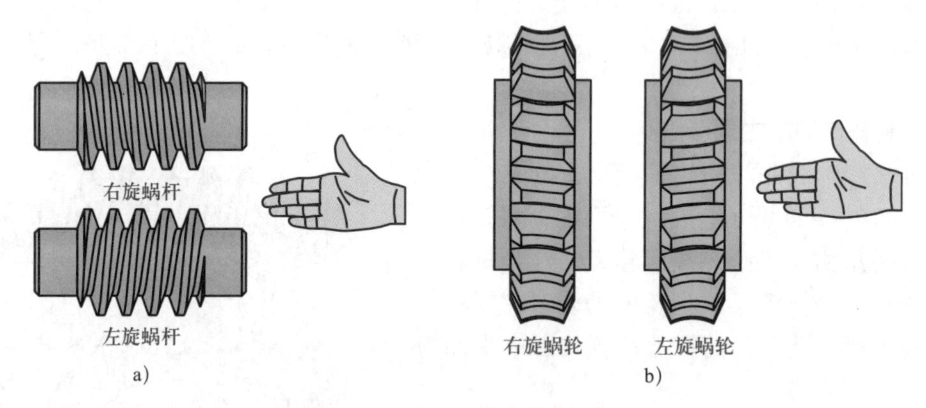

图 4-25　蜗杆和蜗轮旋向判别

a）蜗杆旋向判别　b）蜗轮旋向判别

三、蜗轮旋转方向的判别

蜗轮的旋转方向取决于蜗杆齿的旋向和蜗杆的旋转方向，可用左右手定则来判别。左右手定则：左旋蜗杆用左手，右旋蜗杆用右手，四指弯曲与蜗杆的旋转方向相同，拇指伸直与蜗杆轴线重合，则拇指所指方向的相反方向即为蜗轮上啮合点的线速度方向，如图 4-26 所示。

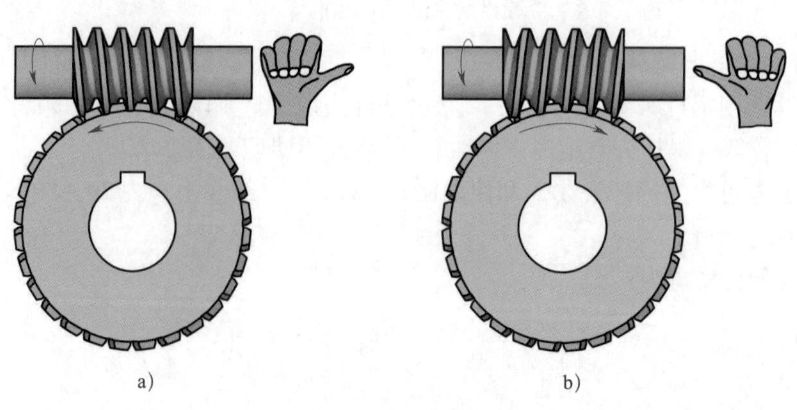

图 4-26　蜗轮旋转方向判别

a）右旋蜗杆传动　b）左旋蜗杆传动

四、蜗杆、蜗轮的结构

1. 蜗杆的结构

蜗杆通常与轴合为一体，其结构如图 4-27 所示。

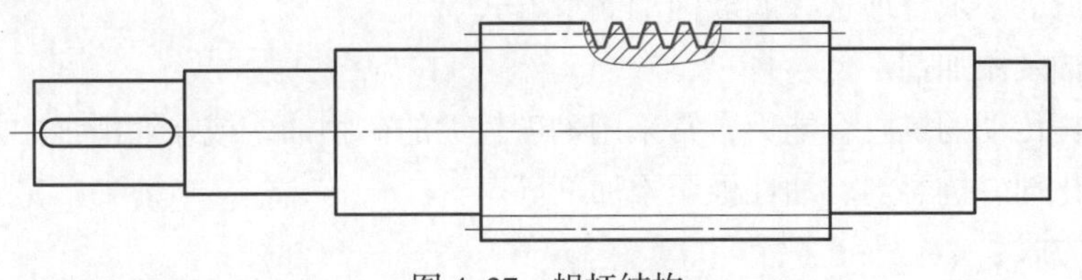

图 4-27　蜗杆结构

2. 蜗轮的结构

蜗轮的结构可分为整体式和组合式两种。采用铸铁制造或直径较小的蜗轮，可铸造成整体式蜗轮，如图 4-28a 所示。直径较大的青铜蜗轮为节省贵金属，一般用青铜齿圈与铸铁或铸钢轮心组成组合式蜗轮。连接方式有铸造连接、过盈配合连接和螺栓连接，其结构如图 4-28 所示。

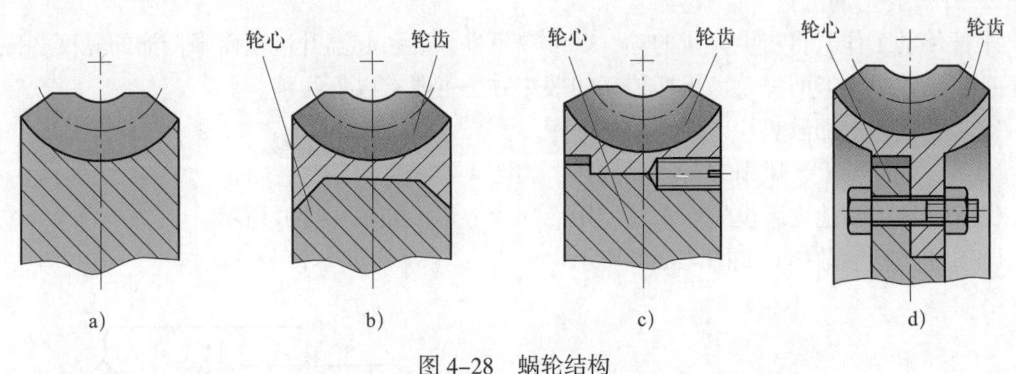

图 4-28　蜗轮结构

a）整体式蜗轮　b）铸造连接　c）过盈配合连接　d）螺栓连接

五、蜗杆、蜗轮的材料

蜗杆传动的相对滑动速度大，因摩擦引起的发热量大、效率低，故主要失效形式为胶合，其次才是点蚀和磨损。因此，选用蜗杆、蜗轮材料时不仅要满足强度要求，还要具有良好的减摩性、耐磨性和抗胶合的能力。

蜗杆一般用非合金钢或合金钢制造。对于高速重载的蜗杆，可用 15Cr、20Cr、20CrMnTi 和 20MnVB 等合金渗碳钢，经渗碳后淬火至硬度为 56 ~ 63HRC；也可用 40、45 等优质碳素结构钢，40Cr、40CrNi 等合金调质钢，经表面淬火至硬度为 45 ~ 50HRC。对于不太重要的传动及低速中载蜗杆，常用 40、45 钢经调质或正火处理，硬度为 220 ~ 230HBW。

蜗轮轮齿常用锡青铜、铝青铜或铸铁制造。锡青铜用于相对滑动速度 v_s>3 m/s 的传动，常用牌号有 ZCuSn10Pb1 和 ZCuSn5Pb5Zn5；铝青铜一般用于相对滑动速度 $v_s \leqslant 4$ m/s 的传动，常用牌号为 ZCuAl9Mn2；铸铁用于相对滑动速度 v_s<2 m/s 的传动，常用牌号有 HT150 和 HT200 等。轮心可采用铸铁或 45 钢等。

六、蜗杆传动的润滑与散热

1. 蜗杆传动的润滑

由于蜗杆传动的传动效率低、发热量大，若润滑不当，容易引起失效。为保证蜗杆传动具有良好的润滑，必须合理选择润滑油和润滑方式。

（1）润滑油及添加剂

为提高蜗杆传动的抗胶合能力，常采用黏度较大的矿物油，或在润滑油中加入适量的添加剂，如抗氧化剂、抗磨剂、油性极压添加剂等。

（2）润滑方式

闭式蜗杆传动的润滑方式主要有浸油润滑和喷油润滑两种，可根据齿面相对滑动速度选择。喷油润滑时，应注意控制一定的油压。

采用油池浸油润滑时，蜗杆最好下置，浸油深度以蜗杆一个齿高为宜；若因结构限制蜗杆不得已上置时，浸油深度可取蜗轮半径的1/6～1/3。为避免蜗杆工作时带起油池沉渣，并考虑散热问题，油池容量以及蜗杆（或蜗轮）与油池底的距离应适当大一些。

2. 蜗杆传动的散热

蜗杆传动工作时将产生大量的热，若散热不良，会引起温升过高而降低油的黏度，使润滑不良，导致蜗轮齿面失效。蜗杆传动的散热方法主要有以下几种。

（1）在箱体上加散热片以增大散热面积。

（2）在蜗杆轴上装风扇进行吹风散热，如图4–29a所示。

（3）在箱体油池内装设蛇形水管，用冷却水散热，如图4–29b所示。

（4）用循环油散热，如图4–29c所示。

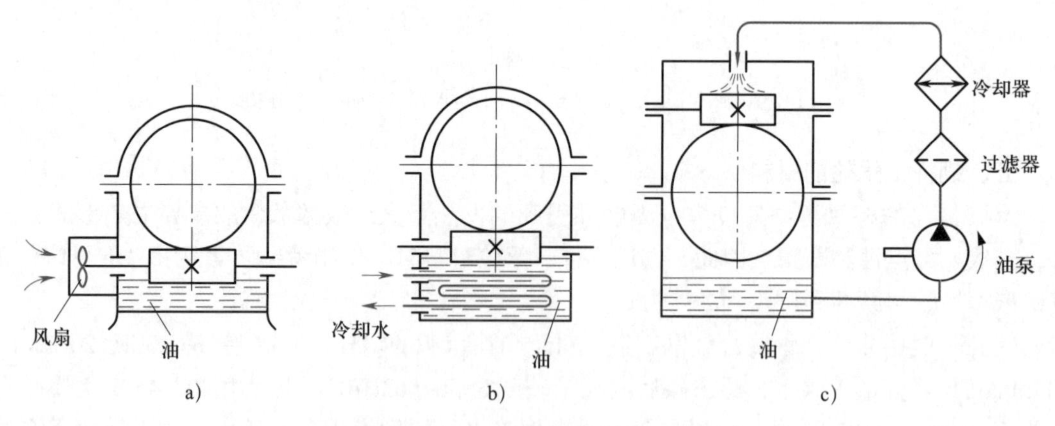

图4–29 蜗杆传动的散热

a）风扇散热 b）冷却水散热 c）循环油散热

§4–7　轮系

在机械传动中，仅仅依靠一对齿轮传动往往是不够的。例如，在各种机床中需要把电动机的高转速变成主轴的低转速，或将一种转速变为多级转速；在汽车动力传动系统中，需要把发动机的一种转速转变为多种转速。这些都要依靠一系列彼此相互啮合的齿轮所组成的齿轮机构来实现。这种为了满足机器的功能要求和实际工作需要，所采用的多对相互啮合齿轮组成的传动系统称为轮系。

一、轮系的类型

轮系的形式有很多，按照轮系传动时各齿轮的轴线位置是否固定分为定轴轮系、周转轮系和混合轮系三大类。

1. 定轴轮系

当轮系运转时，各齿轮的几何轴线位置均相对固定不变，这种轮系称为定轴轮系，也称为普通轮系，如图 4–30 所示。

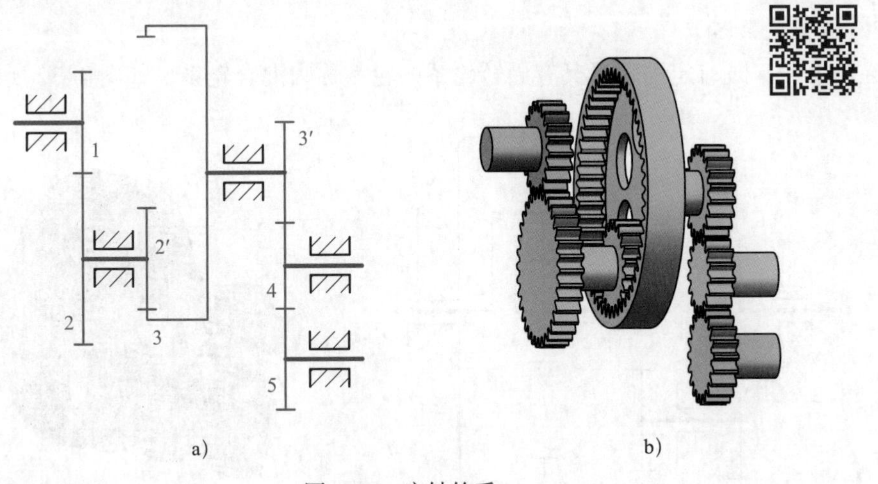

图 4–30　定轴轮系

2. 周转轮系

当轮系运转时，至少有一个齿轮的几何轴线的位置是不固定的，并且绕另一个齿轮的固定轴线转动，这种轮系称为周转轮系。如图 4–31 所示，齿轮 3 一方面绕自身轴线 O_1 旋转，另一方面其轴线 O_1 又绕固定轴线 O 旋转。

周转轮系由太阳轮、内齿圈、行星齿轮和行星架组成。处于中心位置的外齿轮称为太阳轮，处于最外面的内齿轮称为内齿圈，它们统称为中心轮。安装在行星架上的齿轮称为行星齿轮，支承行星齿轮、与太阳轮同轴线旋转的构件称为行星架。

周转轮系分为行星轮系和差动轮系两种。有一个中心轮的转速为零的周转轮系称为行星轮系（见图 4–31b），中心轮的转速都不为零的周转轮系称为差动轮系（见图 4–31c）。行星轮系只有一个自由度，差动轮系有两个自由度。

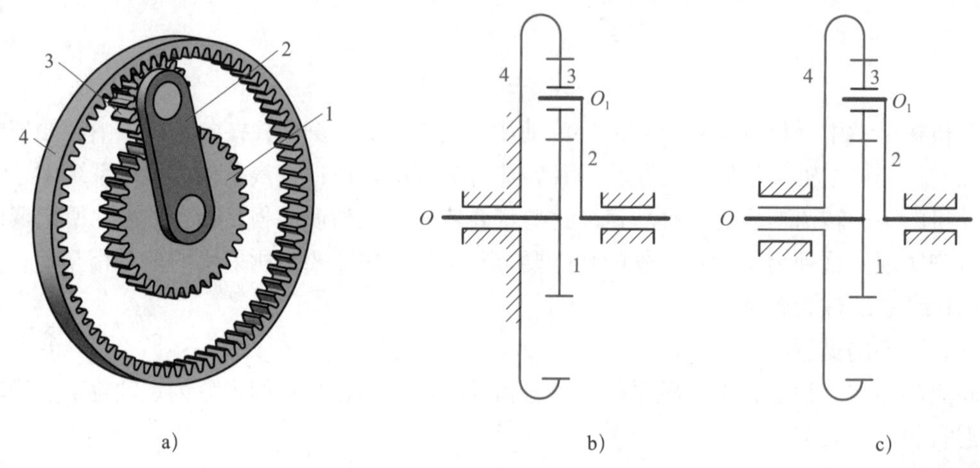

图 4–31　周转轮系

a）立体图　b）行星轮系　c）差动轮系

1—太阳轮　2—行星架　3—行星齿轮　4—内齿圈

3. 混合轮系

在轮系中，既有定轴轮系又有周转轮系的轮系称为混合轮系，如图 4–32 所示。

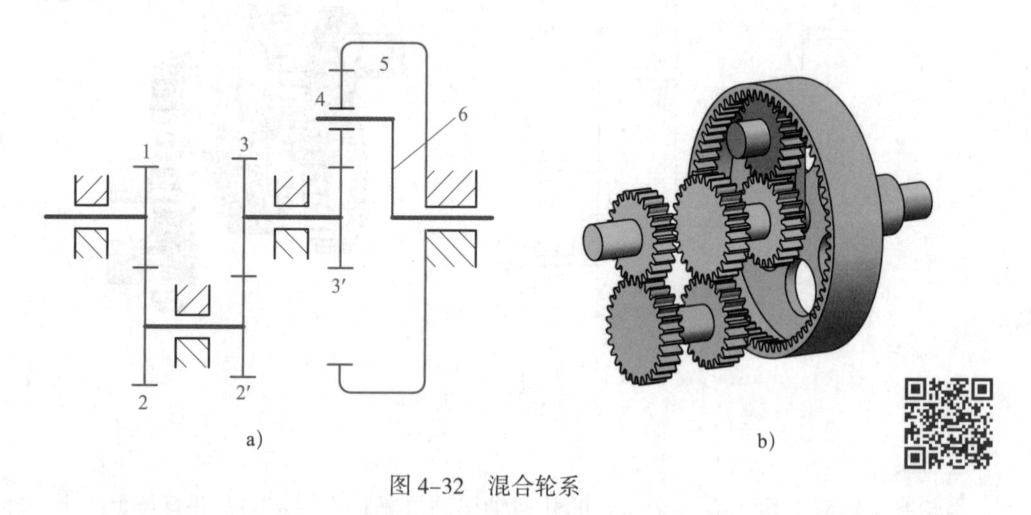

图 4–32　混合轮系

知识链接

齿轮在轴上的固定方式

齿轮在轴上的固定方式有三种，分别是齿轮与轴固连、齿轮与轴空套、齿轮在轴上滑移，见表 4–6。

表 4–6　　**齿轮在轴上的固定方式**

齿轮的固定方式	齿轮的机构运动简图用图形符号	
	圆柱齿轮	锥齿轮
齿轮与轴固连：齿轮与轴连接为一体且一起转动，齿轮不能沿轴向移动	外齿轮　内齿轮　外齿轮	
齿轮与轴空套：齿轮套在轴上；齿轮与轴可以各自转动，互不影响；齿轮不能沿轴向移动		
齿轮在轴上滑移：齿轮与轴周向固定且一起转动，齿轮可沿轴向移动。这种可以在轴上滑移的齿轮称为滑移齿轮		

二、轮系的特点

1. 可获得很大的传动比

当两轴之间的传动比较大时，若仅用一对齿轮传动，则两个齿轮的齿数差一定很大，导致小齿轮磨损加快；又因为大齿轮齿数太多，使得齿轮传动机构的结构尺寸增大。为此，一对齿轮传动的传动比不能过大（一般 i_{12} 为 3 ~ 5，i_{max} ≤ 8）。而采用轮系传动，可以获得很大的传动比，以满足低速工作的要求。如图 4–33 所示，采用两对齿轮组成的轮系的传动比为 $i_{13}=i_{12}\times i_{23}$。

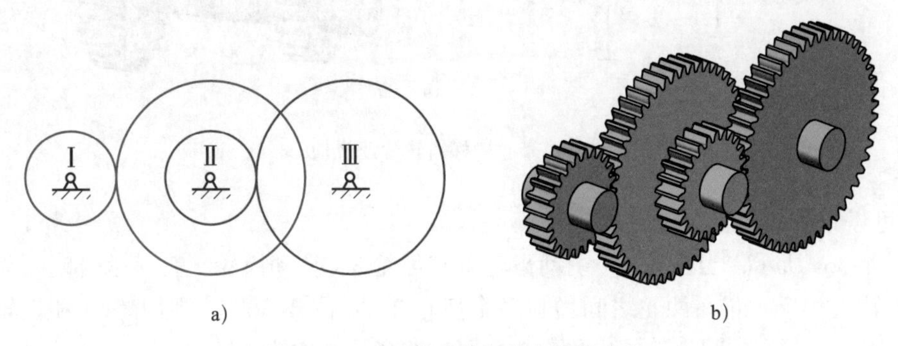

图 4–33　采用轮系获得很大的传动比

2. 可实现较远距离的传动

当两轴中心距较大时，如用一对齿轮传动，则两齿轮的结构尺寸必然很大，导致传动机构庞大。而采用轮系传动，可使结构紧凑，缩小传动装置占用的空间，节约材料，如图 4–34 所示。

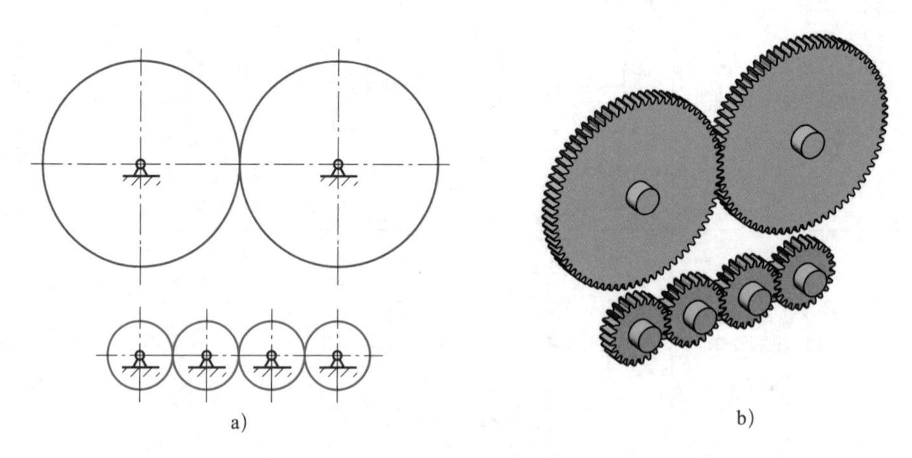

图 4–34　远距离传动

3. 可以方便地实现变速要求

在金属切削机床、汽车等机械设备中，经过轮系传动，可使输出轴获得多级转速，以满足不同工作的要求。如图 4–35 所示，齿轮 1、2 组成双联滑移齿轮，可在轴Ⅰ上滑移。当齿轮 1 和齿轮 3 啮合时，轴Ⅱ获得一种转速；当双联滑移齿轮右移，使齿轮 2 和齿轮 4 啮合时，轴Ⅱ获得另一种转速（齿轮 1、3 和齿轮 2、4 传动比不同）。

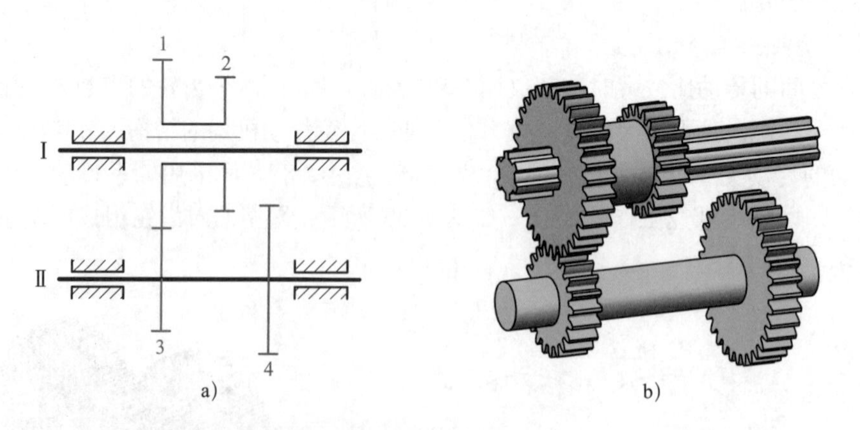

图 4–35　滑移齿轮变速机构

4. 可以方便地实现变向要求

如图 4–36a 所示，当齿轮 1（主动齿轮）与齿轮 3（从动齿轮）直接啮合时，齿轮 3 和齿轮 1 的转向相反。若在两轮之间增加一个齿轮 2（见图 4–36b），则齿轮 3 和齿轮 1 的转向相同。因此，利用中间齿轮（也称惰轮）可以改变从动齿轮的转向。

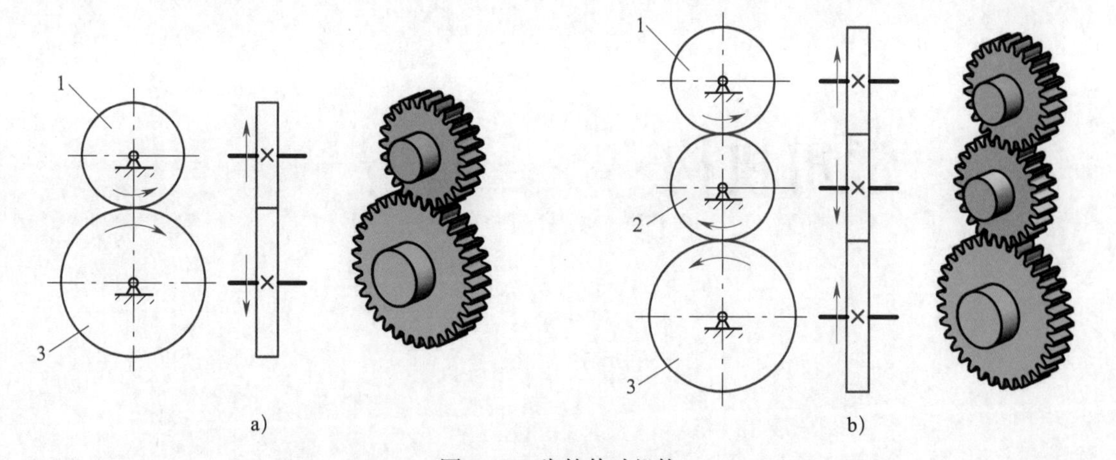

图 4–36　齿轮传动机构

a）从动齿轮与主动齿轮转向相反　b）从动齿轮与主动齿轮转向相同

第五章 常用机构

无论在生活中，还是在生产中，各种各样的机构都在为人们的生活和工作服务。如图 5-1 所示台式电风扇的摇头机构，它采用了铰链四杆机构中的双摇杆机构。

本章主要内容如下：

1. 铰链四杆机构的组成、类型、演化和应用。

2. 凸轮机构的组成和工作原理，凸轮机构的类型，凸轮机构的工作过程，凸轮机构的特点和应用。

3. 齿式棘轮机构的组成、工作原理、类型、特点和应用。

4. 槽轮机构的组成、工作原理、常见类型及运动特性，槽轮机构的特点。

5. 常用有级变速机构和无级变速机构的工作原理和应用。

6. 常用换向机构的工作原理。

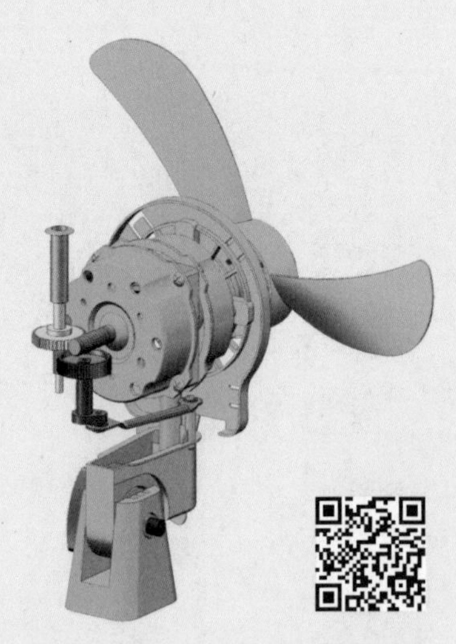

图 5-1 台式电风扇的摇头机构

§5-1 平面连杆机构

平面连杆机构是指由一些刚性构件用转动副或移动副相互连接而成，在同一平面或相互平行的平面内运动的机构。平面连杆机构在生产和生活中广泛用于动力的传递或改变运动形式。如图 5-2 所示港口用门座式起重机，它可以利用平面连杆机构实现货物的水平移动。

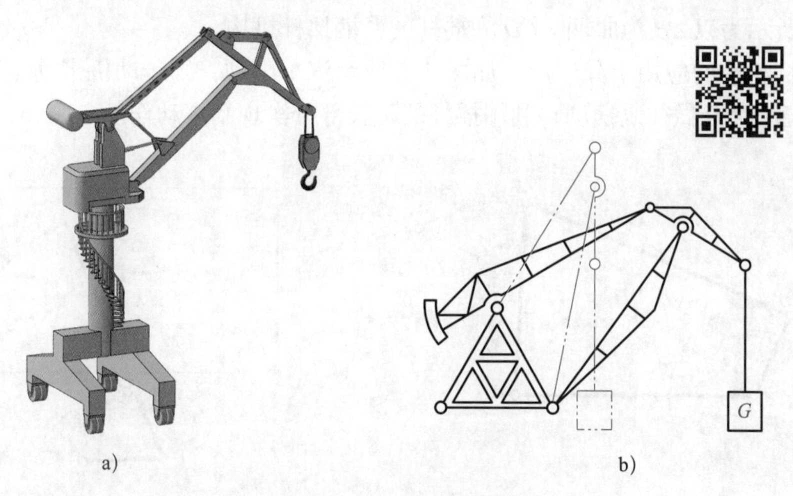

图 5-2　港口用门座式起重机
a）实体图　b）起重机构的结构简图

平面连杆机构构件的形状多种多样，不一定为杆状，但从运动原理来看，均可用等效的杆状构件替代。图 5-3 所示为门座式起重机起重机构的机构运动简图。

一、铰链四杆机构的组成

最常用的平面连杆机构是具有四个构件（包括机架）的机构，称为平面四杆机构。构件间以四个转动副相连的平面四杆机构称为平面铰链四杆机构，简称铰链四杆机构。如图 5-4 所示，在铰链四杆机构中，固定不动的构件 4 称为机架，不与机架直接相连的构件 2 称为连杆，与机架相连的构件 1、构件 3 称为连架杆。能绕固定轴做整周旋转运动的连架杆称为曲柄，能绕固定轴在一定角度（小于 180°）范围内摆动的连架杆称为摇杆。

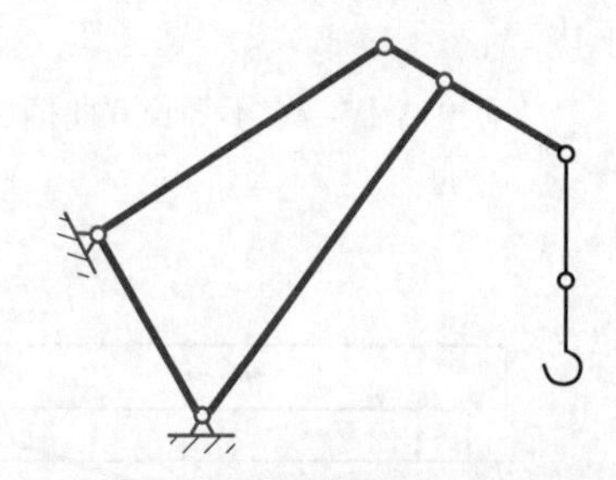

图 5-3　门座式起重机起重机构的机构运动简图

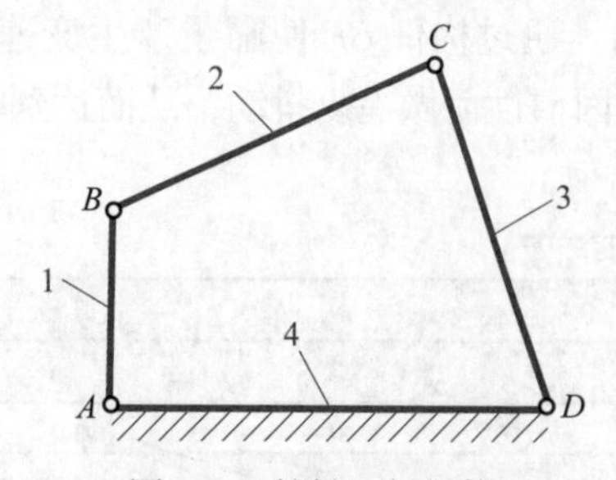

图 5-4　铰链四杆机构
1、3—连架杆　2—连杆　4—机架

二、铰链四杆机构的类型

铰链四杆机构按两连架杆的运动形式不同，分为曲柄摇杆机构、双曲柄机构和双摇杆机构三种基本类型。

1. 曲柄摇杆机构

铰链四杆机构的两个连架杆中，其中一个是曲柄、另一个是摇杆的机构称为曲柄摇杆机构。图 5-5 所示为以 *AB* 为曲柄、*CD* 为摇杆的曲柄摇杆机构。

曲柄摇杆机构的应用十分广泛。如图 5-6 所示汽车雨刮，当电动机带动主动曲柄 *AB* 旋转时，从动摇杆 *CD* 做往复摆动，利用摇杆的延长部分实现刮水动作。

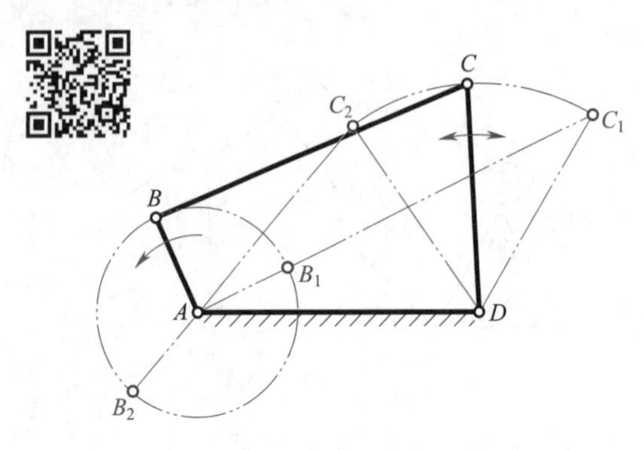

图 5-5　曲柄摇杆机构

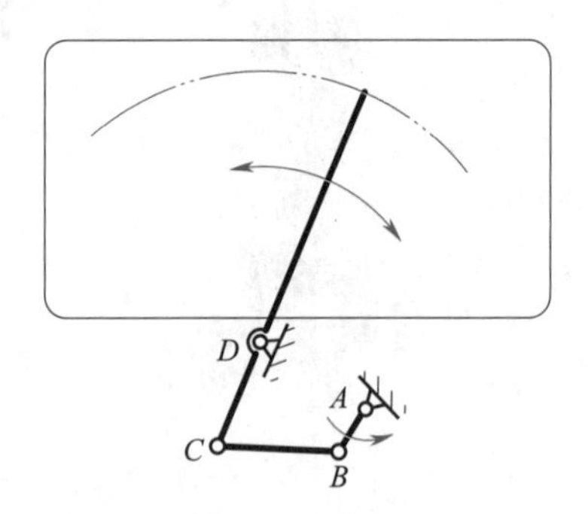

图 5-6　雨刮

2. 双曲柄机构

两连架杆均为曲柄的铰链四杆机构称为双曲柄机构。常见的双曲柄机构类型有不等长双曲柄机构和平行双曲柄机构等。

（1）不等长双曲柄机构

两曲柄长度不等的双曲柄机构称为不等长双曲柄机构，如图 5-7 所示。不等长双曲柄机构中，通常主动曲柄做等速转动，从动曲柄做变速转动。

图 5-8 所示惯性筛是不等长双曲柄机构在生产实践中的典型应用。主动曲柄 *AB* 做匀速转动，从动曲柄 *CD* 做变速转动，通过构件 *CE* 使筛子产生变速直线运动，筛子内的物料因惯性而做往复抖动，从而达到筛分物料的目的。

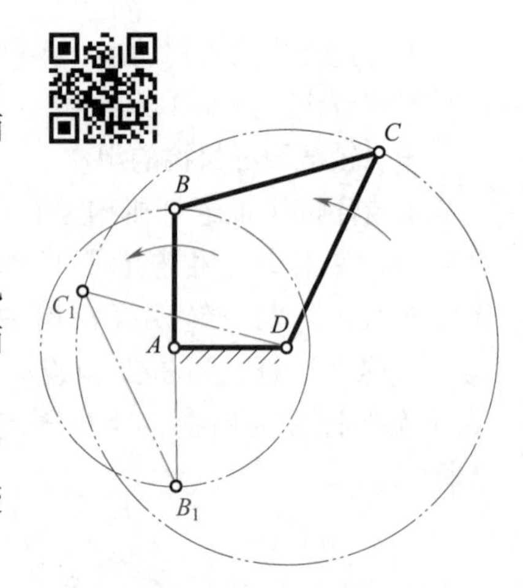

图 5-7　不等长双曲柄机构

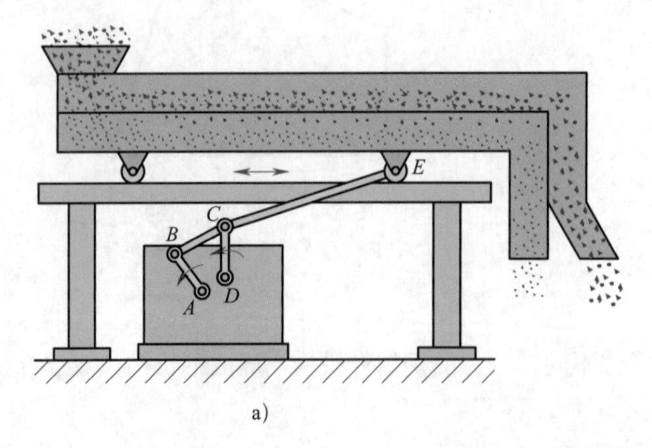

a)

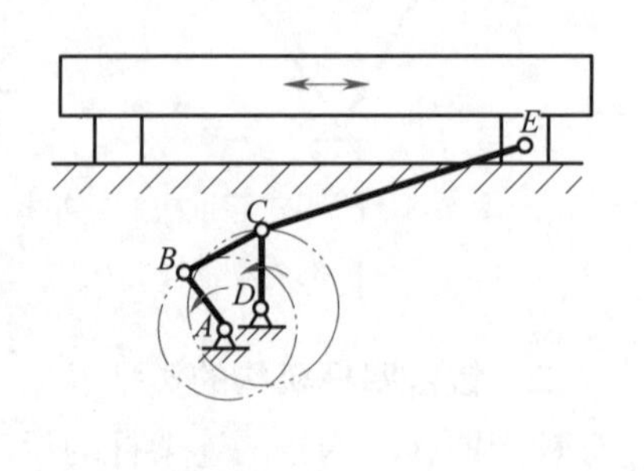

b)

图 5-8　惯性筛

a）示意图　b）机构运动简图

（2）平行双曲柄机构

连杆与机架的长度相等且两曲柄长度相等、曲柄转向相同的双曲柄机构称为平行双曲柄机构，如图 5-9 所示。平行双曲柄机构的四个构件在任何位置均形成平行四边形，两曲柄的旋转方向与角速度恒相等。该机构的应用比较广泛，如图 5-10 所示托盘天平，它利用了平行双曲柄机构中两曲柄的转向和旋转角度均相同的特性。托盘天平由两组对边等长的杆组成，*A*、*D* 为固定点，*CB* 与 *C′B′* 始终保持铅垂位置。

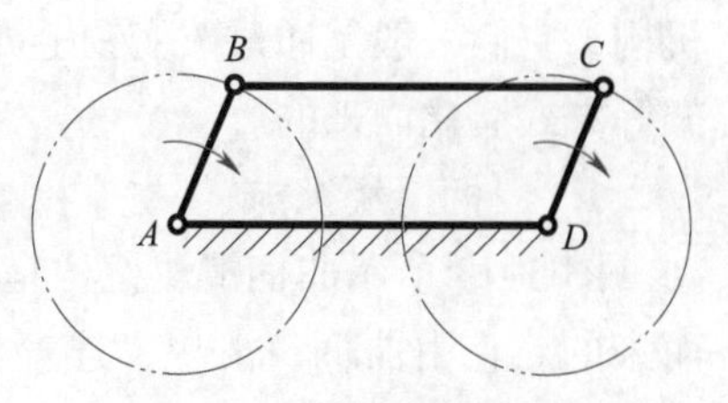

图 5-9　平行双曲柄机构

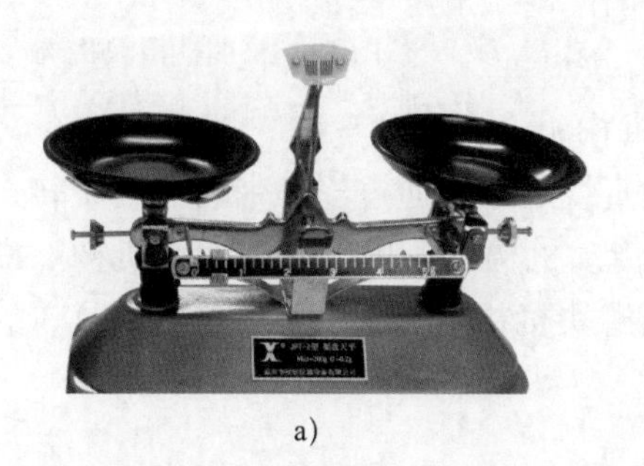
a)

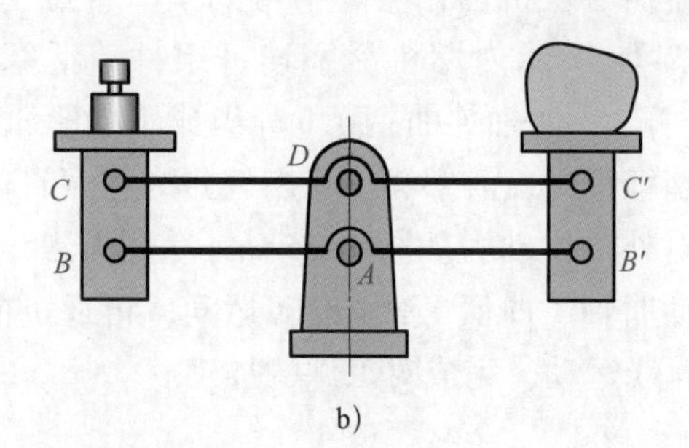

b)

图 5-10　托盘天平

3. 双摇杆机构

如图 5-11 所示，两连架杆均为摇杆的铰链四杆机构称为双摇杆机构，机构中两摇杆都可以分别作为主动杆，当连杆与摇杆共线时为机构的两极限位置。图 5-12 所示的飞机起落架机构即采用了双摇杆机构。飞机着陆前，需要将机轮 2 从机翼 5 中推放出来（图中粗实线）；起飞后，为了减小空气阻力，又需要将机轮收入机翼中（图中细双点画线）。这些动作是由主动摇杆 1 通过连杆 4、从动摇杆 3 带动机轮 2 来实现的。

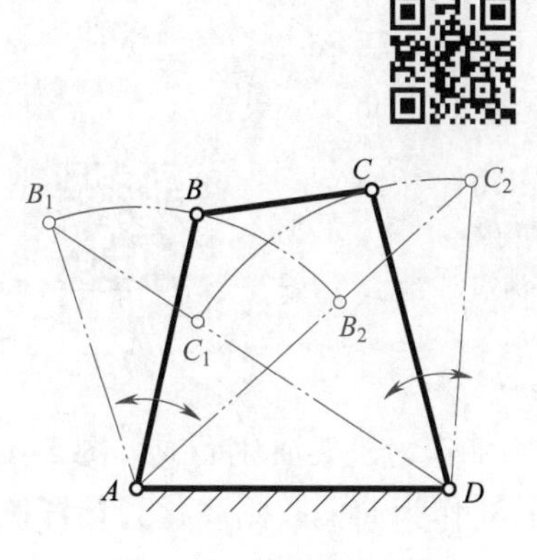

图 5-11　双摇杆机构

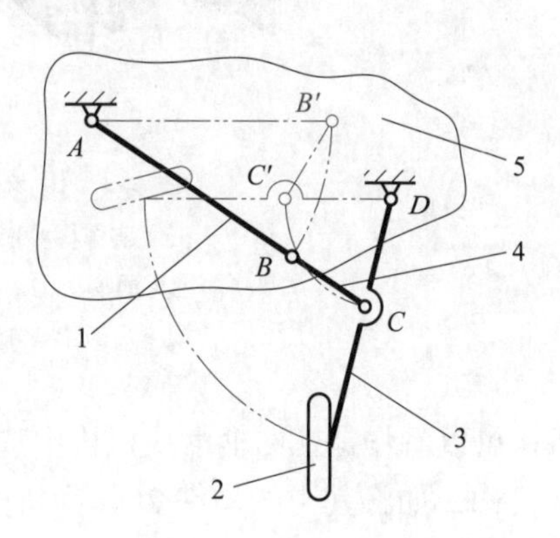

图 5-12　飞机起落架机构

1—主动摇杆　2—机轮　3—从动摇杆

4—连杆　5—机翼

三、铰链四杆机构的演化

在实际生产中，除了以上介绍的铰链四杆机构类型外，还广泛采用一些其他形式的四杆机构，它们一般是通过改变铰链四杆机构某些构件的形状、相对长度或选择不同构件作为机架等方式演化而来的。

1. 曲柄滑块机构

图 5–13 所示曲柄滑块机构是由曲柄摇杆机构演化而来的。它由曲柄、滑块、连杆和机架组成。曲柄做旋转运动，滑块做往复直线运动。曲柄和滑块都可分别作为主动件或从动件。

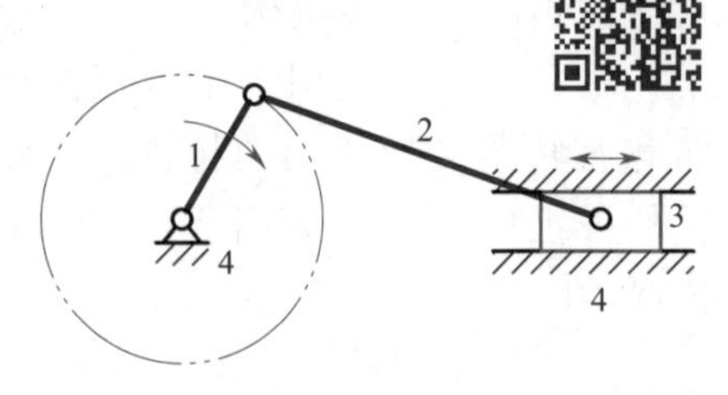

图 5–13　曲柄滑块机构

1—曲柄　2—连杆　3—滑块　4—机架

曲柄滑块机构在实际中得到了非常广泛的应用。如图 5–14 所示内燃机活塞连杆组件，活塞（滑块）3、连杆 2、曲轴（曲柄）1 等组成了曲柄滑块机构。在做功行程中，活塞 3 承受燃气压力在气缸内做直线运动，通过连杆带动曲轴旋转，并由曲轴对外输出动力。图 5–15 所示为冲压机，其传动机构也采用了曲柄滑块机构。机械装置带动曲轴（曲柄）1 做旋转运动，再通过曲柄滑块机构转换成冲压头（滑块）3 的上下往复直线运动，完成对工件的加工。

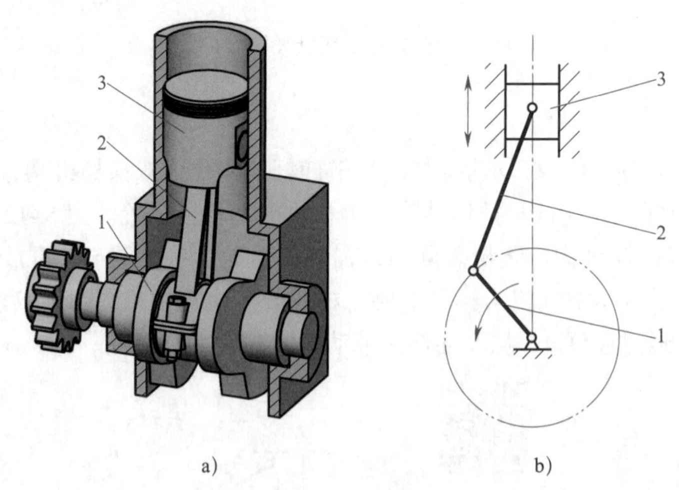

图 5–14　内燃机活塞连杆组件

a）实体图　b）机构运动简图

1—曲轴（曲柄）　2—连杆　3—活塞（滑块）

2. 导杆机构

导杆机构可以看作是在曲柄滑块机构中选取不同构件作为机架演化而成。图 5–16a 所示为曲柄滑块机构，如将其中的构件 2′ 作为机架，构件 3′ 作为曲柄，则演化为导杆机构。如图 5–16b 所示，构件 2 为机架，构件 3 为曲柄。当曲柄 3 转动时，构件 1 绕 A 点转动，滑块 4 沿构件 1 滑动。由于构件 1 对滑块 4 起导向作用，故构件 1 称为导杆，这种机构称为导杆机构。在导杆机构中，若 $BC>BA$（见图 5–16b），则曲柄 3 和导杆 1 均能做整周旋转运动，这种机构称为转动导杆机构；若 $BC<BA$（见图 5-17），当曲柄 3 做整周转动时，导杆 1 只能做往复摆动，这种机构称为摆动导杆机构。

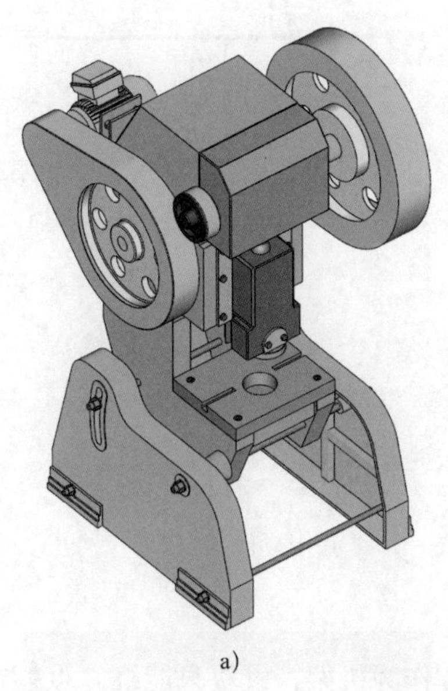

a)

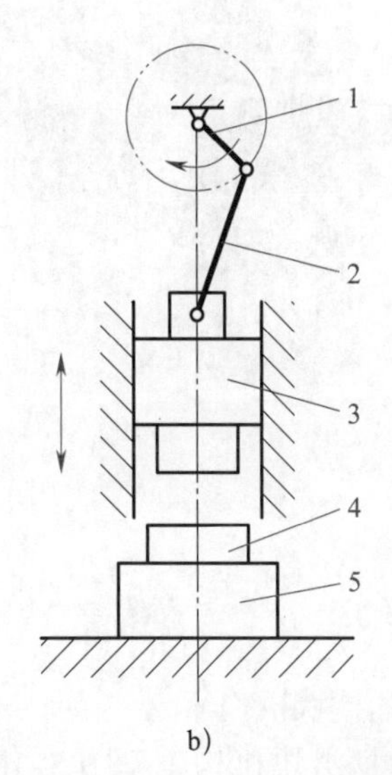

b)

图 5-15　冲压机

a）实体图　b）机构运动简图

1—曲轴（曲柄）　2—连杆　3—冲压头（滑块）　4—工件　5—砧座

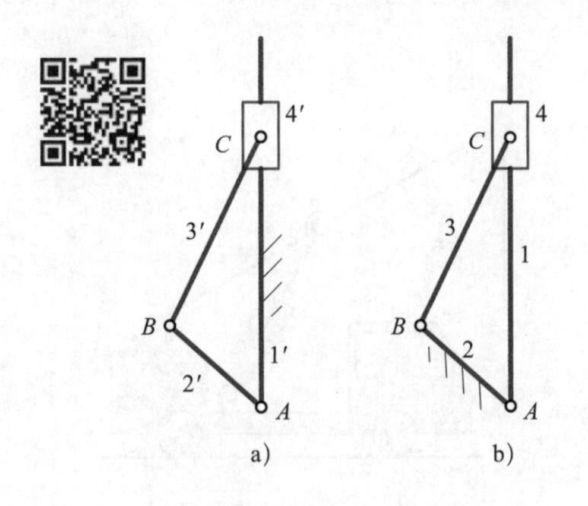

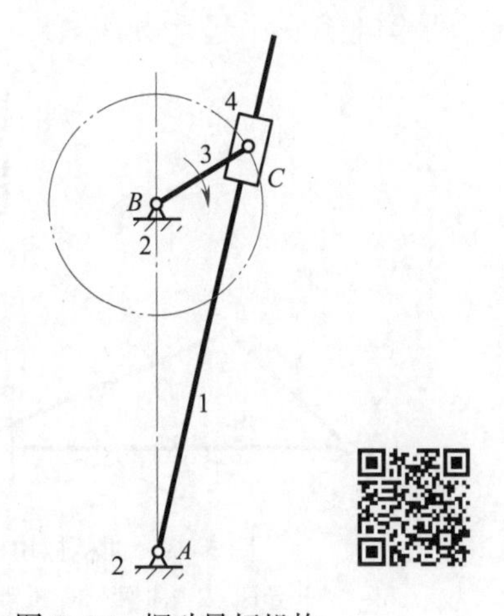

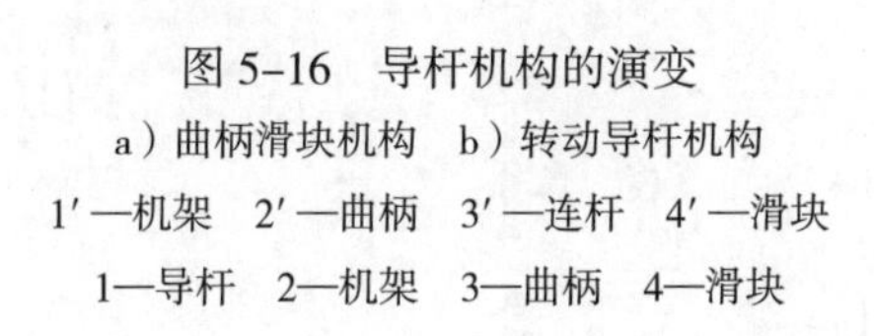

图 5-16　导杆机构的演变

a）曲柄滑块机构　b）转动导杆机构

1′—机架　2′—曲柄　3′—连杆　4′—滑块

1—导杆　2—机架　3—曲柄　4—滑块

图 5-17　摆动导杆机构

1—导杆　2—机架　3—曲柄　4—滑块

图 5-18 所示为牛头刨床主运动机构，刨刀的左右切削运动由摆动导杆机构实现，主动件（曲柄）2 做等速旋转，从动件（导杆）4 做往复摆动，通过滑块 5 带动滑枕做往复直线运动。

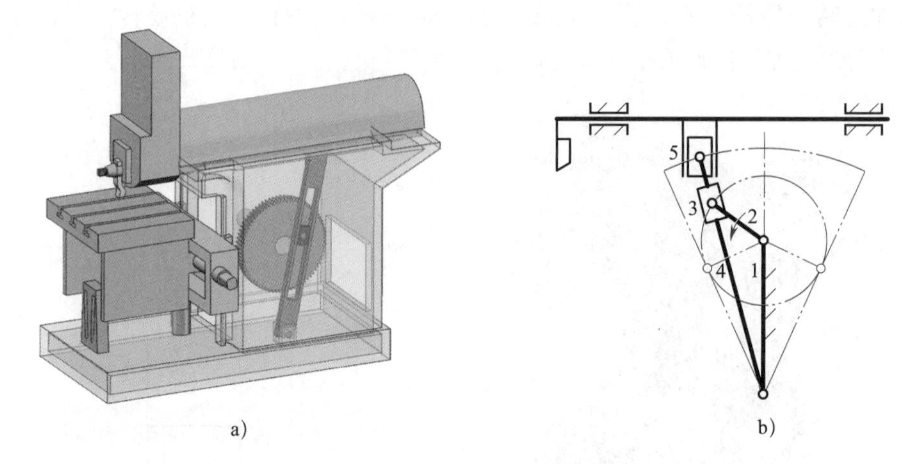

图 5-18　牛头刨床主运动机构

a）实体图　b）机构运动简图

1—机架　2—主动件（曲柄）　3、5—滑块　4—从动件（导杆）

3. 曲柄摇块机构

若将曲柄滑块机构（见图 5-16a）的连杆 3′ 作为机架，滑块只能绕 C 点摆动，就得到了曲柄摇块机构。如图 5-19 所示，当曲柄 2 绕着 B 点做整周旋转运动时，摇块 4 做摆动。这种装置广泛应用于液压驱动装置中。如图 5-20 所示吊车升降机构，液压缸的缸体相当于摇块，活塞杆相当于导杆。当液压油推动活塞杆向上移动时，使起重臂 AB 绕 B 点顺时针摆动，吊钩上升，吊起重物。

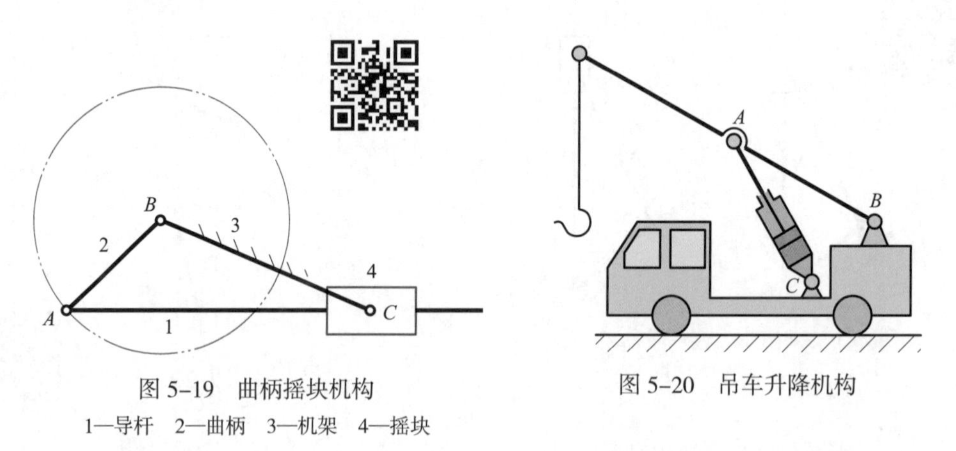

图 5-19　曲柄摇块机构

1—导杆　2—曲柄　3—机架　4—摇块

图 5-20　吊车升降机构

知识链接

偏心轮机构

在曲柄摇杆机构和曲柄滑块机构中，当曲柄较短时，往往用一个旋转中心与几何中心不重合的偏心轮代替曲柄，如图 5-21 所示。偏心轮机构常用于受力较大且摇杆或滑块行程较小的机械中，如颚式破碎机、冲床。

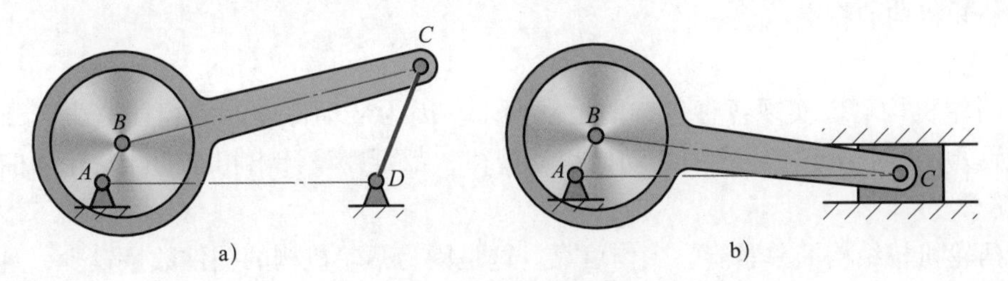

图 5-21　偏心轮机构

a）曲柄摇杆机构　b）曲柄滑块机构

§5-2　凸轮机构

在机器或机械装置中，许多场合需要构件做一些特殊的运动，凸轮机构可以使从动件准确地实现某种有规律的特殊运动。图 5-22 所示为凸轮接触器，可以用于中小型电气控制。当凸轮绕轴心旋转时，凸轮压动滚子，通过杠杆带动动触头摆动，使动、静触头有规律地接触或分离。当滚子在凸轮的凹槽里时，两触头接触；当滚子在凸轮的凸缘上时，两触头分离。凸轮的形状不同，触头分合的规律也不同。

一、凸轮机构的组成、工作原理及特点

1. 凸轮机构的组成和工作原理

凸轮机构是由凸轮、从动件和机架三个基本构件组成的高副机构（见图 5-23），其中凸轮是一个具有曲线轮廓或凹槽的构件。凸轮（主动件）通常做等速转动或移动。凸轮机构是通过高副接触使从动件得到预期的运动规律。

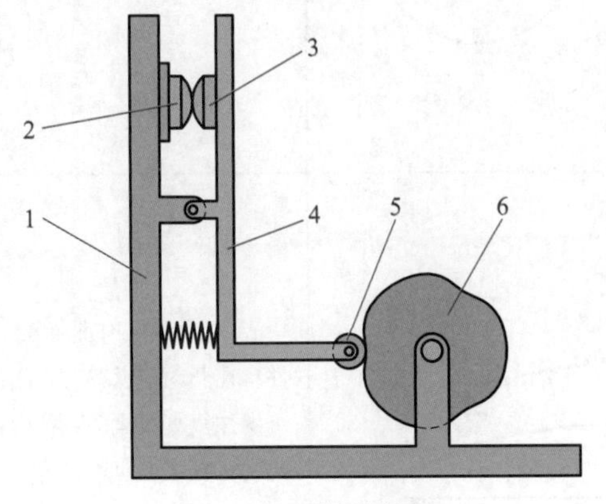

图 5-22　凸轮接触器

1—机架　2—静触头　3—动触头　4—杠杆

5—滚子　6—凸轮

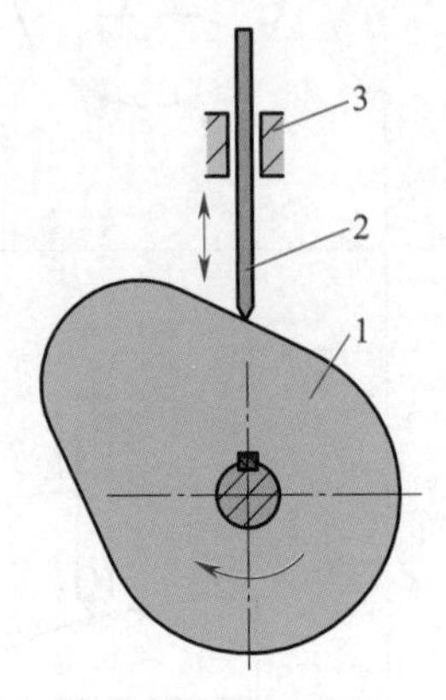

图 5-23　凸轮机构

1—凸轮　2—从动件　3—机架

2. 凸轮机构的特点

（1）优点

1）凸轮机构可以实现各种复杂的运动要求。因为从动件的运动规律取决于凸轮轮廓曲线，所以几乎对于任何要求的从动件运动规律，都可以设计出相应的凸轮轮廓曲线来实现。

2）凸轮机构结构简单紧凑，工作可靠。这是因为凸轮机构的构件数量较少，且占据的空间也小。

（2）缺点

凸轮与从动件（杆或滚子）之间以点或线接触，不宜传递较大动力，不便于润滑，容易磨损。

二、凸轮机构的类型及从动件端部形状

1. 凸轮机构的类型

凸轮机构的类型很多，按凸轮形状可分为盘形凸轮机构、移动凸轮机构、圆柱凸轮机构和端面圆柱凸轮机构等，见表 5–1。

表 5–1　凸轮机构的类型

名称	图示	特点及应用
盘形凸轮机构	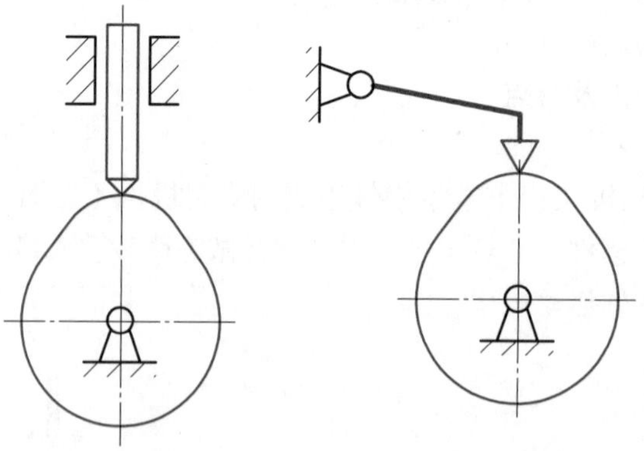	凸轮为径向尺寸变化的盘形构件，它绕固定轴做旋转运动。从动件在垂直于旋转轴的平面内做往复直线运动或往返摆动。这种机构是凸轮机构中最基本的形式，应用广泛
移动凸轮机构	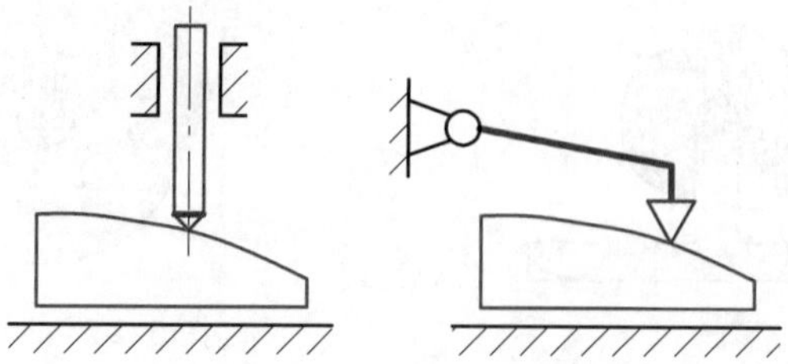	凸轮为一个有曲面的直线运动构件，在凸轮往返移动作用下，从动件可做往复直线运动或往返摆动。这种机构在机床上应用较多

续表

名称	图示	特点及应用
圆柱凸轮机构	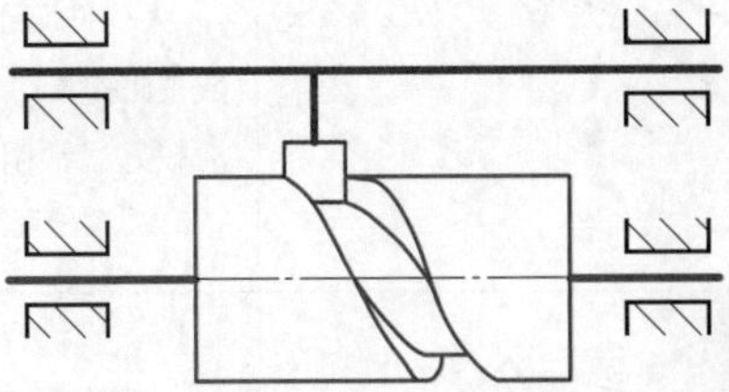	凸轮为一个有沟槽的圆柱体，它绕中心轴做旋转运动。从动件在平行于凸轮轴线的平面内直线移动或摆动。这种机构常用于自动机床
端面圆柱凸轮机构	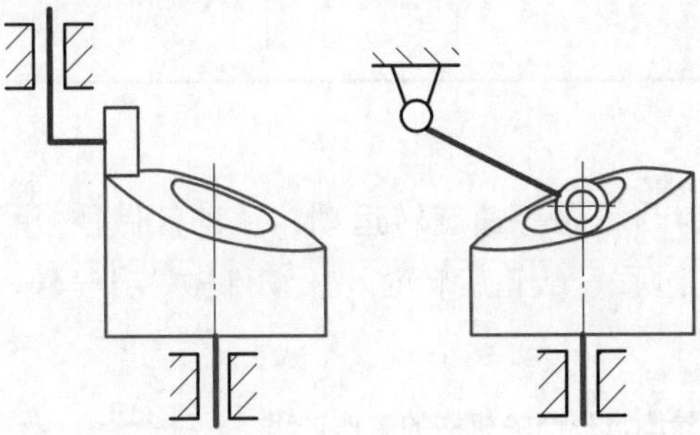	凸轮是一端带有曲面的圆柱体，它绕中心轴做旋转运动。从动件在平行于凸轮轴线的平面内移动或摆动。这种机构常用于金属切削机床的变速箱

2. 从动件的端部形状

从动件端部形状主要有尖端、滚子、平底和曲面等，见表5–2。

表5–2　从动件端部形状

名称	图示	特点及应用
尖端从动件	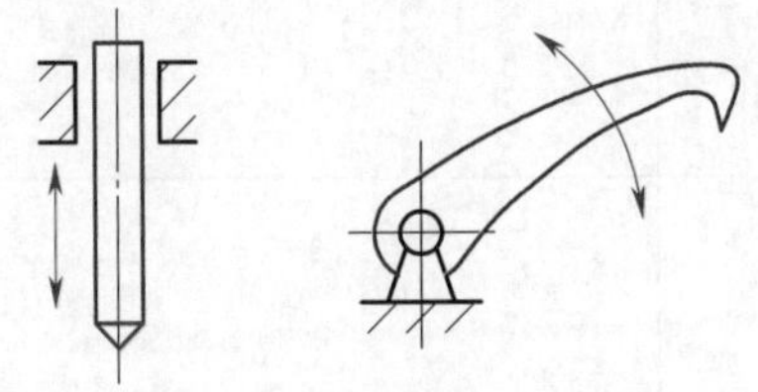	凸轮与从动件之间为点接触或线接触，能准确地实现任意运动规律，构造最简单，但易磨损，只适用于作用力不大和速度较低的场合，如用于仪表的机构中
滚子从动件	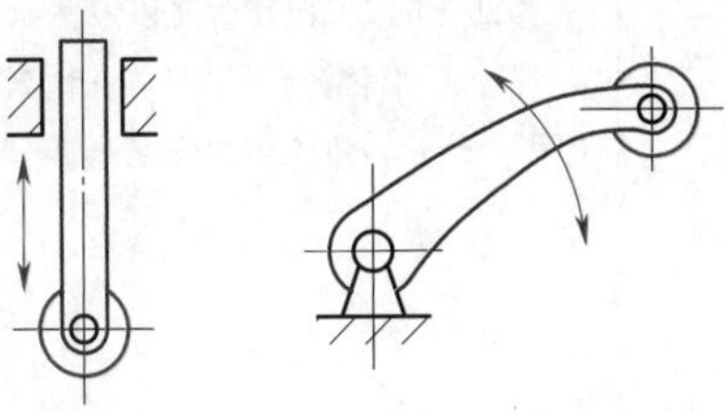	从动件与凸轮接触的一端装有滚子，凸轮与从动件为滚子接触，有利于润滑。滚子与凸轮轮廓之间为滚动摩擦，磨损较小，故可用来传递较大的动力，应用较广

续表

名称	图示	特点及应用
平底从动件	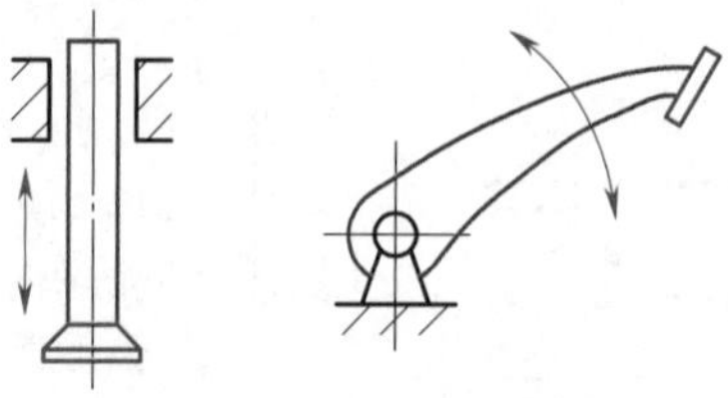	从动件与凸轮的曲线轮廓相切形成楔形缝隙，易于形成楔形油膜，润滑较好，常用于高速传动中
曲面从动件	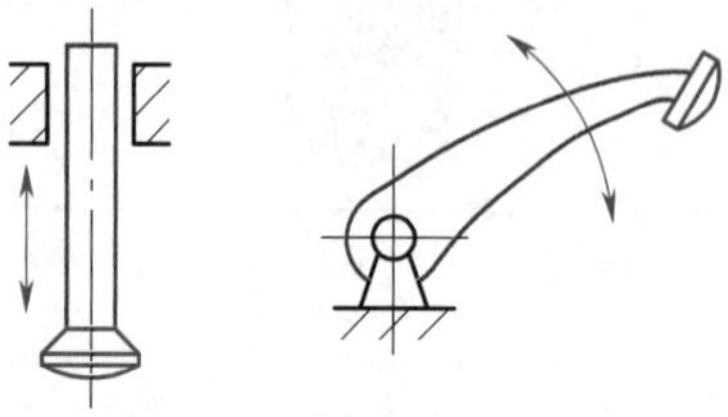	可避免因安装位置偏斜或不对中而造成的表面应力过大和磨损增大，兼有尖端从动件和平底从动件的优点，应用较广

三、凸轮机构的工作过程

凸轮机构中最常用的运动形式为凸轮做等速旋转运动，从动件做往复移动。表 5–3 所示为对心外轮廓盘形凸轮机构的工作过程，凸轮旋转时，从动件做“升—停—降—停”的运动循环。

表 5–3　　对心外轮廓盘形凸轮机构的工作过程

运动	图示	描述
升	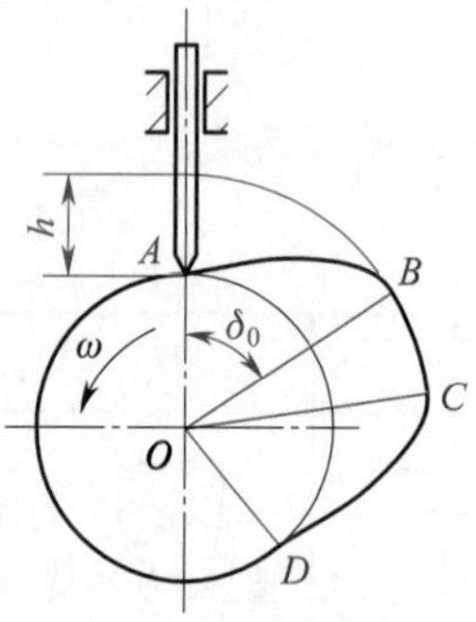 h A B δ_0 ω C O D	当凸轮逆时针转过 δ_0 时，从动件由最低位置被推到最高位置，从动件运动的这一过程称为推程，凸轮转角 δ_0 称为推程运动角，从动件上升或下降的最大位移 h 称为行程
停	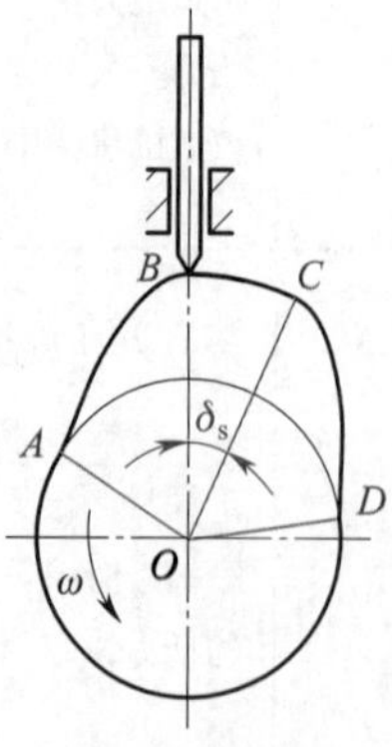 B C A δ_s D O ω	因凸轮的 BC 段轮廓是以 O 为圆心的圆弧，故凸轮转过 δ_s 时，从动件静止不动且停在最高位置，这一过程称为远停程，凸轮转角 δ_s 称为远停程角

续表

运动	图示	描述
降		凸轮继续转过 δ_0'时，从动件由最高位置回到最低位置，这一过程称为回程，凸轮转角 δ_0'称为回程运动角
停		凸轮转过 δ_s' 时，从动件处于最低位置且静止不动，这一过程称为近停程，凸轮转角 δ_s'称为近停程角

四、凸轮机构的应用

凸轮机构在工程实际中得到了非常广泛的应用，一般多用于要求运动规律复杂且传递动力不大的场合，如自动机械、仪表、控制机构和调节机构等。

图 5-24 所示为自动车床进给机构。当具有曲线凹槽的凸轮旋转时，其曲线凹槽的侧面与从动件末端的滚子接触并驱使从动件绕 O 点摆动，从动件另一端的扇形齿轮与刀架下的齿条相啮合，从而使刀架实现进刀运动和退刀运动。

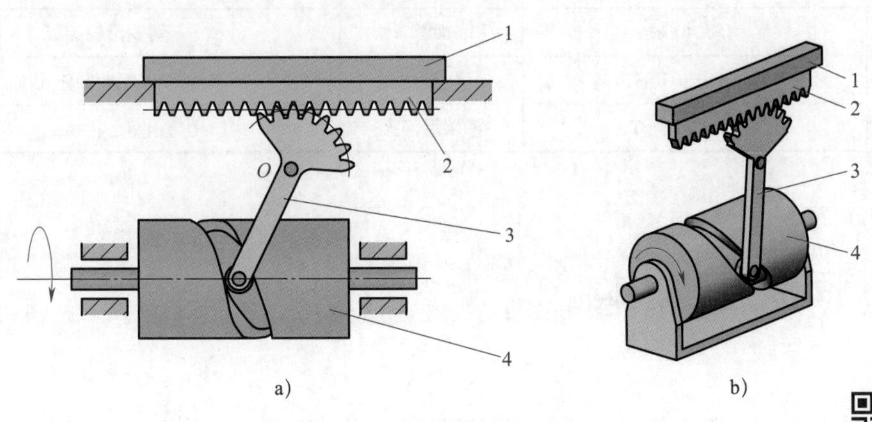

图 5-24　自动车床进给机构

1—刀架　2—齿条　3—从动件（扇形齿轮）　4—主动件（凸轮）

图 5–25 所示为靠模车削机构。当工件旋转时，刀架（从动件）向左运动，并且在靠模板（凸轮）的推动下做横向运动，从而切削出与靠模板曲线一致的工件。

由以上应用实例可知，凸轮机构是依靠凸轮轮廓直接与从动件接触，从而迫使从动件做有规律的往复直线运动（直动）或往复摆动。需要说明的是，工作中凸轮轮廓与从动件之间必须始终保持良好的接触，如借助重力、弹簧力等方法来实现；如果发生脱离，凸轮机构将不能正常工作。

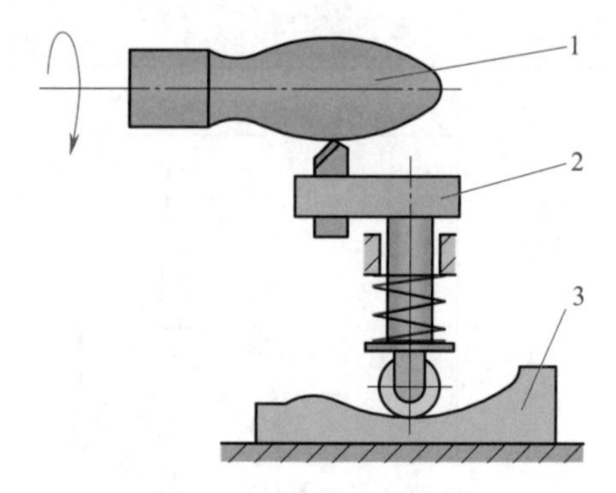

图 5–25 靠模车削机构
1—工件 2—刀架（从动件） 3—靠模板（凸轮）

知识链接

凸轮与滚子的常用材料及热处理

凸轮机构是一种高副机构，其主要失效形式是凸轮与从动件接触表面的疲劳点蚀和磨损，前者是由变化的接触应力引起的，后者是由摩擦引起的。因此，凸轮副材料应具有足够的接触强度和良好的耐磨性，特别是其接触表面应具有较高的硬度。凸轮与滚子的常用材料及热处理见表 5–4。

表 5–4 凸轮与滚子的常用材料及热处理

构件	材料	热处理	使用场合
凸轮	40、45、50	调质	速度较低、载荷不大的场合
	HT200、HT250、HT300	退火	
	QT600–3、QT700–2	退火	
	45、40Cr	表面淬火	速度中等、载荷中等的场合
	15、20Cr、20CrMnTi	渗碳后淬火	
	38CrMoAl	氮化	速度较高、载荷较大的场合
滚子	45、40Cr	表面淬火	与铸铁凸轮相配
	T8、T10、GCr15	淬火	与铸铁或钢制凸轮相配
	20Cr、20CrMnTi	渗碳后淬火	与钢制凸轮相配

§5–3 间歇运动机构

在某些机器中，常常需要从动件做周期性的运动或停歇，这种输出构件往复运动且具有周期性停歇的机构称为间歇运动机构（又称为间歇机构）。常用的间歇运动机构有棘轮机构和槽轮机构。

一、棘轮机构

棘轮机构是由棘轮和棘爪组成的一种单向间歇运动机构。

1. 齿式棘轮机构的组成和工作原理

齿式棘轮机构由棘轮、驱动棘爪和止回棘爪等组成，如图 5–26 所示。当主动摇杆 1 逆时针摆动时，驱动棘爪 2 便插入棘轮 4 的齿槽中，驱动棘轮 4 转过一定角度，此时止回棘爪 6 在棘轮齿背上滑过；当主动摇杆 1 顺时针摆动时，止回棘爪 6 阻止棘轮 4 顺时针转动，而驱动棘爪 2 则只能在棘轮齿背上滑过，这时棘轮 4 静止不动。因此，当主动件做连续往复摆动时，棘轮做单向间歇运动。

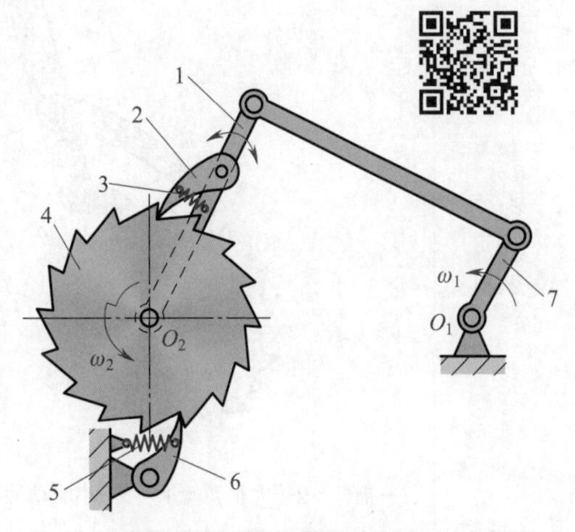

图 5–26 齿式棘轮机构

1—主动摇杆 2—驱动棘爪 3、5—弹簧 4—棘轮 6—止回棘爪 7—曲柄

2. 齿式棘轮机构的类型

齿式棘轮机构是通过装于定轴摆动摇杆上的棘爪推动棘轮做一定角度间歇转动的机构。齿式棘轮机构有外啮合式和内啮合式两种。

（1）外啮合齿式棘轮机构

外啮合齿式棘轮机构的常见类型及特点见表 5–5。

表 5–5 外啮合齿式棘轮机构的常见类型及特点

类型	图示	特点
单动式棘轮机构	1—摇杆 2—驱动棘爪 3—棘轮 4—止回棘爪	它有一个驱动棘爪，只有当摇杆朝着某一方向摆动时才能推动棘轮转动，而反向摆动则无法驱动棘轮转动

续表

类型	图示	特点
双动式棘轮机构	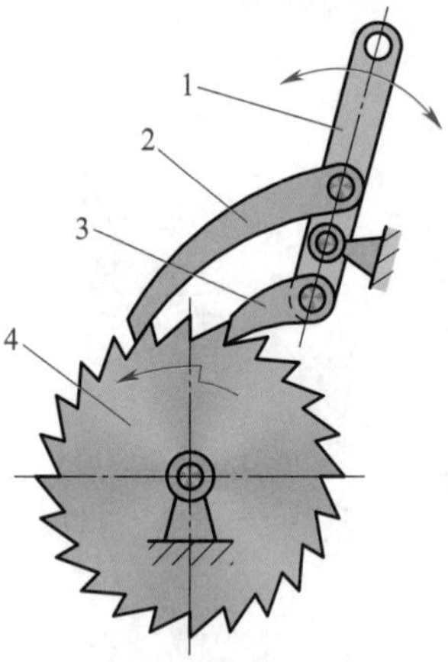 1—摇杆　2—大驱动棘爪　3—小驱动棘爪　4—棘轮	它有两个驱动棘爪，当主动件往复摆动时，两个棘爪交替带动棘轮朝着同一方向间歇运动
可变向棘轮机构	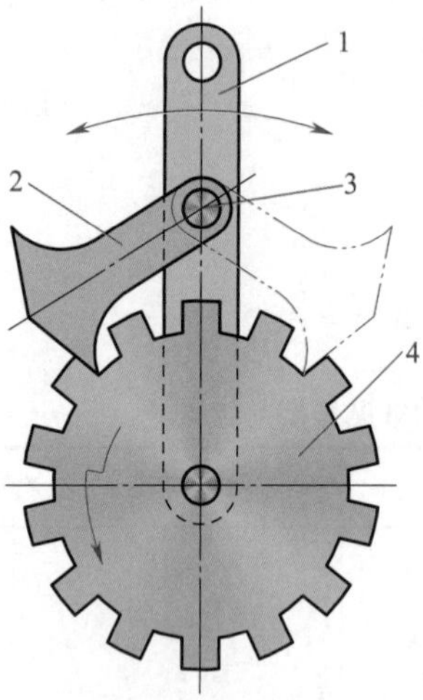 1—摇杆　2—棘爪　3—销轴　4—棘轮	棘爪可以绕销轴翻转，棘爪爪端外形两边对称，棘轮的齿形制成矩形。使用时，如果将棘爪翻转，则棘轮反向转动。这种棘轮机构可以方便地实现两个方向的间歇运动

（2）内啮合齿式棘轮机构

图 5-27 所示为内啮合齿式棘轮机构，棘轮的轮齿加工在轮子的内壁上，棘爪安装在内部的主动轮上，当主动轮逆时针转动时，棘爪推动棘轮转动；当主动轮顺时针转动时，棘爪在棘轮上滑过，不能推动棘轮转动。

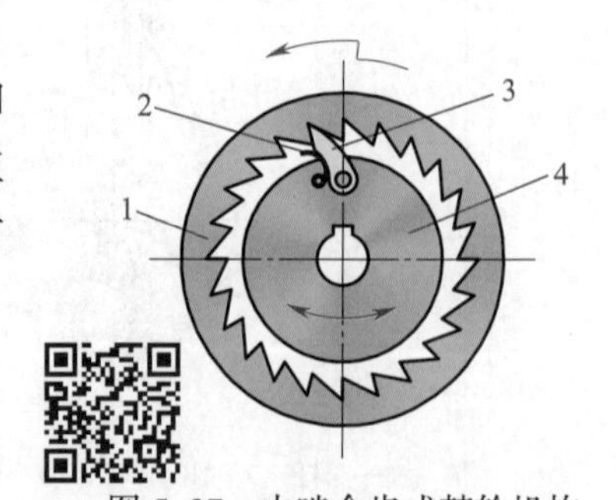

图 5-27　内啮合齿式棘轮机构
1—棘轮　2—弹簧　3—棘爪　4—主动轮

3. 齿式棘轮机构的特点

（1）齿式棘轮机构结构简单、容易制造、运动可靠，常用作防止转动件反转的附加保险机构。

（2）棘轮的转角和动停时间比可调，常用于机构工况经常改变的场合。

（3）由于棘轮是在驱动棘爪的突然撞击下启动的，在接触瞬间理论上是刚性冲击，平衡性较差。此外，棘爪在棘轮齿背上滑动时会产生噪声并使齿尖磨损。故棘轮机构只能用于主动件速度不大、从动件行程需要改变的步进运动场合，如机床的自动进给、送料、自动计数、制动、超越等。

4. 齿式棘轮机构的应用实例

（1）牛头刨床工作台间歇移动机构

牛头刨床工作时，装有刀架的滑枕做直线切削运动，带动刨刀对装夹在工作台上的工件进行切削（见图 5–18），此时要求工作台不动。在滑枕返回时，装夹着工件的工作台横向移动，实现切削过程的横向进给运动，所以工作台的横向进给运动是一个间歇运动。牛头刨床工作台间歇移动机构如图 5–28 所示，它由曲柄摇杆机构和可变向棘轮机构组成。主动轮 7 匀速转动，通过曲柄摇杆机构带动棘爪支架 6 往复摆动，然后通过棘轮机构带动螺杆轴 5 间歇转动，再通过螺旋机构（图中未画出）使工作台做间歇进给运动。若要改变横向进给量，可以通过旋转螺杆 8 调整曲柄的长度；若要改变横向进给的方向，可以将手柄 1 提起，旋转 180° 后再放下。

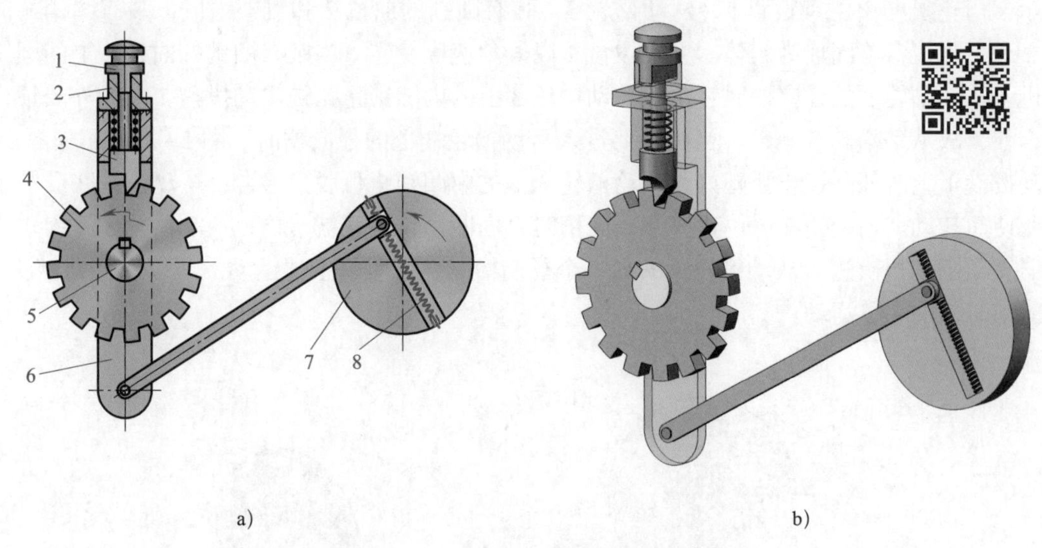

图 5–28 牛头刨床工作台间歇移动机构

1—手柄 2—定位盖板 3—棘爪 4—棘轮 5—螺杆轴 6—棘爪支架 7—主动轮 8—螺杆

（2）自行车飞轮机构

图 5–29 所示为自行车链传动机构和飞轮机构。自行车后轴上安装的飞轮机构为内啮合齿式棘轮机构，小链轮（棘轮）6 的内圈具有棘齿，千斤（棘爪）5 安装在芯子 7 上，芯子 7 与后轮连为一体。当链条带动小链轮逆时针转动时，小链轮内侧的棘齿通过千斤（棘爪）带动芯子逆时针转动，驱动自行车前行；当自行车下坡或脚不蹬踏板时，小链轮不动，但芯子由于自行车惯性的作用仍按原方向转动，此时千斤（棘爪）在棘轮齿背上滑过，自行车继续前行。

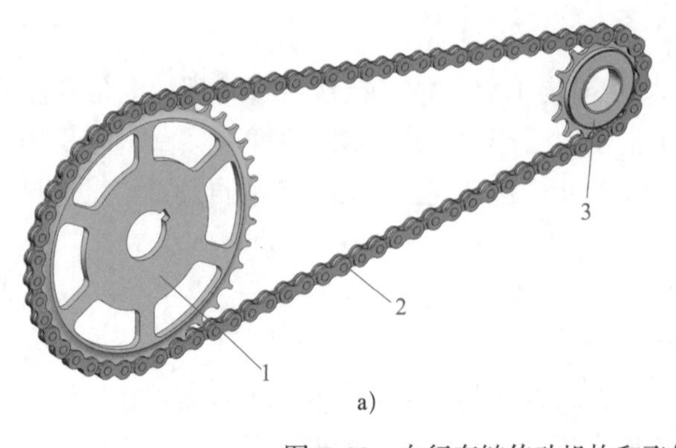

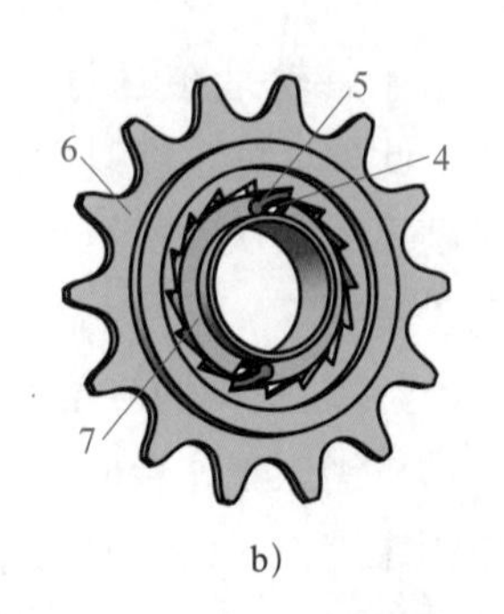

图 5–29　自行车链传动机构和飞轮机构

a）自行车链传动机构　b）飞轮机构

1—大链轮　2—链条　3—小链轮组件

4—千斤簧　5—千斤（棘爪）　6—小链轮（棘轮）　7—芯子

二、槽轮机构

1. 槽轮机构的组成和工作原理

由槽轮、拨盘、装有圆销的曲柄和机架组成的步进运动机构称为槽轮机构。如图 5–30 所示，槽轮机构由主动拨盘 1、从动槽轮 3、装有圆销的曲柄 2 和机架组成，装有圆销的曲柄 2 和主动拨盘 1 固连为一体。主动拨盘 1 以等角速度旋转。当装有圆销的曲柄 2 上的圆销未进入从动槽轮 3 的径向槽时，由于从动槽轮 3 上的内凹锁止弧被主动拨盘 1 上的外凸锁止弧卡住，故从动槽轮 3 不动。当圆销要进入从动槽轮 3 上的径向槽时（图 5–30 所示位置），主动拨盘 1 上的外凸锁止弧正好与从动槽轮 3 上的内凹锁止弧脱离接合，从动槽轮 3 受圆销的驱使而转动。当圆销在另一边离开径向槽时，内凹锁止弧又被卡住，从动槽轮 3 又静止不动。直至圆销再次进入从动槽轮 3 的另一个径向槽时，又重复上述运动。所以，从动槽轮 3 做时动时停的间歇运动。

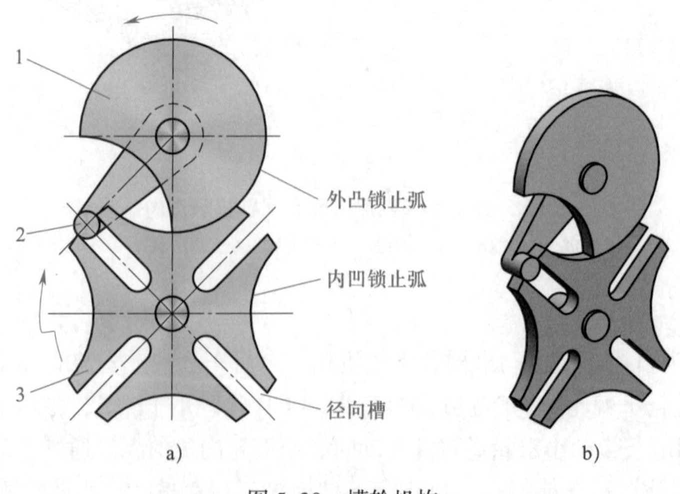

图 5–30　槽轮机构

1—主动拨盘　2—装有圆销的曲柄　3—从动槽轮

2. 槽轮机构的常见类型及运动特性

槽轮机构的常见类型及运动特性见表 5-6。

表 5-6　　槽轮机构的常见类型及运动特性

类型	图示	运动特性
单圆销外接槽轮机构		主动拨盘每旋转一周，圆销拨动槽轮运动一次，且槽轮与主动拨盘的转向相反。槽轮静止不动的时间很长
双圆销外接槽轮机构		主动拨盘每旋转一周，槽轮运动两次，减少了静止不动的时间。槽轮与主动拨盘的转向相反。增加圆销个数，可使槽轮运动次数增多，但圆销数量不宜太多
内接槽轮机构	a)　b)	主动拨盘旋转一周，槽轮间歇地转过一个槽口，槽轮与主动拨盘的转向相同。内啮合槽轮机构结构紧凑，传动较平稳，槽轮停歇时间较短

3. 槽轮机构的特点

槽轮机构结构简单，转位方便，工作可靠，传动平稳性好，能准确控制槽轮转角；但其转角的大小受到槽数限制，不能调节。在槽轮转动的始末位置处，机构存在冲击现象，且随着转速的增加而加剧，故不适用于高速场合。

§5-4 变速机构

在输入轴转速不变的条件下，使输出轴获得不同转速的传动装置称为变速机构。汽车、机床、起重机等都需要变速机构。变速机构分为有级变速机构和无级变速机构。

一、有级变速机构

有级变速机构是在输入轴转速不变的条件下，使输出轴获得一定的转速级数。常用的有级变速机构有塔齿轮变速机构、滑移齿轮变速机构和挂轮变速机构等。有级变速机构的特点是：可以实现在一定转速范围内的分级变速，具有变速可靠、传动比准确、结构紧凑等优点；但高速旋转时不够平稳，变速时有噪声。

1. 塔齿轮变速机构

图 5–31 所示为卧式车床进给箱中的塔齿轮变速机构（又称为诺顿机构）。主动轴 6 上固定安装若干个模数相同、齿数不等的齿轮（即塔齿轮 5）。为了将主动轴 6 的运动和动力传递给从动轴 7，设置了一个中间齿轮 4，中间齿轮 4 空套在销轴 3 上，销轴 3 固定在摆动架 1 上，摆动架 1 可带动滑移齿轮 2、中间齿轮 4 轴向移动并能绕从动轴 7 摆动一定角度，以保证中间齿轮 4 能与塔齿轮 5 上每一个齿轮啮合而使该变速机构得到若干不同的传动比。这种变速机构的特点是能用较少数目的齿轮获得较多的变速级数，结构简单紧凑。塔齿轮变速机构常用于转速不高但需要有多种转速的场合，如卧式车床的进给传动系统。

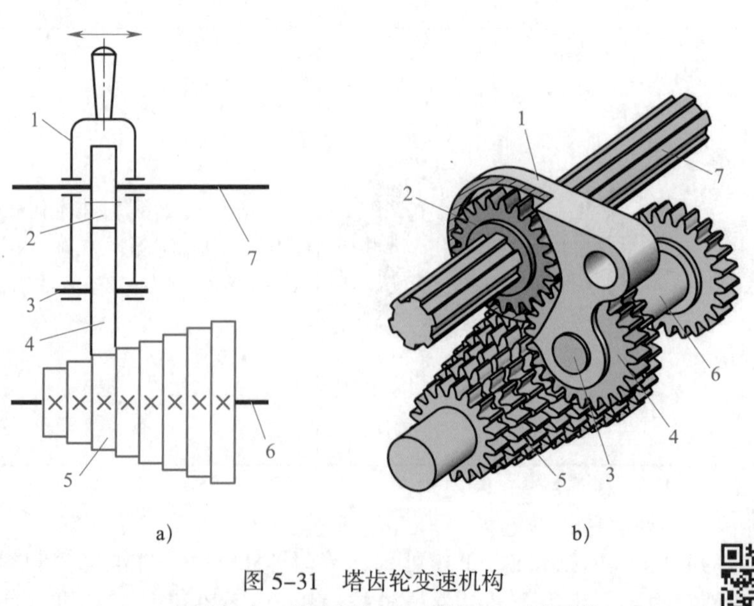

图 5–31　塔齿轮变速机构

1—摆动架　2—滑移齿轮　3—销轴　4—中间齿轮

5—塔齿轮　6—主动轴　7—从动轴

2. 滑移齿轮变速机构

图 5–32 所示为滑移齿轮变速机构。在主动轴Ⅰ上固定了两个或三个齿轮，相互保持一定距离，双联或三联滑移齿轮用花键与从动轴Ⅱ相连。移动滑移齿轮可以实现不同齿轮副的啮合，从而使轴Ⅱ得到两级或三级转速。这种变速机构的特点是：改变滑移齿轮的啮合位置就可改变轮系的传动比，具有变速可靠、传动比准确等优点；但其零件种类和数量较多，变速有噪声。

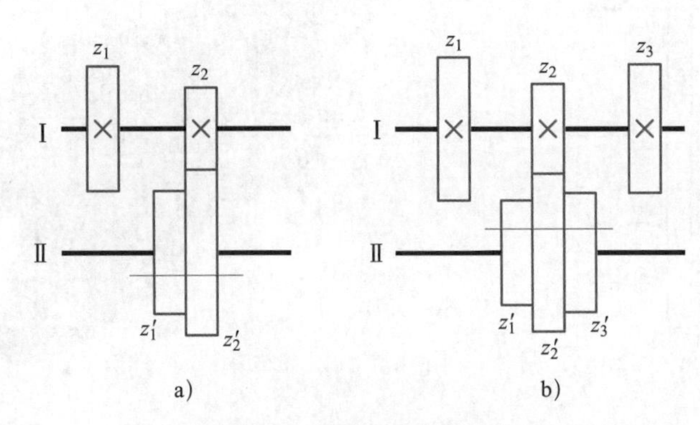

图 5–32 滑移齿轮变速机构

a）双联滑移齿轮变速 b）三联滑移齿轮变速

3. 挂轮变速机构

图 5–33 所示为一对挂轮的变速机构。主动轴 2 和从动轴 3 上装有一对可以拆卸更换的齿轮 1 和 4（称为挂轮、交换齿轮或配换齿轮），松开轴端的螺栓，将开口垫圈拆下，然后把齿轮从轴上拆卸下来，将齿轮 1 和齿轮 4 对调，或从设备的备用齿轮中挑选不同齿数的两个挂轮安装在主动轴 2 和从动轴 3 上，就可以得到不同的传动比，变速级数取决于备用齿轮中能相互啮合且满足中心距要求的齿轮副的对数。在模数相同时，要求配换的各对挂轮的齿数和应相等。

图 5–34 所示为 CA6140 型卧式车床交换齿轮箱中的挂轮变速机构，它采用双联挂轮和惰轮变速。双联挂轮 1 固定在输入轴 2 上，双联挂轮 6 固定在输出轴 5 上，惰轮 3 空套在惰轮轴 4 上。输入轴 2 的运动由双联挂轮 1 传给惰轮 3，然后通过双联挂轮 6 经输出轴 5 输出。挂轮架 8 空套在输出轴 5 上，可绕输出轴摆动。惰轮轴 4 固定在挂轮架的直槽中，通过调整惰轮轴在直槽中的位置可以使惰轮与双联挂轮 6 正确啮合，通过调整挂轮架摆动的位置可以使惰轮与双联齿轮 1 正确啮合。虽然该机构可以实现四种变速，但是在车削螺纹时，通常只有两种情况，即齿数为 63、100 和 75 的三个齿轮啮合；或同时调整双联挂轮 1 和双联挂轮 6 的位置，使齿数为 64、100 和 97 的齿轮啮合。

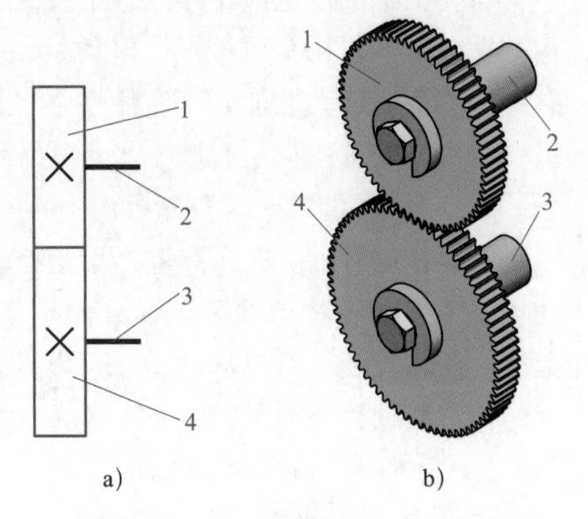

图 5–33 一对挂轮的变速机构

1、4—齿轮 2—主动轴 3—从动轴

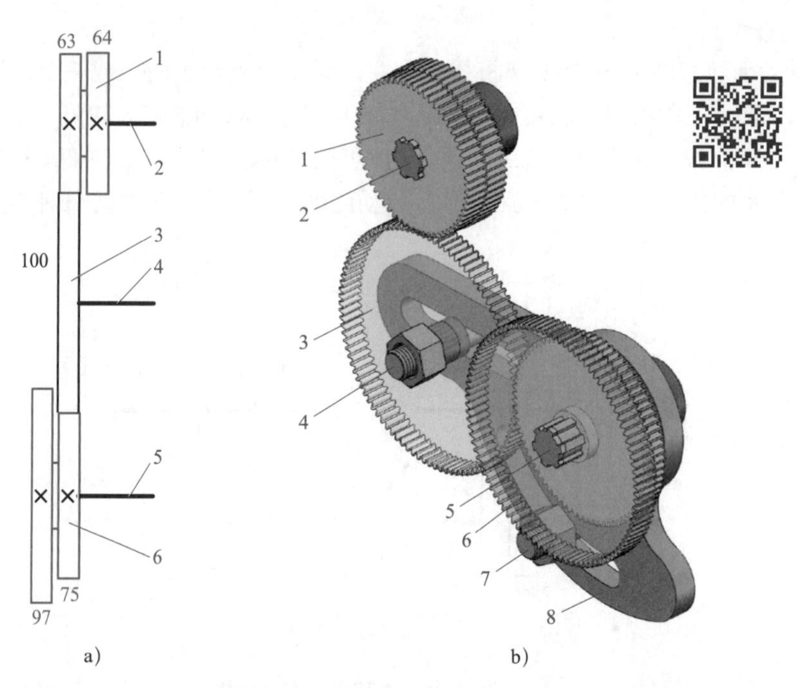

图 5–34　CA6140 型卧式车床交换齿轮箱中的挂轮变速机构

1、6—双联挂轮　2—输入轴　3—惰轮　4—惰轮轴

5—输出轴　7—挂轮固定螺杆　8—挂轮架

挂轮变速机构的优点是结构简单、紧凑。由于用作主、从动轮的齿轮可以颠倒位置，所以用较少的齿轮可获得较多的变速级数。

挂轮变速机构的缺点是变速麻烦，调整齿轮费时费力。

挂轮变速机构主要用于不需要经常变速的机械，如加工齿轮的插齿机、车床车削螺纹的丝杠变速机构、铣床万能分度头等。

二、无级变速机构

有些机械为了适应工作条件的变化，需要连续地改变其工作速度，这就需要无级变速机构。无级变速机构有机械式、电动式、电磁式和液压式等多种形式，机械式无级变速机构具有结构简单、传动性能好、实用性强、维护方便和效率高等优点，所以应用广泛。机械式无级变速机构的常用类型有滚子平盘式无级变速机构和宽 V 带式无级变速机构等。

1. 滚子平盘式无级变速机构

图 5–35 所示为滚子平盘式无级变速机构，主、从动轮靠接触处产生的摩擦力传动，传动比 $i=R_2/R_1$。若将球面滚子 3 沿轴向移动，R_2 改变，传动比也随之改变。由于 R_2 可在一定范围内任意改变，所以从动轴 2 可以获得无级变速。该机构结构简单、制造方便，但存在较大的相对滑动，磨损严重。

2. 宽 V 带式无级变速机构

宽 V 带式无级变速机构又称带式无级变速机构，挠性件为宽 V 带，其变速原理如图 5–36 所示。在主动轴Ⅰ上装有锥轮 1a、1b，在从动轴Ⅱ上装有锥轮 2a、2b。锥轮 1b 和

2a 分别固定在轴Ⅰ、Ⅱ上，锥轮 1a 和 2b 可以沿轴Ⅰ、Ⅱ同步同向移动。宽 V 带 3 套在两对锥轮之间，工作时如同 V 带传动。通过轴向同步移动锥轮 1a 和 2b，可改变工作半径 R_1 和 R_2 的大小，从而实现无级变速。这种变速机构的优点是结构简单，容易进行无级变速，工作平稳，能吸收振动，过载保护能力强；缺点是传动带易磨损，外形尺寸较大，变速范围相对较小。宽 V 带式无级变速机构主要用于机床的主传动系统。

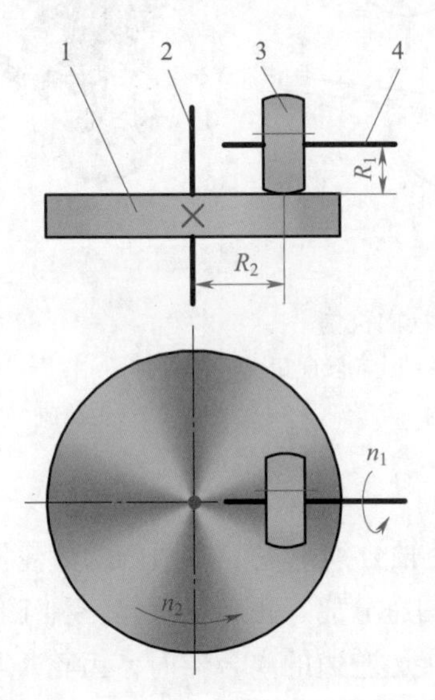

图 5–35　滚子平盘式无级变速机构

1—平盘（从动轮）　2—从动轴　3—球面滚子（主动轮）　4—主动轴

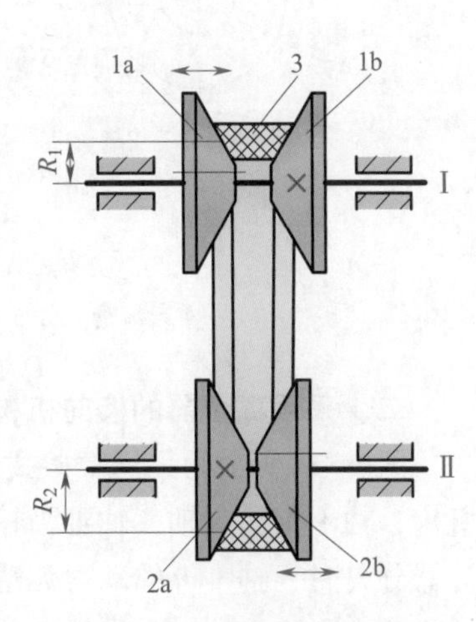

图 5–36　宽 V 带式无级变速机构

1a、1b、2a、2b—锥轮　3—宽 V 带

§5–5　换向机构

汽车不但能前进而且能倒退，机床主轴、丝杠等既能正转也能反转，这些运动形式的改变通常是由换向机构来完成的。换向机构是在输入轴转向不变的条件下，可使输出轴转向改变的机构。其常见类型有惰轮换向机构和采用离合器的换向机构等。

一、惰轮换向机构

惰轮换向机构是利用惰轮来实现从动轴旋转方向变换的机构。图 5–37 所示为有两个惰轮的换向机构（又称为三星轮换向机构），惰轮 2 和惰轮 6 安装在惰轮架 5 上，惰轮架可以绕从动轴 4 摆动。惰轮架在图 5–37a 所示位置时，惰轮 2 工作（惰轮 6 不工作），此时从动齿轮 3 与主动齿轮 1 的旋转方向相同。向上扳动惰轮架手柄（见图 5–37b），惰轮 2、惰轮 6 同时工作，此时从动齿轮 3 与主动齿轮 1 的旋转方向相反，实现换向。三星轮换向机构常用于卧式车床进给系统的换向。

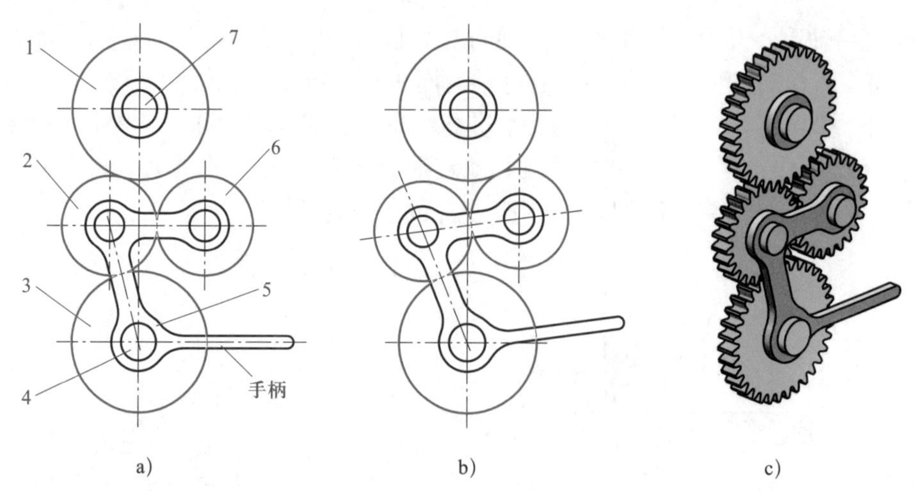

图 5-37　三星轮换向机构

a）主、从动齿轮转向相同　b）主、从动齿轮转向相反　c）实体图

1—主动齿轮　2、6—惰轮　3—从动齿轮　4—从动轴　5—惰轮架　7—主动轴

二、采用离合器的换向机构

图 5-38 所示为采用摩擦式双向离合器（能使轴分别与左、右两侧的齿轮固连）的换向机构，轴Ⅰ为输入轴，轴Ⅲ为输出轴。该换向机构有分离、正转、反转三种工作状态。当离合器分离时，轴Ⅰ上的动力无法传递给轴Ⅲ。当接通左边的离合器时，齿轮 1 与轴Ⅰ一起转动，动力通过齿轮 1 和齿轮 6 传递给轴Ⅲ，并使轴Ⅲ与轴Ⅰ转向相反，此时，空套在轴Ⅰ上的齿轮 3 不传递动力。当接通右边的离合器时，齿轮 3 与轴Ⅰ一起转动，动力通过齿轮 3、惰轮 4 和齿轮 5 传递给轴Ⅲ，并使轴Ⅲ与轴Ⅰ转向相同，此时，空套在轴Ⅰ上的齿轮 1 不传递动力。这种采用离合器的换向机构常用于卧式车床主轴的换向。

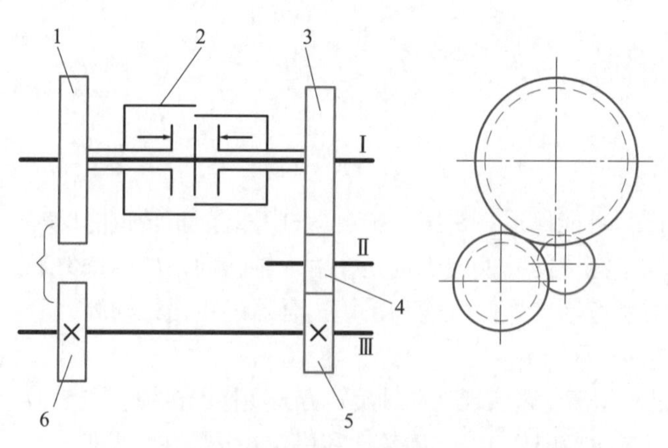

图 5-38　采用离合器的换向机构

1、3—空套齿轮　2—摩擦式双向离合器　4—惰轮　5、6—固连齿轮

第六章 轴系零部件

轴是指支承转动件，传递运动或动力的机械零件。轴一般用轴承支承在箱体中，各种做旋转运动的零件（如带轮、齿轮等）一般用键、销等与轴进行连接。图 6-1 所示为单级齿轮减速器上的输出轴组件，其上齿轮与轴用键连接，滚动轴承安装在轴的两侧。各部件之间的轴一般用联轴器或离合器进行连接。为了控制轴的运转和停止，有些轴上还会安装制动器。

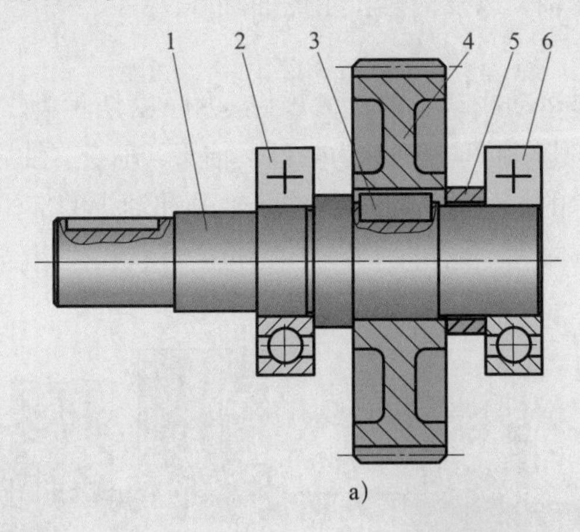

a)

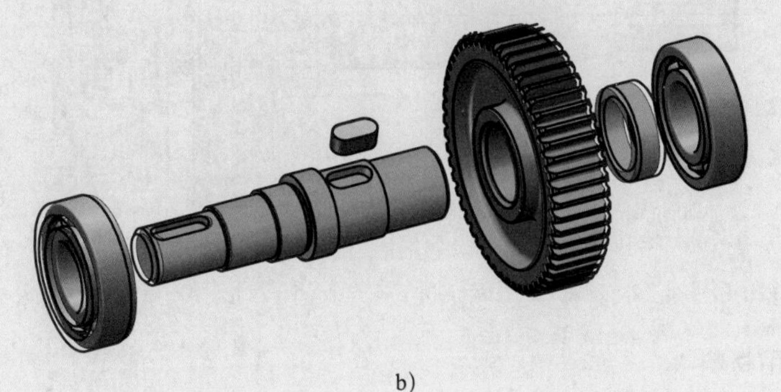

b)

图 6-1　单级齿轮减速器上的输出轴组件

1—输出轴　2、6—滚动轴承　3—键　4—齿轮　5—定位套

本章主要内容如下：

1. 轴的结构、材料，轴上零件的固定方法。
2. 滚动轴承的结构、类型及标记，滚动轴承的固定、润滑与密封。
3. 滑动轴承的主要结构形式，轴瓦的结构及材料，滑动轴承的润滑。
4. 键、销连接的类型、结构、特点及应用。
5. 常用联轴器、离合器和制动器的结构、特点及应用。

§6-1 轴

轴是机器中最基本、最重要的零件之一。各种做旋转运动的零件（如带轮、齿轮等）都必须安装在轴上才能传递运动和动力。轴在生产、生活中随处可见，如减速器中的转轴、自行车中的轴棍、汽车中的传动轴，以及内燃机中的曲轴等。

一、轴的结构

轴是指支承转动件，传递运动或动力的机械零件。图 6–2 所示为二级齿轮减速器中的输出轴及相关零件。轴上各段按其作用可分别称为轴颈、轴头、轴身、轴肩和轴环等。轴上被支承的部位称为轴颈；安装轮毂的部位称为轴头；连接轴颈和轴头的部位称为轴身；轴径变化处形成的环形面称为轴肩；轴环是指给轴上零件轴向定位的环状圆柱凸台，其作用和轴肩相同。

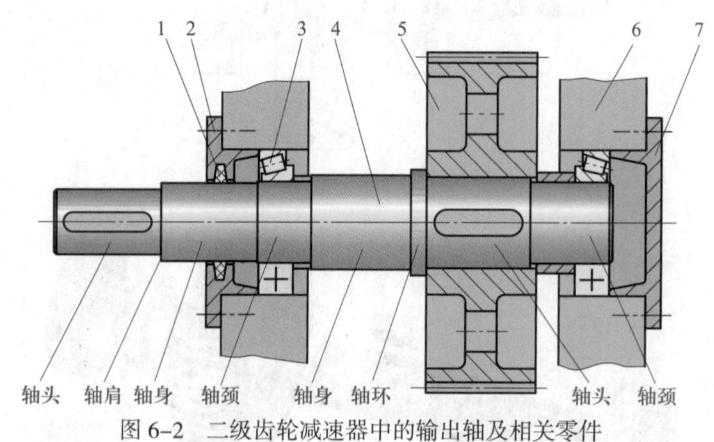

图 6–2　二级齿轮减速器中的输出轴及相关零件

1—密封圈　2—透盖　3—滚动轴承　4—轴　5—齿轮　6—箱体　7—闷盖

二、轴的常用材料

轴的常用材料主要有碳素结构钢、优质碳素结构钢、合金结构钢和铸铁等。

1. 碳素结构钢和优质碳素结构钢

轴常用的优质碳素结构钢有 30、35、40、45、50 等，其中 45 钢的应用最广。为改善轴的力学性能，应对其进行正火或调质处理。对于不重要或受力较小的轴，常采用 Q235、Q275 等碳素结构钢。

2. 合金结构钢

合金结构钢具有较高的力学性能与较好的热处理性能，但价格较贵，多用于有特殊要求的轴。如采用滑动轴承的高速轴，常用 20Cr、20CrMnTi 等低合金渗碳钢，经渗碳淬火后可提高轴颈的耐磨性。曲轴、镗杆、磨床主轴、精密丝杠等常采用 40CrNi、38CrMoAlA 等合金调质钢，并进行调质处理。

3. 铸铁

用于制造轴的铸铁一般为珠光体可锻铸铁和球墨铸铁，其流动性好、吸振性好、耐磨性高、对应力集中敏感性低、价格低廉；但其强度和韧性低，且铸造质量不易控制。铸铁一般常用于制造形状复杂、尺寸较大的轴。

三、轴上零件的固定方法

1. 轴上零件的轴向固定方法

轴上零件轴向固定的目的是保证零件在轴上有确定的轴向位置，防止零件沿轴向移动，并能承受轴向力。轴上零件的轴向固定方法及应用见表 6–1。

表 6–1　　轴上零件的轴向固定方法及应用

类型	固定方法及简图	结构特点及应用
圆螺母	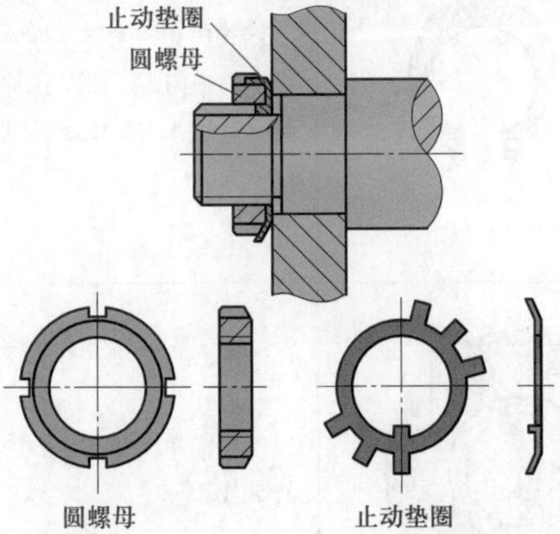 止动垫圈 圆螺母 圆螺母　止动垫圈	固定可靠，拆装方便，可承受较大的轴向力。为防止松脱，可加止动垫圈或使用双螺母。由于在轴上切制了螺纹，使轴的强度有所降低。常用于轴上零件距离较大处及轴端零件的固定
轴肩与轴环	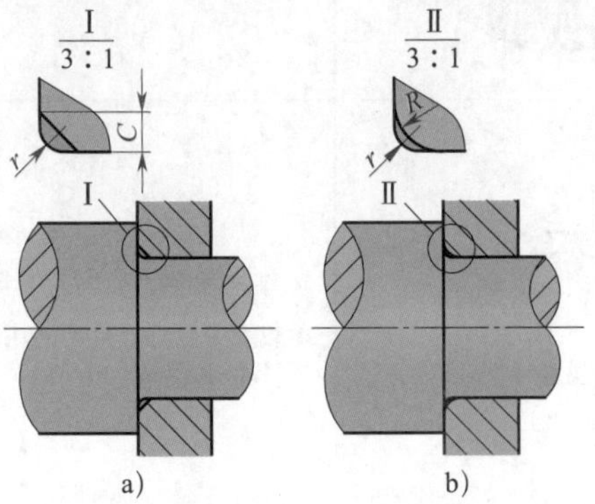 Ⅰ 3∶1　Ⅱ 3∶1 a)　b)	应使轴肩、轴环的过渡圆角半径 r 小于轴上零件孔端的倒角 C 或圆角半径 R（即 $r<C$ 或 $r<R$），这样才能使轴上零件的端面紧靠定位面。特点是结构简单，定位可靠，能承受较大的轴向力。广泛用于各种轴上零件的定位

续表

类型	固定方法及简图	结构特点及应用
套筒	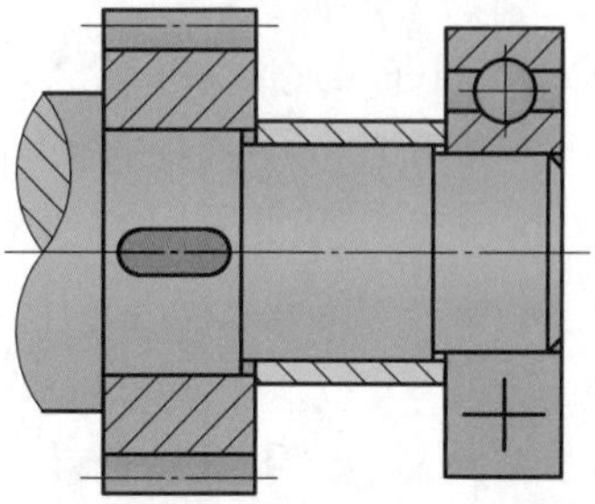	结构简单，定位可靠。适用于轴上零件间距离较短的场合。当轴的转速很高时不宜采用
轴端挡圈	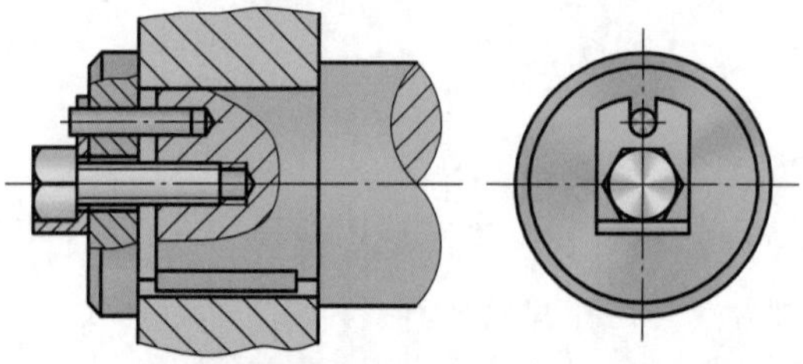	工作可靠，可承受剧烈振动和冲击载荷。使用时，应采取止动垫圈、防转螺钉等防松措施。该方法应用广泛，常用于固定轴端零件
弹性挡圈	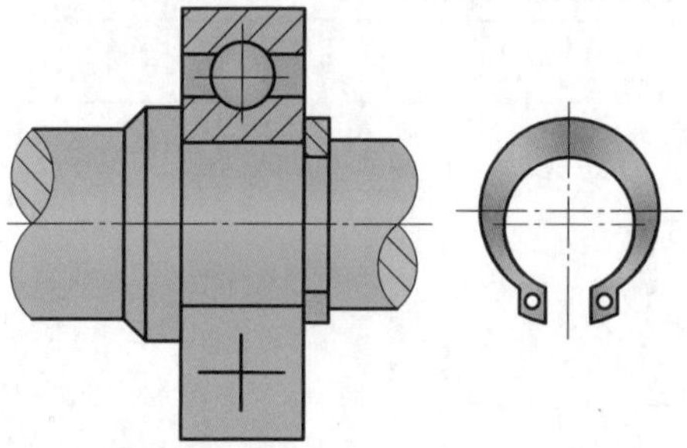	结构简单、紧凑，拆装方便，只能承受很小的轴向力。需要在轴上切槽，这将引起应力集中，常用于滚动轴承的固定
轴端挡板	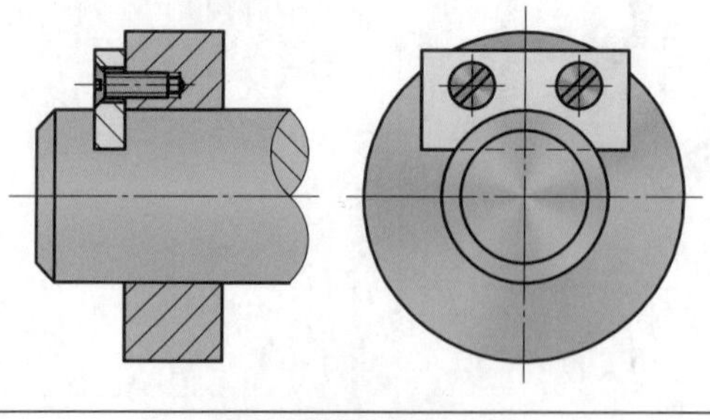	结构简单，常用于心轴上零件的固定和轴端固定
紧定螺钉与挡圈	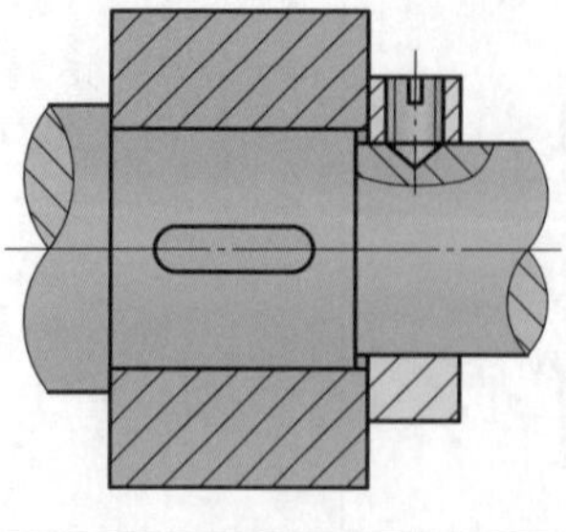	结构简单，能同时起周向固定作用，但承载能力较低，且不适用于高速场合

续表

类型	固定方法及简图	结构特点及应用
圆锥面	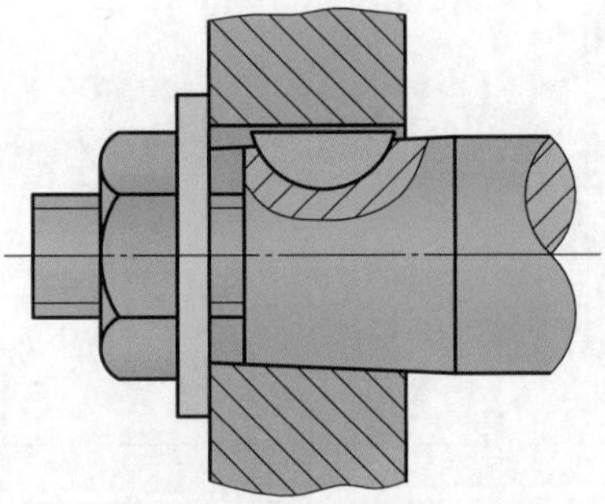	能消除轴与轮毂间的径向间隙，拆装方便，可兼做周向固定。常与轴端挡圈联合使用，实现零件的双向固定。适用于有冲击载荷和对中性要求较高的场合，常用于轴端零件的固定

2. 轴上零件的周向固定方法

轴上零件周向固定的目的是保证轴能可靠地传递运动和转矩，防止轴上零件与轴产生相对转动。轴上零件的周向固定方法及应用见表 6–2。

表 6–2　　轴上零件的周向固定方法及应用

类型	固定方法及简图	结构特点及应用
平键连接	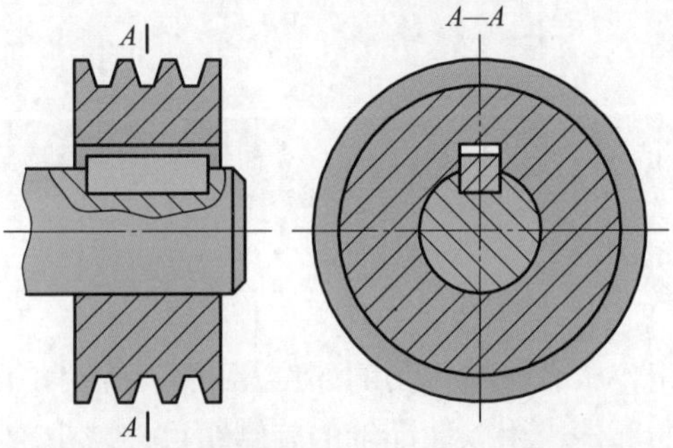 A　A—A　A	加工容易，拆装方便，但不能进行轴向固定
花键连接	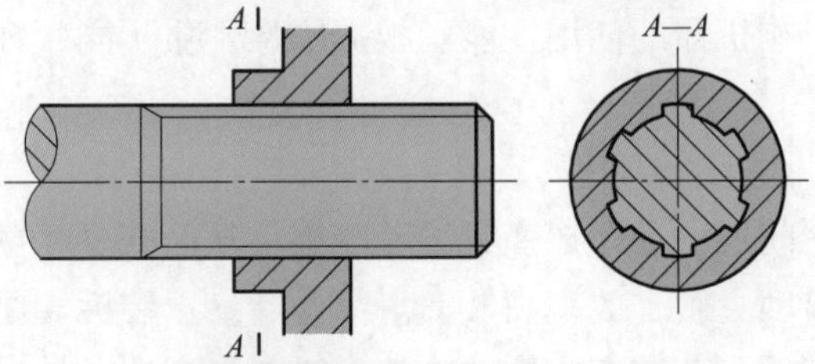 A　A—A　A	具有接触面积大、承载能力强、对中性和导向性好等特点。适用于载荷较大、定心精度要求高的静连接、动连接。加工工艺较复杂，成本较高
销连接	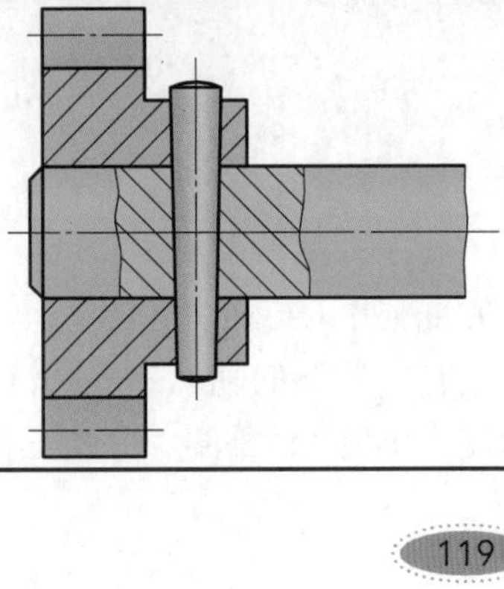	可同时进行轴向和周向固定。常用作安全装置，过载时可被剪断，防止损坏其他零件。不能承受较大载荷，销孔对轴的强度有削弱作用

续表

类型	固定方法及简图	结构特点及应用
紧定螺钉连接		紧定螺钉端部拧入轴上凹坑实现固定。其结构简单，不能承受较大载荷，只适用于辅助连接
过盈配合连接	$\phi 25\frac{H7}{r6}$	能同时进行轴向和周向固定，对中精度高，选择不同的配合有不同的连接强度。但装拆不方便，不适用于重载和经常拆装的场合

§6-2 轴承

从自行车到电风扇，从汽车到机床，所有机械传动的部位几乎都有轴承的存在。在机械中，轴承是支承转动的轴及轴上零件的部件，用以保证轴的旋转精度，减少轴与轴座之间的摩擦和磨损，轴承性能的好坏直接影响机器的使用性能。根据摩擦性质不同，轴承分为滚动轴承和滑动轴承两大类。

一、滚动轴承

滚动轴承是将运转的轴与机座之间的滑动摩擦变为滚动摩擦，从而减少摩擦损失的一种精密的部件。它具有摩擦阻力小、启动灵敏、效率高、润滑简便、易于装拆、更换和维护方便、价格较便宜等优点，应用非常广泛。其缺点是抗冲击能力较差，高速时易出现噪声，使用寿命不及液体摩擦的滑动轴承。

1. 滚动轴承的结构、类型及标记

（1）滚动轴承的结构

常用滚动轴承的结构如图 6-3 所示，它一般由内圈（轴圈）、外圈（座圈）、滚动体和保持架组成。一般情况下，内圈（轴圈）装在轴颈上，与轴一起转动；外圈（座圈）装在机座的轴承孔内固定不动（惰轮、张紧轮、压紧轮等装配的轴承是外圈转，内圈不转）。内圈（轴圈）、外圈（座圈）上设置有滚道，当内圈（轴圈）、外圈（座圈）相对旋转时，滚动体

沿着滚道滚动。常见的滚动体形状如图 6-4 所示。保持架的作用是分隔开两个相邻的滚动体，以减少滚动体之间的碰撞和摩擦。常见保持架的结构如图 6-5 所示。

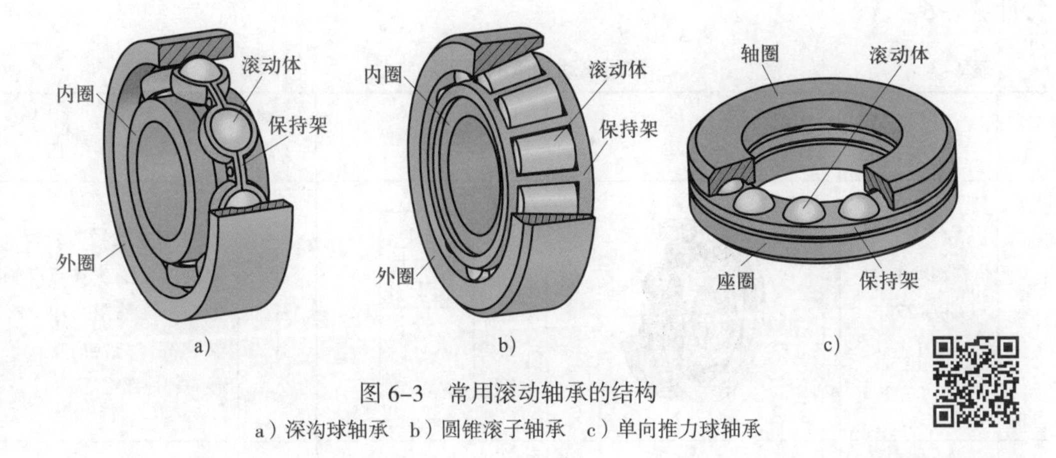

图 6-3　常用滚动轴承的结构

a）深沟球轴承　b）圆锥滚子轴承　c）单向推力球轴承

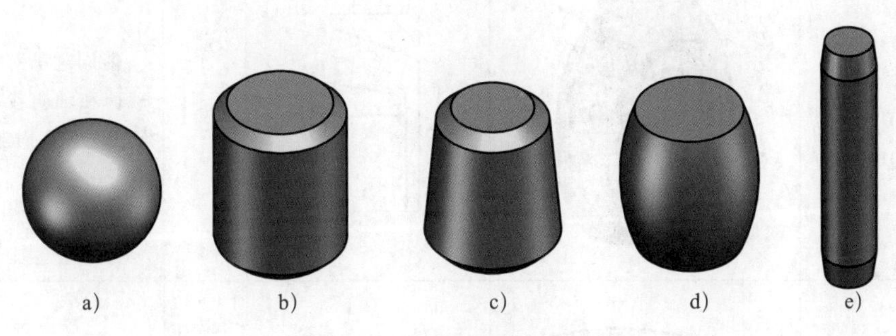

图 6-4　常见滚动体形状

a）球　b）圆柱滚子　c）圆锥滚子　d）球面滚子　e）滚针

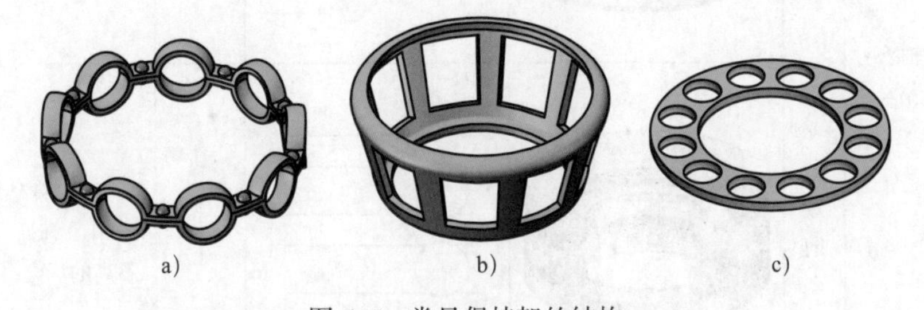

图 6-5　常见保持架的结构

a）深沟球轴承用保持架　b）圆锥滚子轴承用保持架　c）单向推力球轴承用保持架

（2）滚动轴承的类型

滚动轴承可分为向心轴承和推力轴承。向心轴承又可分为径向接触轴承和角接触向心轴承。径向接触轴承主要承受径向载荷，有些可承受较小的轴向载荷；角接触向心轴承能同时承受径向载荷和轴向载荷。推力轴承又可分为轴向接触轴承和角接触推力轴承。轴向接触轴承只能承受轴向载荷；角接触推力轴承主要承受轴向载荷，也可承受较小的径向载荷。

滚动轴承的种类非常多，以便满足各种不同的工况条件和要求。常用滚动轴承的类型和特性见表 6–3。

表 6–3　常用滚动轴承的类型和特性

序号	轴承类型		实物图	结构简图	承载方向	基本特性
1	深沟球轴承（GB/T 276—2013）					主要承受径向载荷，也可同时承受少量双向轴向载荷。摩擦阻力小，极限转速高，结构简单，价格便宜，应用广泛
2	圆锥滚子轴承（GB/T 297—2015）					能同时承受较大的径向载荷和轴向载荷。内、外圈可分离，通常成对使用，对称布置安装
3	推力球轴承（GB/T 301—2015）	单向				只能承受单向轴向载荷，适用于轴向载荷大、转速不高的场合
		双向				可承受双向轴向载荷，适用于轴向载荷大、转速不高的场合
4	推力圆柱滚子轴承（GB/T 4663—2017）					能承受很大的单向轴向载荷，承载能力比推力球轴承大得多，不允许有角偏差

续表

序号	轴承类型	实物图	结构简图	承载方向	基本特性
5	圆柱滚子轴承（GB/T 283—2021）	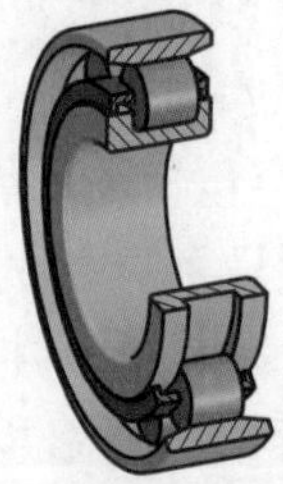	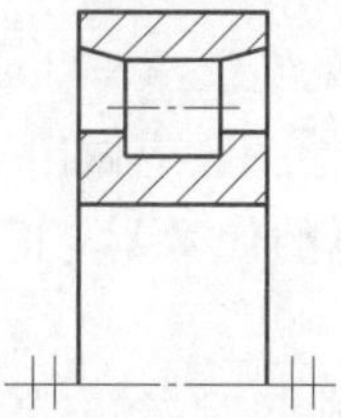		有内圈无挡边、外圈无挡边、内圈单挡边、外圈单挡边等多种形式，图示为外圈无挡边圆柱滚子轴承，它只能承受纯径向载荷。与球轴承相比，承受载荷的能力较大，尤其是承受冲击载荷的能力大，但极限转速较低
6	调心球轴承（GB/T 281—2013）	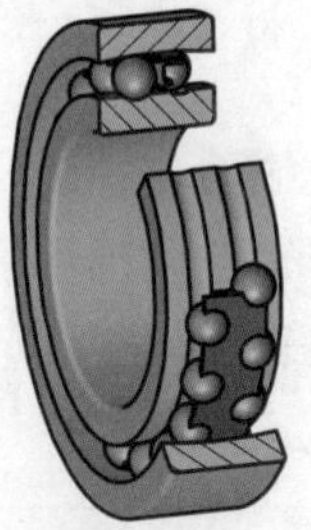	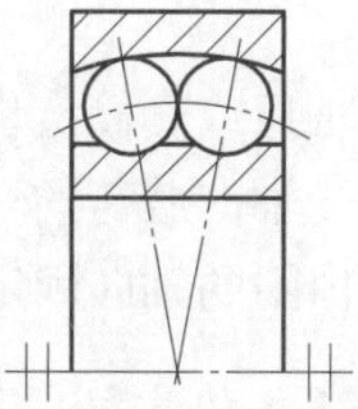		主要承受径向载荷，同时可承受少量双向轴向载荷。外圈内滚道为球面，能自动调心，允许有少量的角偏差。适用于弯曲刚度小的轴
7	调心滚子轴承（GB/T 288—2013）		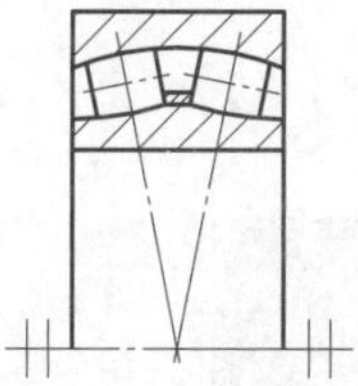		主要承受径向载荷，同时能承受少量双向轴向载荷，其承载能力比调心球轴承大；具有自动调心性能，允许有少量的角偏差。适用于重载和冲击载荷的场合
8	推力调心滚子轴承（GB/T 5859—2023）	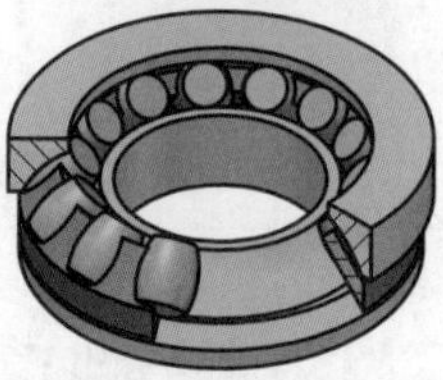	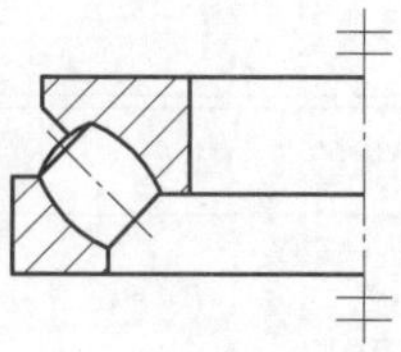		可以承受很大的轴向载荷和不大的径向载荷，允许有少量的角偏差。适用于重载和要求调心性能好的场合
9	角接触球轴承（GB/T 292—2023）		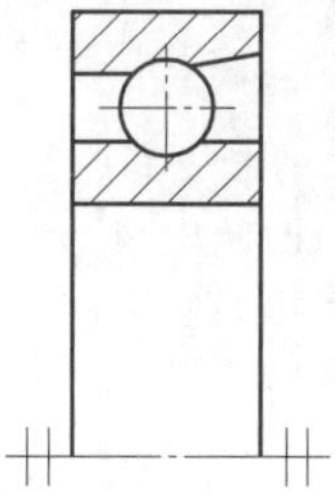	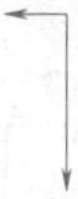	能同时承受径向载荷与轴向载荷。适用于转速较高，同时承受径向载荷和轴向载荷的场合

（3）滚动轴承的标记

滚动轴承的标记由三部分组成，即：

轴承名称　轴承代号　标准编号

滚动轴承的标记示例：滚动轴承　6208　GB/T 276—2013。

查阅国家标准《滚动轴承　深沟球轴承　外形尺寸》（GB/T 276—2013）可知，该滚动轴承的类型为深沟球轴承，轴承的宽度 $B=18$ mm、内径 $d=40$ mm、外径 $D=80$ mm。

在滚动轴承产品的套圈端面上一般应做出标志，内容包括轴承代号及制造厂代号（或商标）。在更换滚动轴承时，新轴承的代号要与旧轴承的代号相同。

2. 滚动轴承的固定方式

一般情况下，滚动轴承的内圈装在被支承轴的轴颈上，外圈装在轴承座（或机座）孔内。安装滚动轴承时，对其内圈、外圈都要进行必要的轴向固定，以防运转中产生轴向窜动。

（1）轴承内圈的轴向固定

滚动轴承内圈在轴上通常用轴肩或套筒定位，定位端面与轴线要保持良好的垂直度。滚动轴承内圈的轴向固定应根据所受轴向载荷的情况，恰当选用轴用弹性挡圈、轴端挡板或圆螺母等固定形式。常用滚动轴承内圈的轴向固定形式见表 6–4。

表 6–4　　常用滚动轴承内圈的轴向固定形式

形式	利用轴肩的单向固定	利用轴肩和轴用弹性挡圈的双向固定
图例	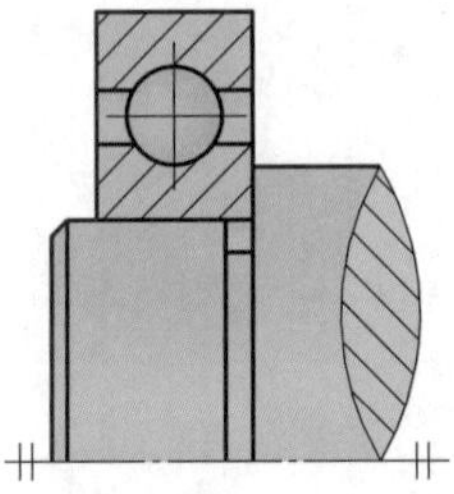	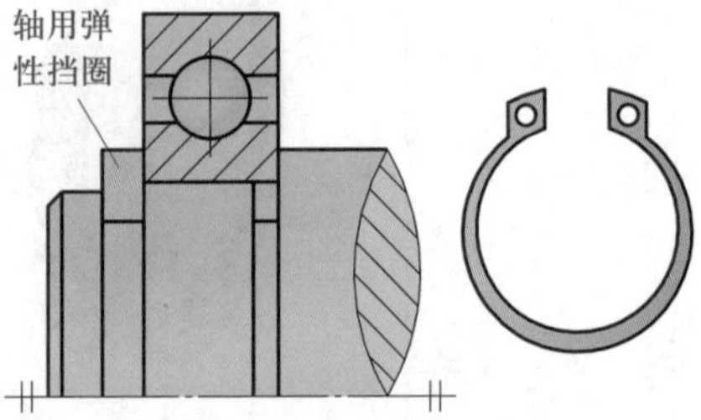 轴用弹性挡圈
形式	利用轴肩和轴端挡板的双向固定	利用轴肩和圆螺母的双向固定
图例	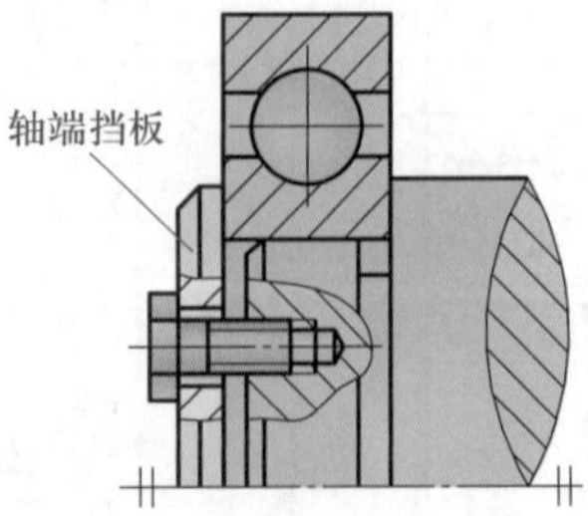 轴端挡板	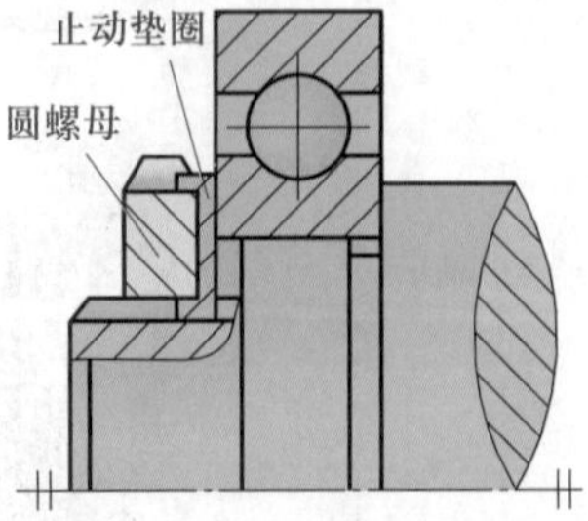 止动垫圈 圆螺母

（2）轴承外圈的轴向固定

滚动轴承外圈在机座孔中一般用座孔的台阶定位，定位端面与轴线也需保持良好的垂直度。轴承外圈的轴向固定可采用轴承盖或孔用弹性挡圈等。常用滚动轴承外圈的轴向固定形式见表 6–5。

表 6–5　　常用滚动轴承外圈的轴向固定形式

形式	利用轴承盖的单向固定	利用轴承盖和座孔台阶的双向固定	利用孔用弹性挡圈和座孔台阶的双向固定
图示	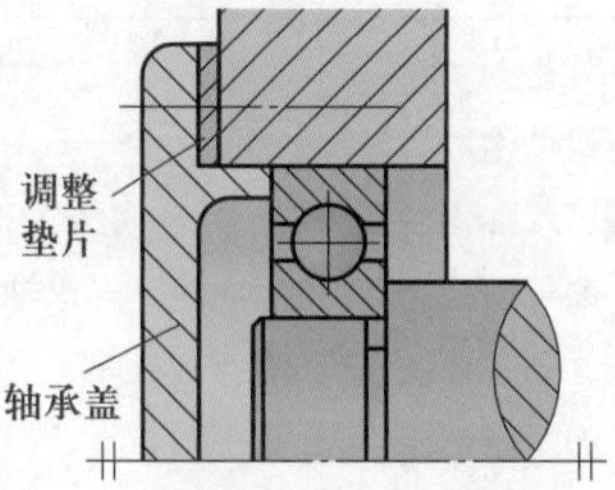 调整垫片 轴承盖	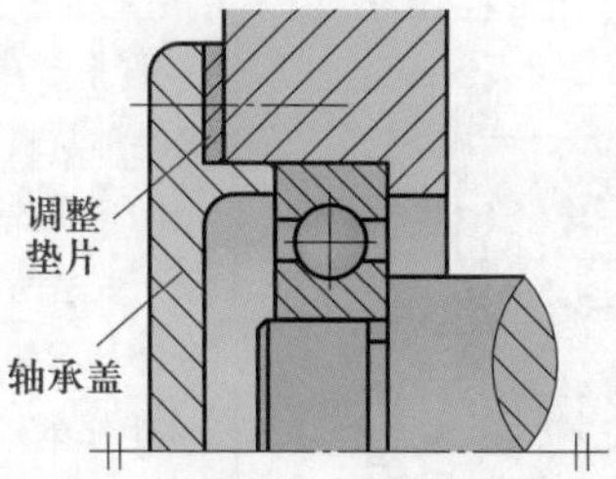 调整垫片 轴承盖	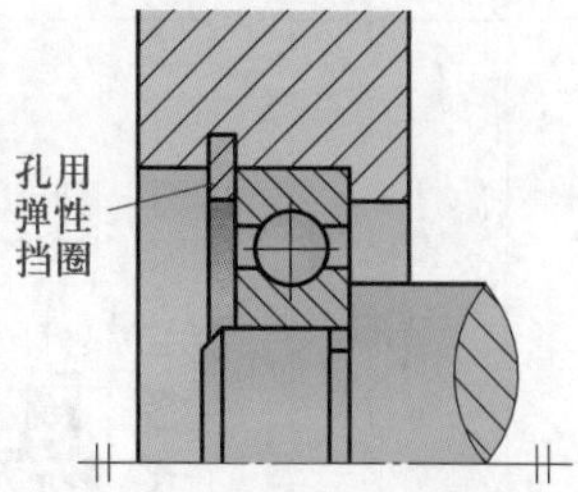 孔用弹性挡圈

3. 滚动轴承的润滑

滚动轴承润滑的目的是减小摩擦阻力、降低磨损、缓冲吸振、冷却和防锈。滚动轴承的润滑剂有液态、固态和半固态三种。液态润滑剂又称为润滑油；半固态润滑剂又称为润滑脂，在常温下呈油膏状。

（1）润滑脂润滑

润滑脂是一种黏稠的凝胶状材料，强度高，能承受较大的载荷，而且不易流失，便于密封和维护，一次充脂可以维持较长时间，无须经常补充或更换。由于润滑脂不适宜在高速条件下工作，故适用于轴颈圆周速度不大于 5 m/s 的滚动轴承润滑。润滑脂的填充量一般为轴承空间的 1/3 ~ 2/3，以防摩擦发热过大，影响轴承的正常工作。

（2）润滑油润滑

与润滑脂润滑相比，润滑油润滑适用于轴颈圆周速度和工作温度较高的场合。选用润滑油进行润滑的关键是根据工作温度、载荷大小、运动速度和结构特点选择合适的润滑油黏度。原则上，温度高、载荷大的场合，润滑油的黏度应选大一些；反之，润滑油的黏度应选小一些。用润滑油进行润滑的方式有浸油润滑、滴油润滑和喷雾润滑等。

（3）固体润滑

固体润滑剂有石墨、二硫化钼（MoS_2）等多个品种，一般在重载或高温工作条件下使用。

4. 滚动轴承的密封

滚动轴承密封的目的是防止灰尘、水分、杂质等侵入轴承内部和阻止润滑剂流失。良好的密封可保证机器正常工作，降低噪声并延长轴承的使用寿命。滚动轴承常用密封方式见表 6–6。

表 6–6　　滚动轴承常用密封方式

类型			图示	说明	适用场合
接触式密封	毛毡圈密封		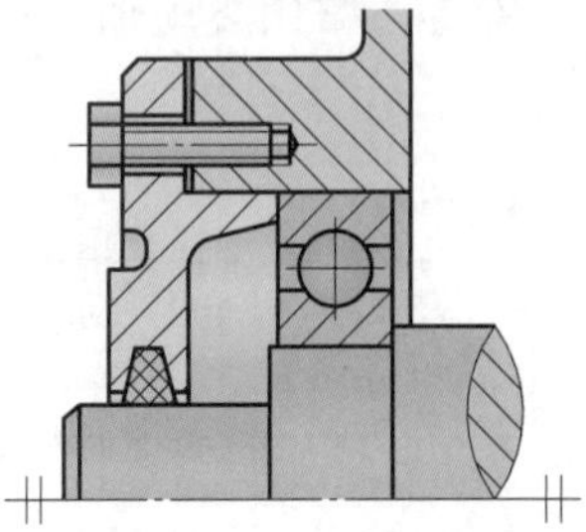	矩形断面的毛毡圈被安装在梯形槽内，它对轴产生一定的压力而起到密封作用	用于润滑脂润滑或黏度较大的润滑油润滑。要求环境清洁，轴颈圆周速度不大于 5 m/s，工作温度不高于 90 ℃
	唇形密封圈密封		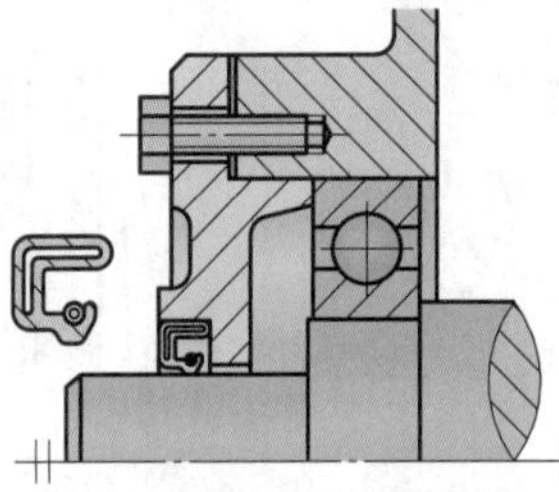	唇形密封圈是标准件，其主体材料为耐油橡胶，其上的自紧弹簧可增加密封效果。安装时，如果唇形密封圈密封唇朝里，则主要防止润滑剂泄漏；如果唇形密封圈密封唇朝外，则主要防止灰尘、杂质侵入	用于润滑脂润滑或润滑油润滑。要求轴颈圆周速度不大于 7 m/s，工作温度不高于 100 ℃
非接触式密封	间隙密封		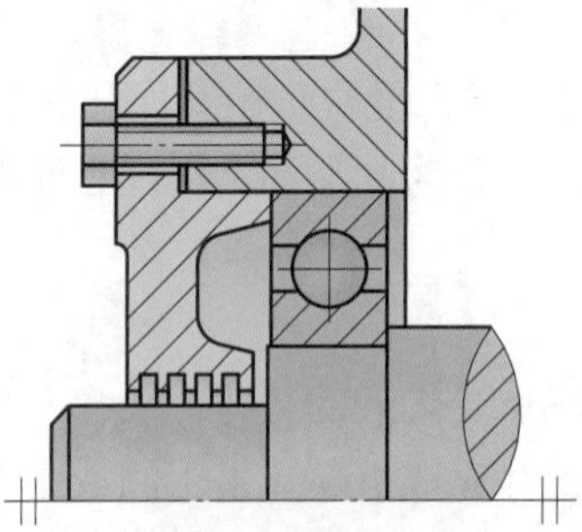	靠轴与轴承盖孔之间的细小间隙密封。间隙越小、越长，密封效果越好。间隙一般取 0.1 ~ 0.3 mm。油沟能增强密封效果	用于润滑脂润滑。要求环境干燥、清洁
	曲路密封	径向	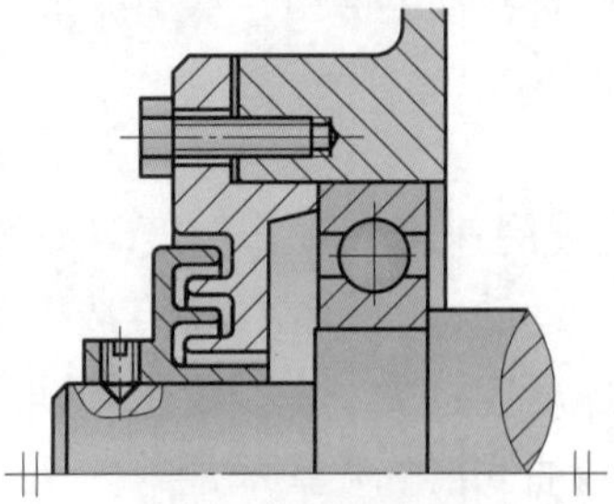	将旋转件与静止件之间的间隙做成曲路形式，在间隙中填充润滑油或润滑脂以增强密封效果。轴向曲路密封的端盖需要采用剖分式	用于润滑脂润滑或润滑油润滑，密封效果可靠
		轴向	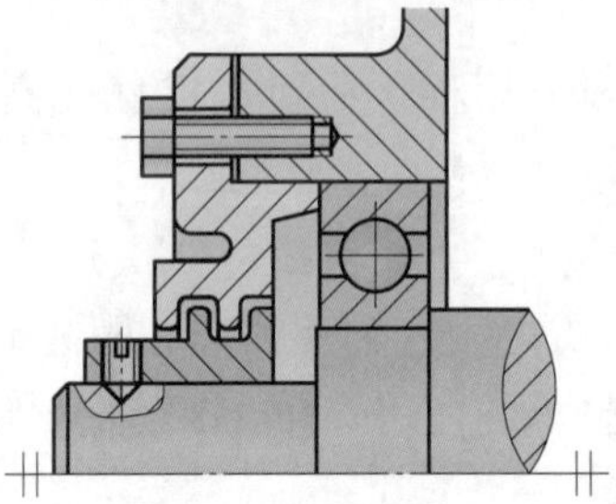		

二、滑动轴承

滑动轴承是指仅发生滑动摩擦的轴承。与滚动轴承相比，滑动轴承使用寿命长，适用于高速旋转运动的场合；能承受冲击和振动载荷；运转精度高、工作平稳、无噪声；承载能力大，可用于重载场合。

1. 滑动轴承的主要结构形式

（1）径向滑动轴承

径向滑动轴承是指承受径向载荷的滑动轴承，主要有整体式径向滑动轴承、对开式径向滑动轴承和调心式径向滑动轴承等。

1）整体式径向滑动轴承

如图 6–6 所示，整体式径向滑动轴承由轴承座、整体轴瓦、紧定螺钉和油杯等组成。

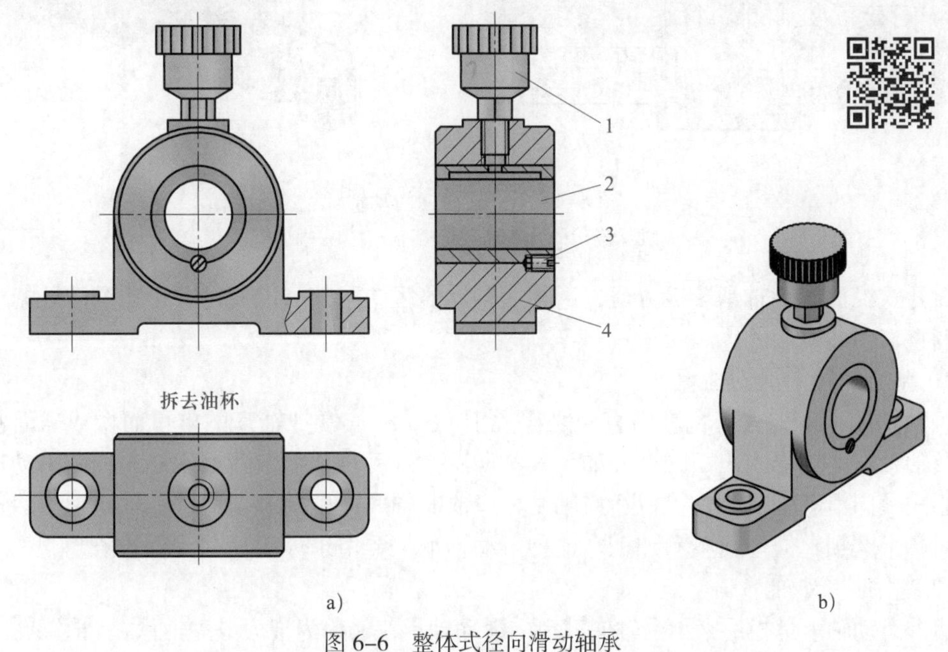

图 6–6　整体式径向滑动轴承

1—油杯　2—整体轴瓦　3—紧定螺钉　4—轴承座

整体式径向滑动轴承的轴承座上面设有安装润滑油杯的螺孔，在轴瓦上开有油孔，并在轴瓦的内表面上开有油槽。

整体式径向滑动轴承的优点是结构简单，成本低廉。其缺点是轴瓦磨损后，轴承间隙过大时无法调整；另外，轴只能从轴颈端部装拆，对于重型机械的轴或具有中间轴颈的轴，装拆很不方便。因此，它多应用于低速、轻载或间歇性工作的场合。

2）对开式径向滑动轴承

如图 6–7 所示，对开式径向滑动轴承由轴承座、轴承盖、对开式轴瓦和连接螺栓等组成。轴承盖和轴承座的剖分面常做成阶梯形，以便于对中定位。轴承盖上有螺孔，用于安装油杯或油管。对开式轴瓦由上下两部分组成，在上轴瓦上开设油孔和油槽，润滑油通过油孔和油槽流入轴承间隙。

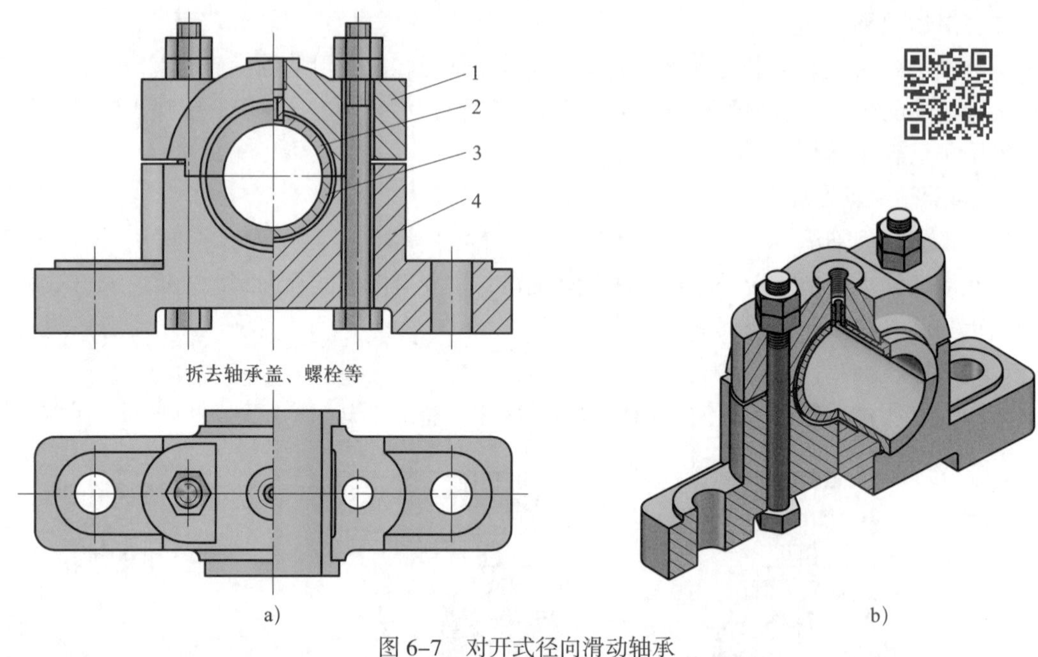

图 6–7　对开式径向滑动轴承

1—轴承盖　2—上轴瓦　3—下轴瓦　4—轴承座

对开式径向滑动轴承装拆方便，磨损后轴承的径向间隙可以通过减小接合面处的垫片厚度来调整，因此应用较广。

3）调心式径向滑动轴承

若轴承的宽度较大（宽度与直径之比大于 1.5）时，常把轴瓦的支承面做成球面，与轴承盖及轴承座的球形内表面配合，如图 6–8 所示。这种轴瓦可以适当摆动的径向滑动轴承称为调心式径向滑动轴承。它可以适应轴受力弯曲时轴线产生的倾斜，避免轴与轴承两端局部接触而产生磨损；但球面不易加工。这种滑动轴承主要用于传动轴有偏斜的场合。

（2）止推滑动轴承

止推滑动轴承是指用来承受轴向载荷的滑动轴承，又称为推力滑动轴承。如图 6–9 所示，

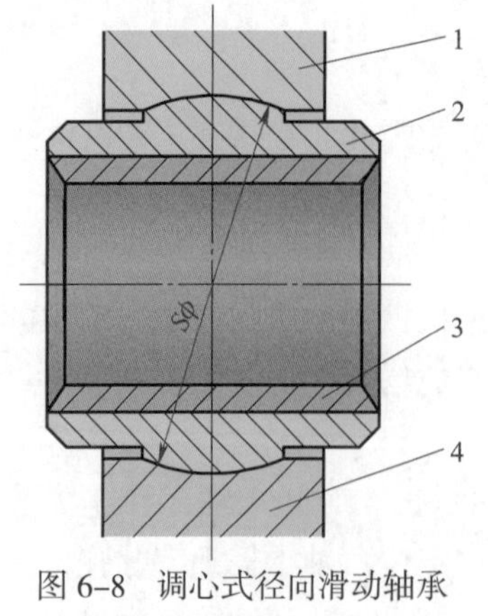

图 6–8　调心式径向滑动轴承

1—轴承盖　2—轴瓦　3—轴承衬
4—轴承座

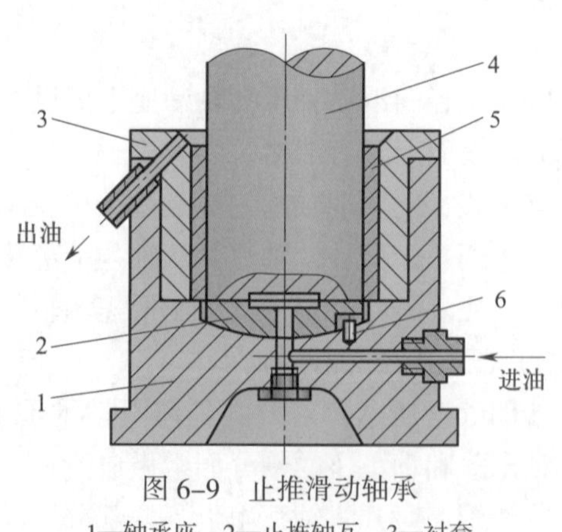

图 6–9　止推滑动轴承

1—轴承座　2—止推轴瓦　3—衬套
4—轴　5—径向轴瓦　6—销钉

止推滑动轴承由轴承座、衬套、径向轴瓦、止推轴瓦、销钉等组成。止推轴瓦的底部为球面，以便于对中和保证工作表面受力均匀；销钉用来防止止推轴瓦随轴转动。润滑油由下部油管注入，从上部油管导出。

2. 轴瓦的结构及材料

（1）轴瓦的结构

径向滑动轴承的轴瓦有整体式和对开式两种。整体式轴瓦（又称轴套）用于整体式滑动轴承，对开式轴瓦用于对开式滑动轴承。

1）整体式轴瓦

如图 6–10 所示，整体式轴瓦有整体轴瓦和卷制轴瓦等结构。图 6–10b 所示轴瓦制有油孔与油沟，以便于给轴承注入润滑油。卷制轴瓦用轴承材料或敷有轴承材料的钢带卷制而成，如图 6–10c 所示。

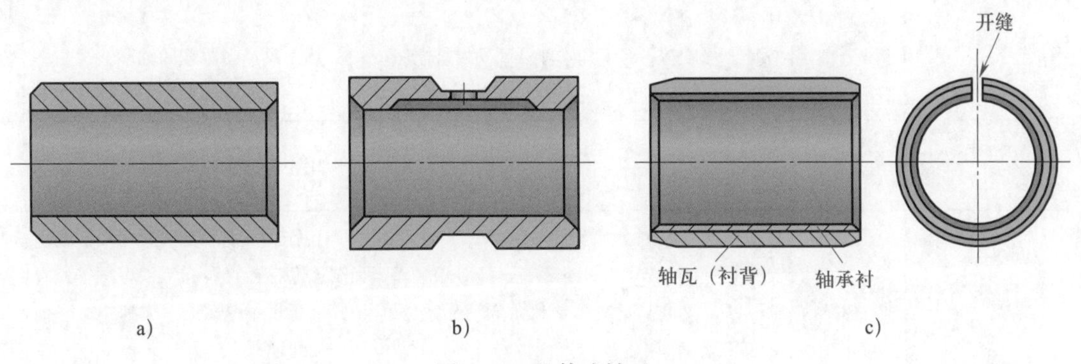

图 6–10　整体式轴瓦
a）、b）整体轴瓦　c）卷制轴瓦

2）对开式轴瓦

如图 6–11 所示，对开式轴瓦主要由上、下两半轴瓦组成。上轴瓦上制有油孔和油槽，上、下轴瓦的接合面上开有轴向油槽。

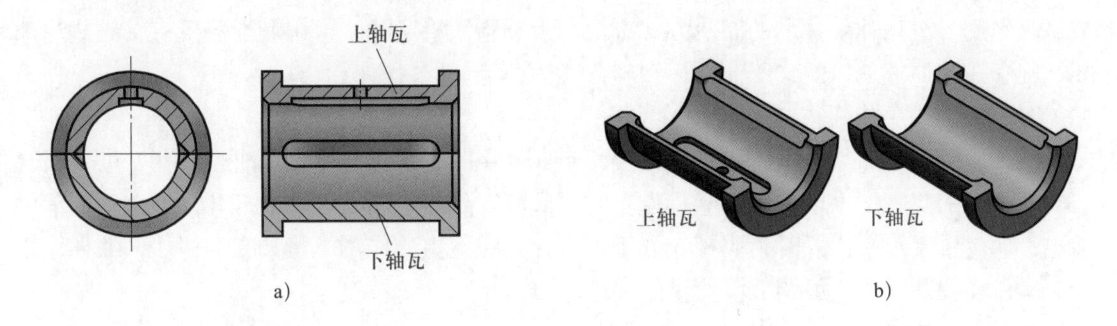

图 6–11　对开式轴瓦

（2）轴瓦的材料

由于轴瓦在使用时会产生摩擦、磨损、发热等问题，要求轴瓦材料具备以下性能：

摩擦因数小；导热性好，热膨胀系数小；耐磨、耐蚀、抗胶合能力强；要有足够的强度和可塑性。

为了满足不同的使用要求，轴瓦可以采用单层轴瓦和多层轴瓦。常用的多层轴瓦一般为双层轴瓦（见图 6–12），它由衬背和衬层组成。衬背是指双层轴瓦上支持衬层而使轴承具有所需强度（刚度）的金属支承体；衬层是指双层轴瓦中的轴承材料部分，其厚度通常大于 0.2 mm。

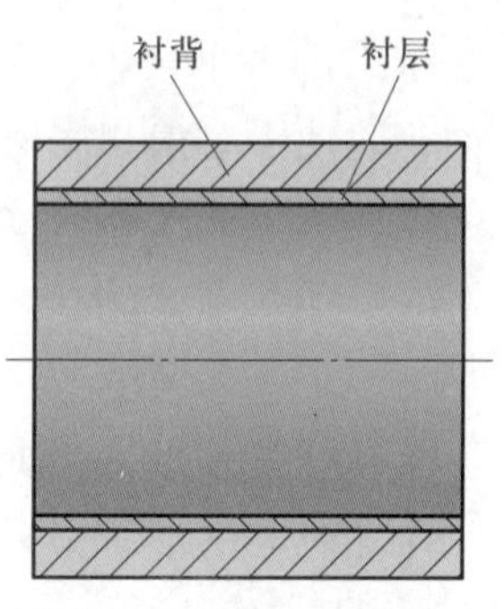

图 6–12　双层轴瓦的结构

常用轴瓦及衬层的材料有轴承合金、青铜、粉末冶金材料等，其性能和用途见表 6–7。

表 6–7　常用轴瓦及衬层的材料

类别		主要性能	用途
轴承合金	锡基轴承合金	摩擦因数小，抗胶合性能好，对油的吸附性强，耐蚀性好，但价格贵，强度较差，只能作为衬层材料浇铸在钢、铸铁或青铜轴瓦上	用于高速、重载的轴承上
	铅基轴承合金	性能与锡基轴承合金相近，但这种材料较脆，不宜承受较大的冲击载荷	用于中速、中载的轴承上
青铜		强度高，承载能力大，耐磨性与导热性都优于轴承合金，可以在较高的温度（250 ℃）下工作，但可塑性差，与之相配的轴颈必须淬硬。青铜可单独做成轴瓦，也可作为衬层浇铸在钢或铸铁轴瓦上	用作轴瓦材料的青铜主要有锡磷青铜、锡锌铅青铜和铝铁青铜等，它们分别用于中速重载、中速中载和低速重载的轴承
粉末冶金材料		用几种金属粉末或金属与非金属粉末作原料，通过配料、压制成形、烧结等工艺过程而制成的材料称为粉末冶金材料，它具有多孔性组织，孔隙内可以储存润滑油	常用于加油不方便的滑动轴承

3. 滑动轴承的润滑

滑动轴承润滑的目的是减小工作表面间的摩擦和磨损，同时起冷却、散热、防锈蚀及减振等作用。滑动轴承常用的润滑方式有油润滑和脂润滑两种，常用润滑装置有针阀式注油杯、旋套式注油杯、压配式压注油杯和旋盖式油杯等。

（1）针阀式注油杯

图 6–13 所示为针阀式注油杯，用于润滑油润滑。杯体 4 中的润滑油经油孔 a 进入阀套与阀杆之间的空腔。手柄 1 置于竖直位置时，阀杆 5 处于上位，油孔 b 打开，给滑动轴承供油；手柄 1 置于水平位置时，阀杆 5 处于下位，在弹簧力的作用下将油孔 b 堵住，油杯停止供油。转动调节螺母 2 可调节注油量的大小。

（2）旋套式注油杯

图 6–14 所示为旋套式注油杯，用于润滑油润滑。转动旋套，使旋套孔与杯体注油孔对正，然后用油壶或油枪注油。不注油时，转动旋套遮挡杯体上的注油孔，密封注油杯。

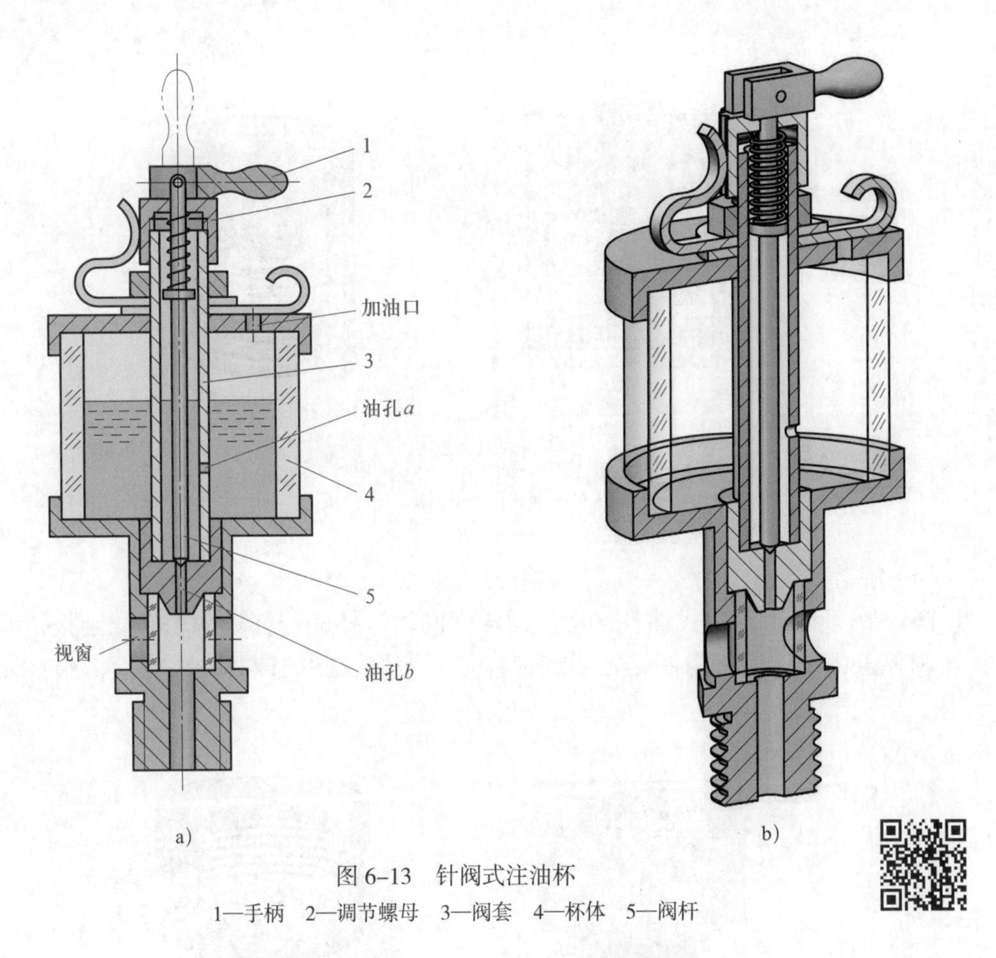

图 6–13　针阀式注油杯

1—手柄　2—调节螺母　3—阀套　4—杯体　5—阀杆

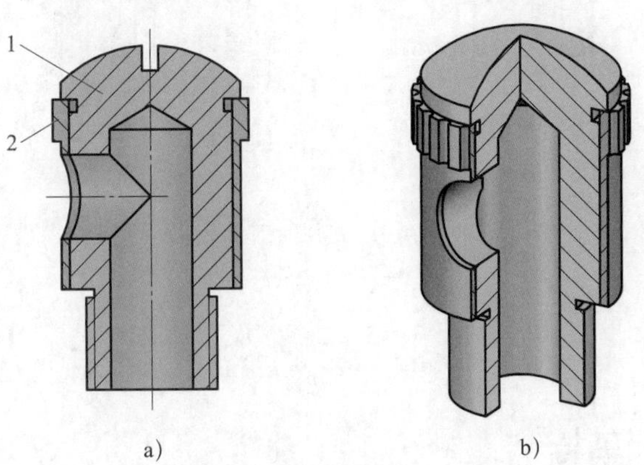

图 6–14　旋套式注油杯

1—杯体　2—旋套

（3）压配式压注油杯

图 6–15 所示为压配式压注油杯，用于润滑油润滑或润滑脂润滑。将钢球压下可注润滑油（或润滑脂）。不注润滑油（或润滑脂）时，钢球在弹簧的作用下将杯体注油孔封闭。

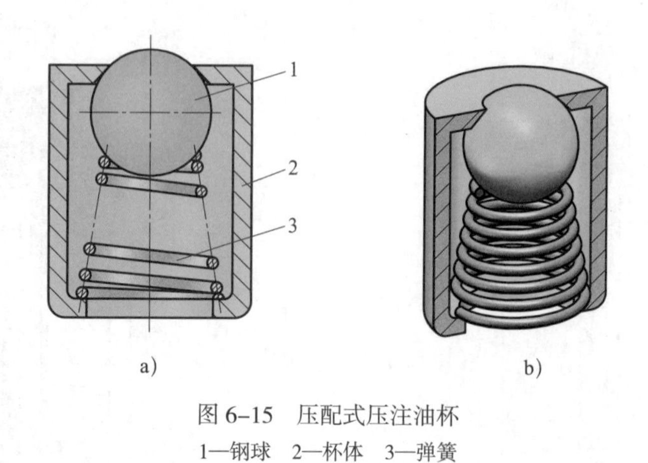

图 6–15　压配式压注油杯
1—钢球　2—杯体　3—弹簧

（4）旋盖式油杯

图 6–16 所示为旋盖式油杯，用于润滑脂润滑。杯盖与杯体采用螺纹连接，旋合前在杯体和杯盖中都装满润滑脂，定期旋转杯盖压缩润滑脂的体积，可将润滑脂挤入滑动轴承内。

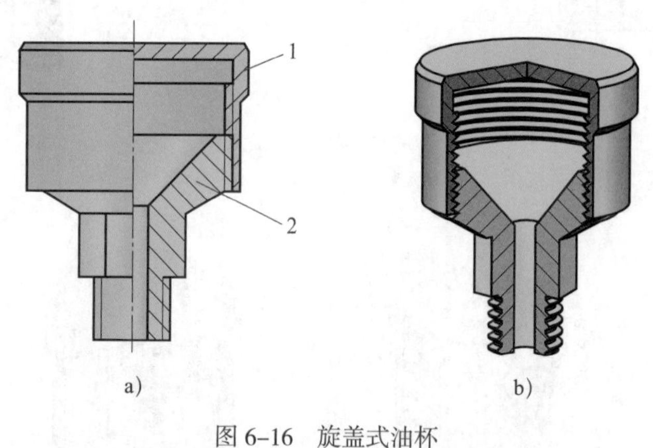

图 6–16　旋盖式油杯
1—杯盖　2—杯体

§6–3　键、销连接

机器都是由各种零件装配而成的，零件与零件之间存在着各种不同形式的连接。键连接和销连接是两种常用的连接形式。如图 6–17 所示，在轴上安装了 V 带轮，带轮的周向固定用键连接，轴向固定通过销和定位套实现。

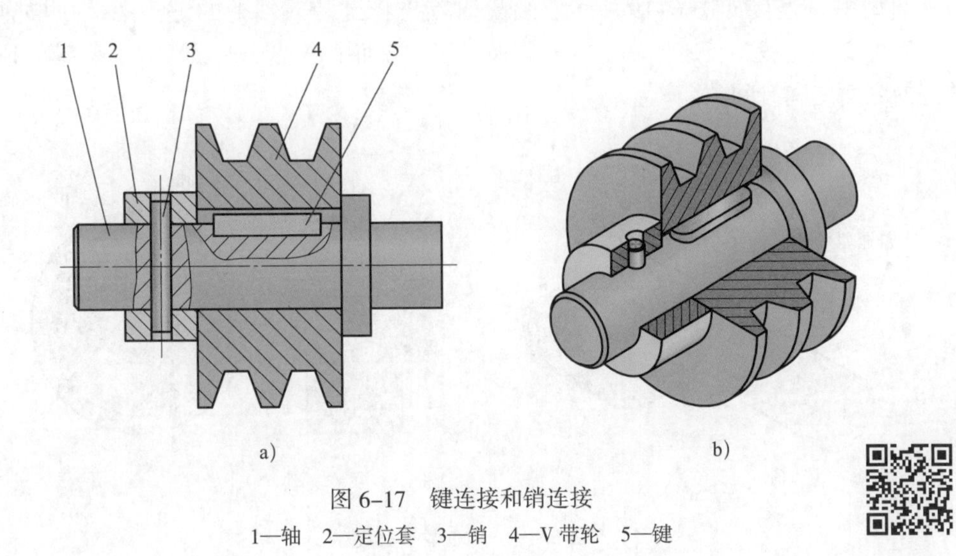

图 6-17　键连接和销连接

1—轴　2—定位套　3—销　4—V 带轮　5—键

一、键连接

键连接可以实现轴与轴上零件（如齿轮、带轮等）之间的周向固定，并传递运动和转矩。键连接具有结构简单、拆装方便、工作可靠及可实现标准化等特点，故在机械中应用极为广泛。常用的键连接有平键连接、半圆键连接和花键连接等。

1. 平键连接

平键连接靠平键的两侧面传递转矩，因此键的两侧面是工作面，对中性好；而键的上表面与轮毂上的键槽底面之间留有间隙，以便于装配。根据用途不同，平键主要有普通型平键和导向型平键。

（1）普通型平键连接

按端部形状不同，普通型平键分为圆头（A 型）、方头（B 型）和单圆头（C 型）三种形式，如图 6-18 所示。圆头普通型平键（A 型）在键槽中不会发生轴向移动，因而应用最广。单圆头普通型平键（C 型）则多应用于轴的端部。

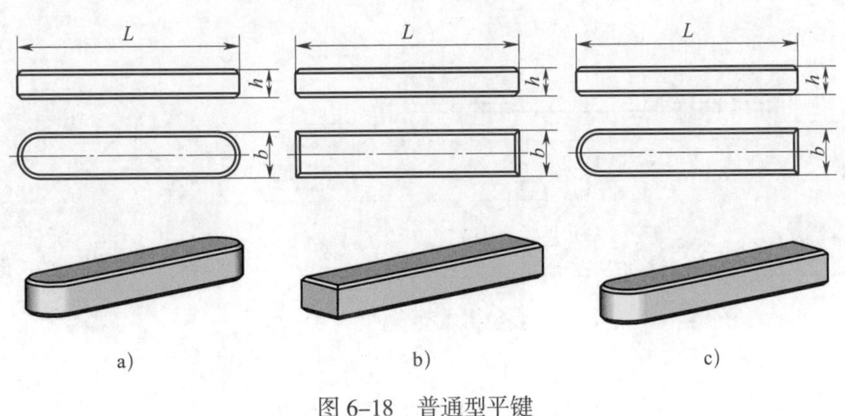

图 6-18　普通型平键

a）A 型　b）B 型　c）C 型

普通型平键连接如图 6-19 所示。装配时首先将键装入轴上的键槽中，并与槽底面贴紧，然后再安装轮毂。普通型平键的两侧面是工作表面，连接时与键槽接触；键的顶端与孔上的键槽底面之间有间隙。

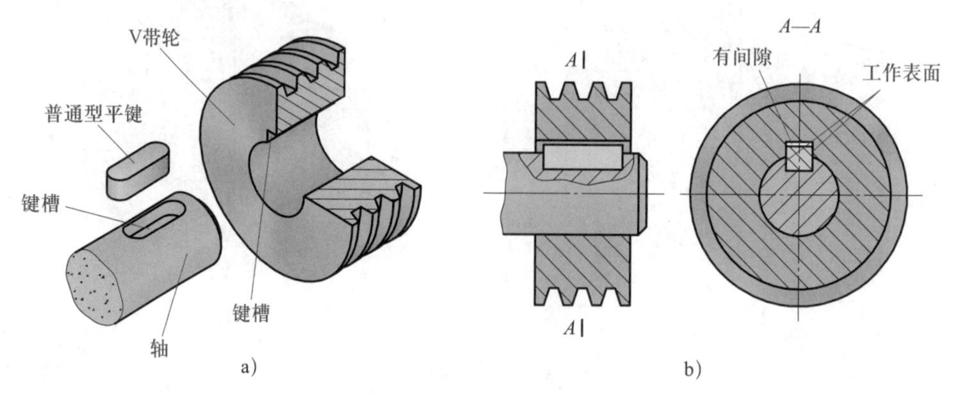

图 6-19　普通型平键连接

普通型平键的材料通常选用 45 钢。当轮毂为有色金属或非金属时，键可用 20 钢或 Q235 钢制造。普通型平键工作时，轴和轴上零件沿轴向不能有相对移动。

（2）导向型平键连接

当被连接齿轮等零件的轮毂需要在轴上沿轴向移动时，可采用导向型平键连接。

导向型平键及连接如图 6-20 所示。导向型平键比普通型平键长，为防止松动，通常用螺钉固定在轴上的键槽中，键的两侧面与轮毂槽采用间隙配合，因此，轴上零件能沿轴向滑动。为便于拆卸，键上设有起键螺孔。导向型平键常用于轴上零件移动量不大的场合，如机床变速箱中的滑移齿轮。

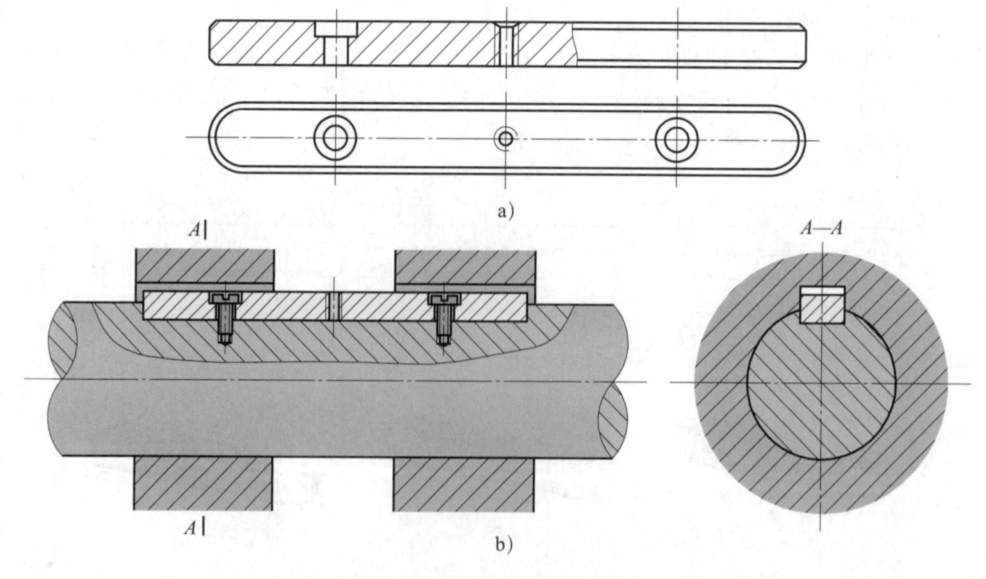

图 6-20　导向型平键及连接

a）导向型平键　b）导向型平键连接

2. 半圆键连接

半圆键分为普通型半圆键和平底型半圆键，普通型半圆键最常用。普通型半圆键连接如图 6–21 所示。普通型半圆键的工作面是键的两侧面，因此与普通型平键一样具有较好的对中性。普通型半圆键可在轴上的键槽中绕槽底圆弧摆动，可用于圆柱形轴或圆锥形轴与轮毂的连接。其缺点是键槽对轴的强度削弱较大，只适用于轻载连接的场合。

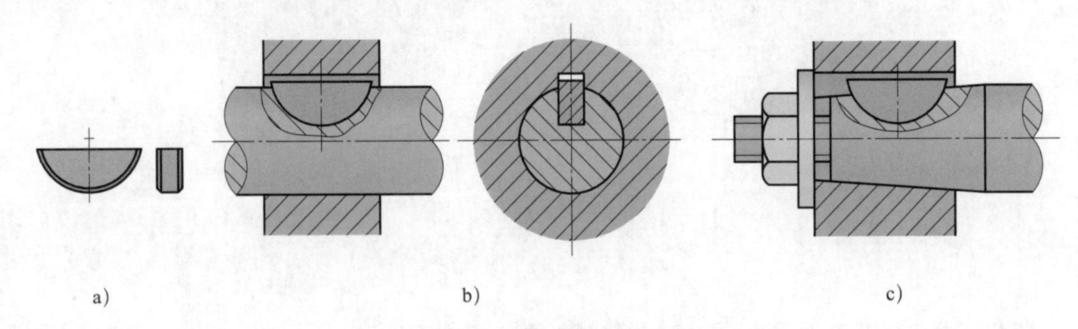

图 6–21　普通型半圆键连接

a）半圆键　b）连接圆柱形轴　c）连接圆锥形轴

3. 花键连接

如图 6–22 所示，由沿轴和轮毂孔周向均布的多个键齿相互啮合而形成的连接称为花键连接。花键分为外花键和内花键。花键连接的特点如下：

（1）花键连接是多齿传递载荷，故承载能力高。

（2）花键的齿浅，对轴的强度削弱较小。

（3）对中性及导向性好。

（4）加工需用专用设备，成本高。

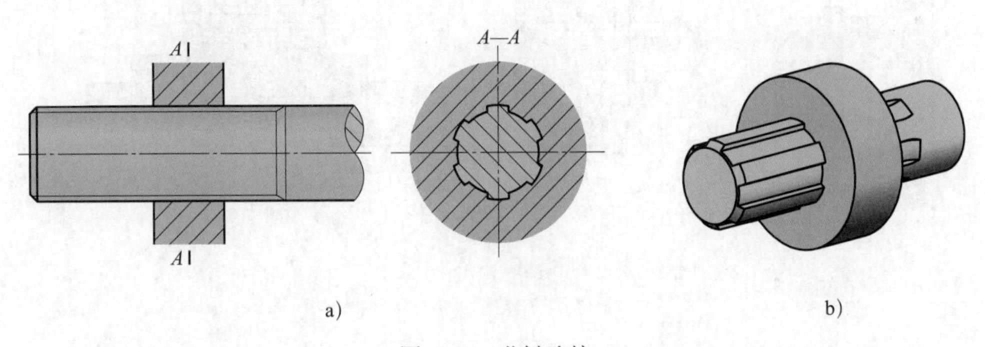

图 6–22　花键连接

花键连接多用于重载和要求对中性好的场合，尤其适用于经常滑动的连接。按齿形不同，花键连接分为矩形花键连接（见图 6–23a）和渐开线花键连接（见图 6–23b）。

矩形花键齿的两侧面为平面，形状简单，加工方便。由于制造时轴和轮毂上的接合面都要经过磨削，因此能消除热处理所产生的变形。它具有定心精度高、定心稳定性好、应力集中较小、承载能力较大等特点，应用较为广泛。

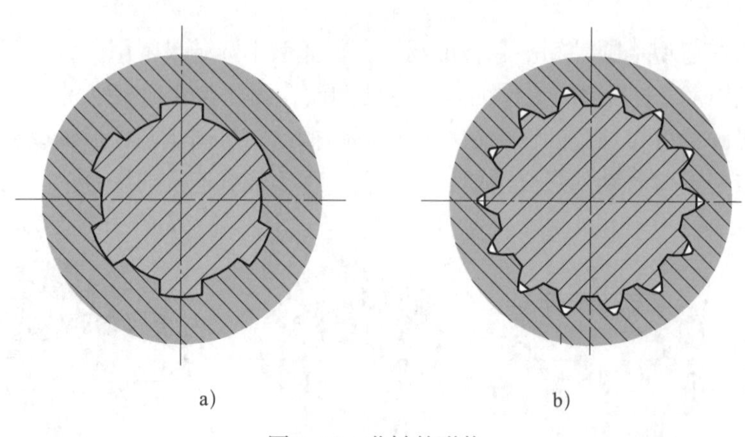

a)　　b)

图 6–23　花键的形状

a）矩形花键　b）渐开线花键

渐开线花键的齿廓为渐开线，其制造精度高、齿根强度高、应力集中小、承载能力大、定心精度高，因此，常用于载荷较大、定心精度要求较高、尺寸较大的连接。

二、销连接

1. 销的用途

销主要用于定位（作为组合加工和装配时的辅助零件，用于确定零件间的相对位置，见图 6–24a），也可用于轴与轮毂的连接或其他零件的连接（见图 6–24b），还可以作为安全装置中的过载保护零件（见图 6–24c）。

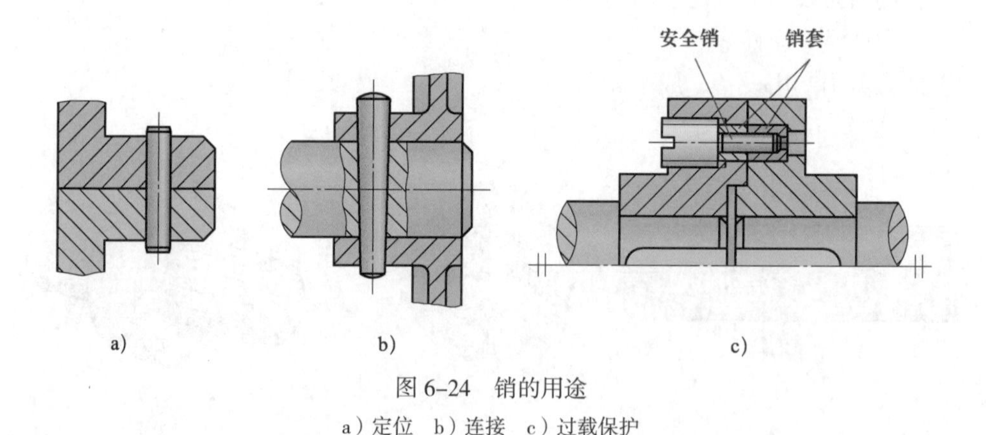

a)　　b)　　c)

图 6–24　销的用途

a）定位　b）连接　c）过载保护

安全销在机器过载时应被剪断，因此，销的直径应按过载时被剪断的条件确定。为了确保安全销被剪断前不发生挤压破坏，通常在安全销上安装销套。销套有两个，分别安装在两个被连接件上的孔内，如图 6–23c 所示。

2. 销的类型、结构、特点及应用

销的基本类型有圆柱销和圆锥销两种，它们均有带螺纹和不带螺纹两种形式。销的结构和参数已标准化，常用圆柱销和圆锥销的类型、结构、特点及应用见表 6–8。

表 6-8　　常用圆柱销和圆锥销的类型、结构、特点及应用

类型	结构	应用图例	特点及应用
圆柱销 （GB/T 119.1—2000、GB/T 119.2—2000）		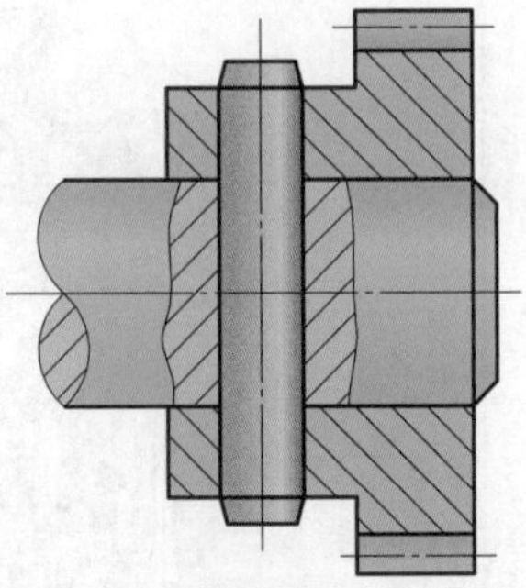	主要用于定位，也可用于连接。GB/T 119.1—2000 的直径公差有 m6 和 h8 两种，GB/T 119.2—2000 的直径公差为 m6。与销相配合的孔的加工方法有配钻、配铰等
内螺纹圆柱销 （GB/T 120.1—2000）	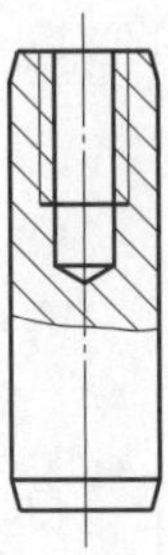	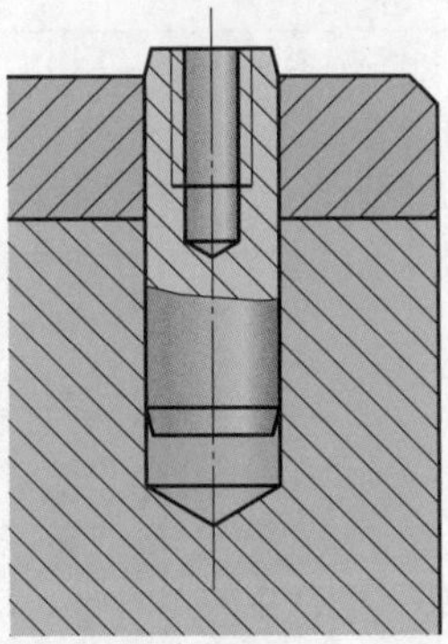	主要用于定位，也可用于连接。内螺纹供拆卸用。公差带只有 m6 一种。常用的定位或连接孔的加工方法有配钻、配铰等
圆锥销 （GB/T 117—2000）		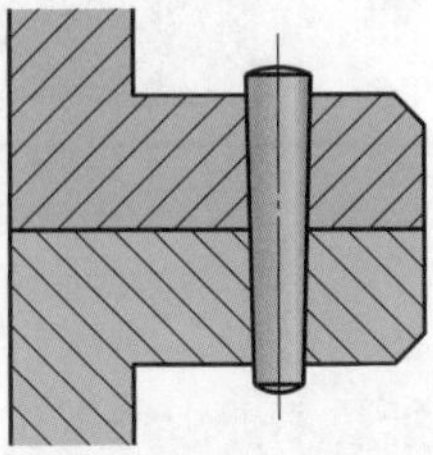	有 1∶50 的锥度，与相同锥度的铰制孔相配合。圆锥销安装方便，主要用于定位，也可用于固定零件、传递动力，多用于经常拆卸的场合。定位精度比圆柱销高，在受横向力时能自锁
内螺纹圆锥销 （GB/T 118—2000）	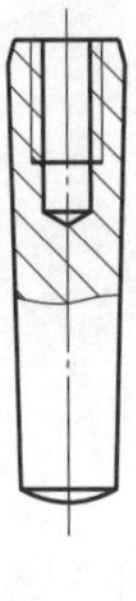	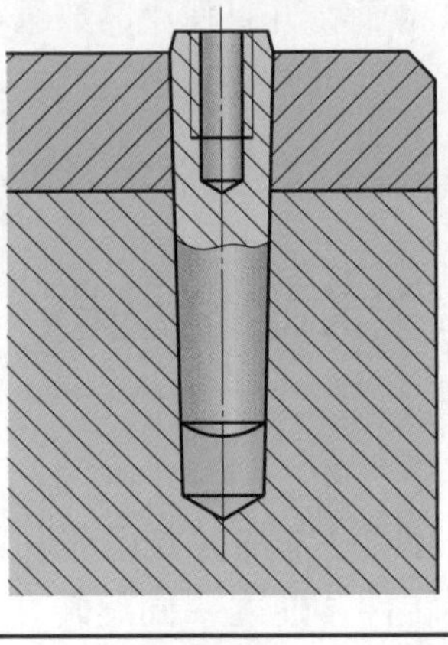	螺孔用于拆卸，可用于不通孔。有 1∶50 的锥度，与相同锥度的铰制孔相配合。拆装方便，可多次拆装，定位精度比圆柱销高，能自锁

续表

类型	结构	应用图例	特点及应用
开尾圆锥销（GB/T 877—1986）		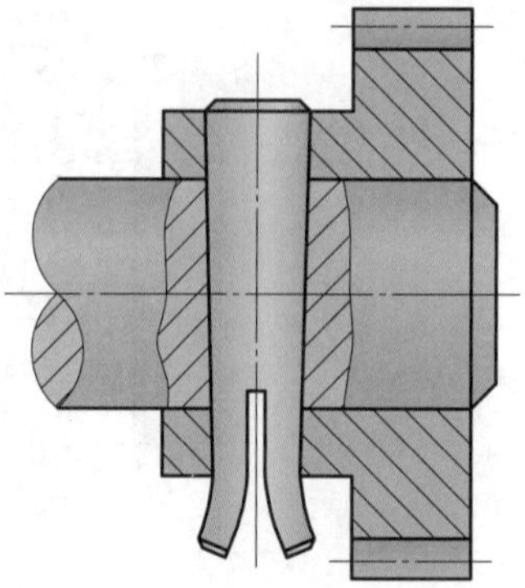	有1∶50的锥度，与相同锥度的铰制孔相配合。打入销孔后，可使末端稍张开，避免松脱，用于有冲击、振动的场合
螺尾锥销（GB/T 881—2000）		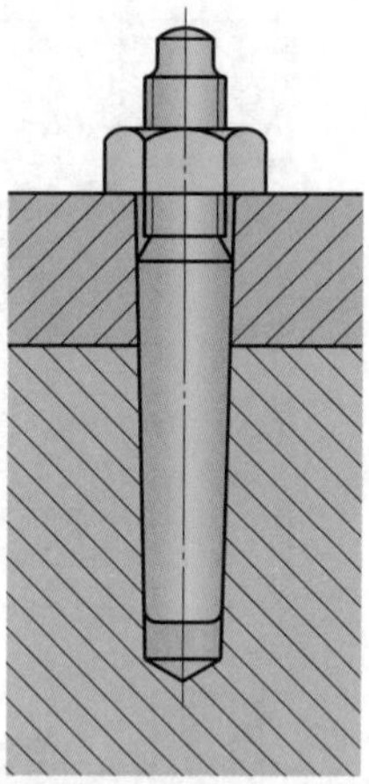	螺纹用于拆卸。有1∶50的锥度，与相同锥度的铰制孔相配合。拆装方便，可多次拆装，定位精度比圆柱销高，能自锁

3. 销的选用与材料

圆柱销利用较小的过盈量固定在销孔中，多次拆装会降低定位精度和可靠性；圆锥销的定位精度和可靠性较高，并且多次拆装不会影响定位精度。因此，需要经常拆装的场合不宜采用圆柱销，而应采用圆锥销。

销起定位作用时一般不承受载荷，并且使用的数量不得少于两个。

销的材料常选用35钢或45钢，并经热处理达到一定硬度。

§6-4 联轴器、离合器和制动器

在生产、生活中，许多机器或设备都需要用到联轴器、离合器和制动器。联轴器和离合器用来连接两轴或轴与旋转件，使之一同旋转并传递运动与转矩，有的也用作安全装置。联轴器在机器停车后用拆卸方法才能把两轴分离或连接。离合器在机械运转过程中，可使两轴随时接合或分离。制动器主要用来降低机械运动速度或使机械停止运转，有时也用作限速装置。

一、联轴器

联轴器是用来连接两轴或轴与旋转件，传递转矩和运动的一种装置。联轴器是机械传动中的常用部件，用联轴器连接的两根轴属于不同的机器或部件。图 6–25 所示为离心泵结构简图，电动机与减速器、减速器与泵之间用联轴器连接。

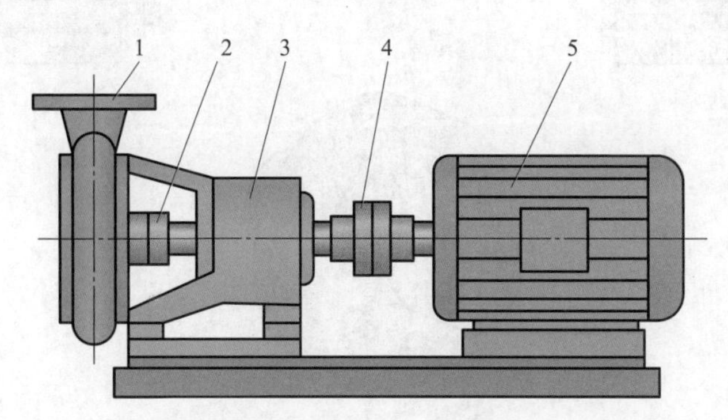

图 6–25　离心泵结构简图

1—离心式水泵　2、4—联轴器　3—减速器　5—电动机

1. 刚性联轴器

刚性联轴器结构简单、制造容易、不需要维护、成本低，但是不具有位移补偿功能，要求两轴严格精确对中，常用的有凸缘联轴器和套筒联轴器等。

（1）凸缘联轴器

凸缘联轴器应用最为广泛，其结构如图 6–26 所示，它由两个半联轴器（凸缘盘）、螺栓和普通型平键等组成。图 6–26a 所示为基本型凸缘联轴器，它依靠六角头铰制孔用螺栓与半联轴器上的铰制孔的过渡配合实现两轴对中。图 6–26b 所示为有对中榫凸缘联轴器，靠半联轴器上的凸肩和沉孔实现两轴对中。

凸缘联轴器结构简单，工作可靠，传递转矩大，装拆方便，适用于连接两轴刚度大、对中性好、安装精确且转速较低、载荷平稳的场合。凸缘联轴器已经标准化，其尺寸可按有关国家标准选用。

（2）套筒联轴器

如图 6–27 所示，套筒联轴器由套筒、连接件（键或销）等组成。图 6–27a 所示套筒联轴器用普通型平键将套筒和轴连为一体，可传递较大的转矩，紧定螺钉用作套筒的轴向固定。图 6–27b 所示套筒联轴器用圆锥销将套筒和轴连为一体，其结构简单，主要用于传递转矩较小的场合。

套筒联轴器制造容易，零件数量较少，结构紧凑，径向外形尺寸较小，但装拆时被连接件需要沿轴向移动较大距离。套筒联轴器适用于两轴能严格对中、载荷不大且较为平稳，并要求联轴器径向尺寸小的场合。此种联轴器目前尚未标准化。

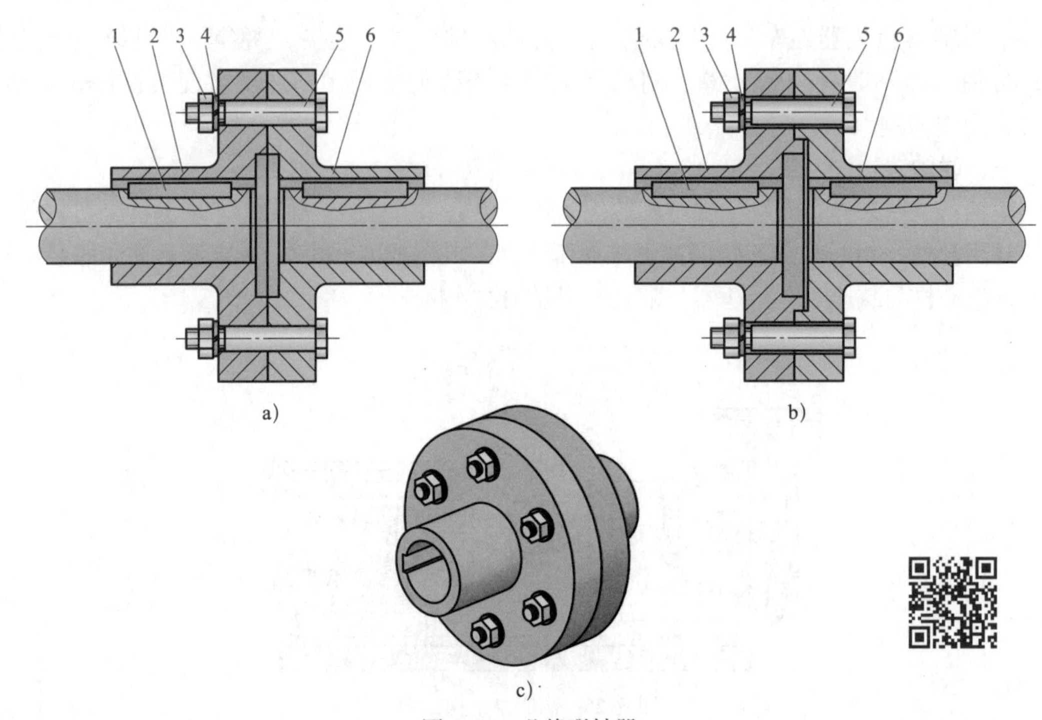

图 6-26　凸缘联轴器

a）基本型凸缘联轴器　b）有对中榫凸缘联轴器　c）立体图

1—普通型平键　2、6—半联轴器　3—螺母　4—弹簧垫圈　5—螺栓

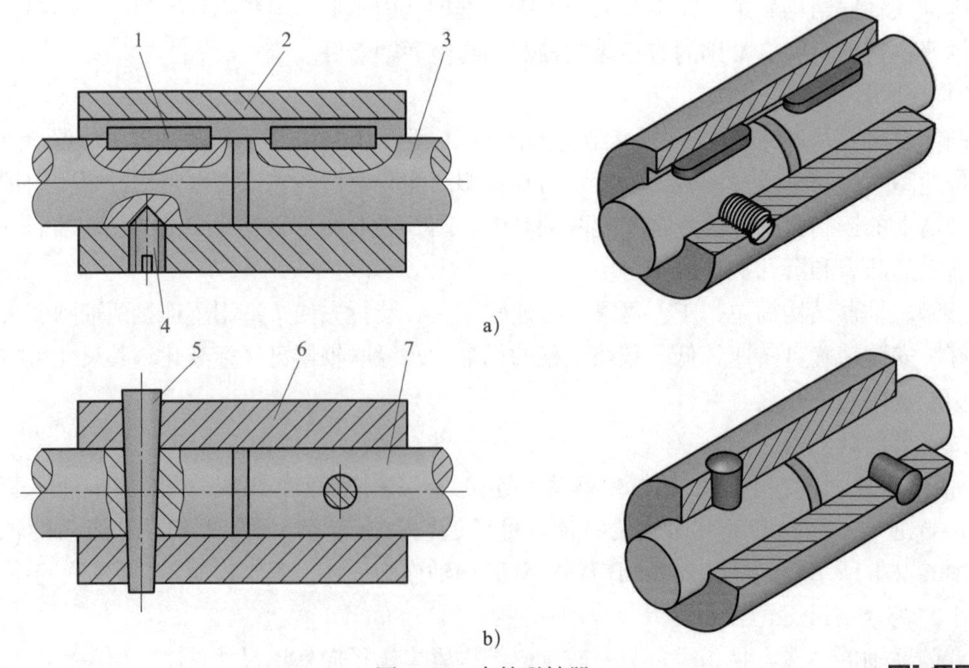

图 6-27　套筒联轴器

a）用平键连接套筒和轴　b）用圆锥销连接套筒和轴

1—普通型平键　2、6—套筒　3、7—轴　4—紧定螺钉　5—圆锥销

2. 无弹性元件挠性联轴器

无弹性元件挠性联轴器是利用自身具有的相对可动元件，使联轴器具有一定的位置补偿能力，因此允许相连两轴间存在一定的相对位移。这类联轴器适用于调整和运转时很难达到两轴完全对中的情况，常用的有十字滑块联轴器、齿式联轴器等。

（1）十字滑块联轴器

图 6–28 所示为十字滑块联轴器，中间的金属盘滑块可以在两侧的半联轴器的径向槽中滑动，以补偿两相连轴的相对位移。其主要优点是允许两轴有较大的位移。由于滑块偏心会在运动时产生离心力，所以这种联轴器只适用于低速运转、轴的刚度较大、无剧烈冲击的场合。

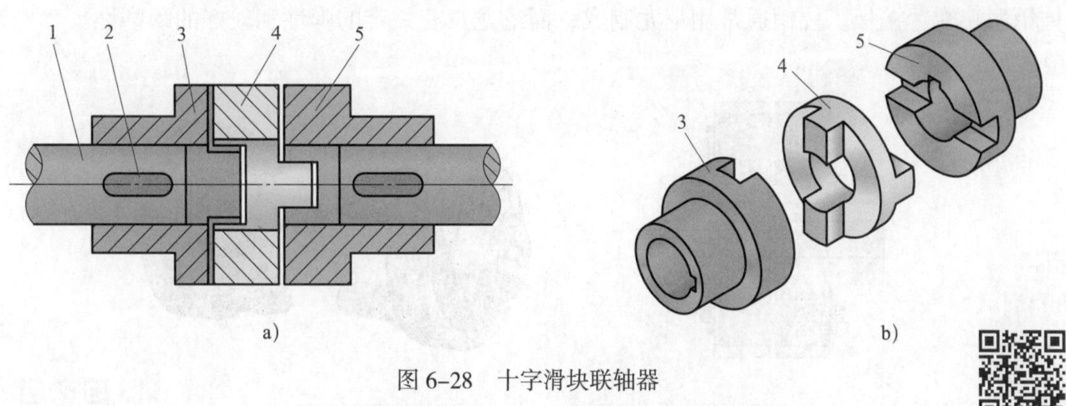

图 6–28　十字滑块联轴器

1—轴　2—普通型平键　3、5—半联轴器　4—金属盘滑块

（2）齿式联轴器

如图 6–29 所示，齿式联轴器主要由两个带外齿的轴套和两个带内齿的套筒组成，两个轴套分别用普通型平键与两轴连接，两个套筒用螺栓连为一体。齿式联轴器利用内、外轮齿的啮合传递转矩。外齿分为直齿（齿顶为圆柱面）和鼓形齿（齿顶为球面）两种，由于鼓形齿比直齿更能够改善轮齿沿齿宽方向的接触状态，因此比直齿联轴器具有更大的补偿和承载能力，应用更广泛。鼓形齿联轴器适用于传递大转矩、有较大相对位移、安装精度要求不高

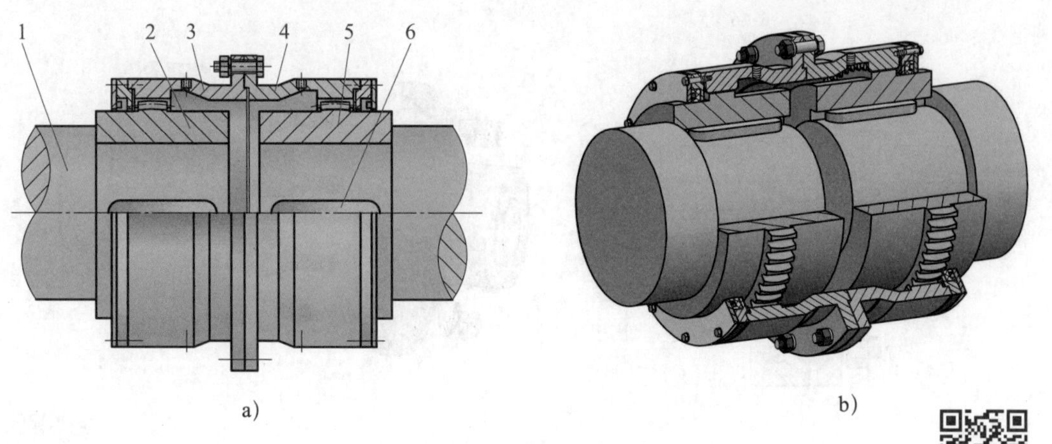

图 6–29　齿式联轴器

1—轴　2、5—轴套　3、4—套筒　6—普通型平键

的两轴的连接，在重型机器和起重设备中的应用较广。由于齿式联轴器在工作时相啮合的齿面间不断做轴向的相对滑动，因此必须保证良好的润滑。

3. 弹性联轴器

弹性联轴器是利用弹性元件的弹性变形，补偿两轴相对位移，缓和冲击和吸收振动的挠性联轴器。常用的弹性联轴器有弹性柱销联轴器和弹性套柱销联轴器等。

（1）弹性柱销联轴器

弹性柱销联轴器也称为尼龙柱销联轴器，如图 6–30 所示。它是利用若干个由非金属材料制成的柱销置于两个半联轴器凸缘上的孔中，以实现两轴的连接。为了防止柱销滑出，在柱销两端配置挡板。柱销通常用尼龙制成，而尼龙具有一定的弹性和较好的耐磨性。

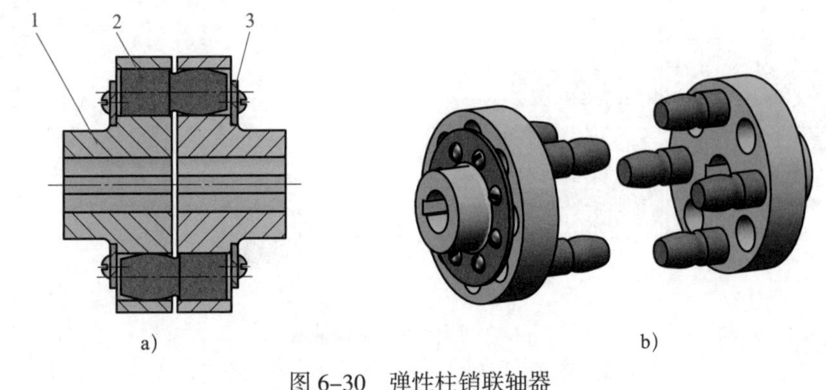

图 6–30　弹性柱销联轴器

1—半联轴器　2—弹性柱销　3—挡板

弹性柱销联轴器结构简单，制造、安装和维修方便，可以补偿两轴偏移、吸振和缓冲，多用于双向运转、启动频繁、转速较高、转矩不大的场合。尼龙对温度较敏感，一般在 –20 ~ 60 ℃的环境温度下工作。

（2）弹性套柱销联轴器

图 6–31 所示为弹性套柱销联轴器，它与凸缘联轴器很相似，所不同的是用套有弹性套

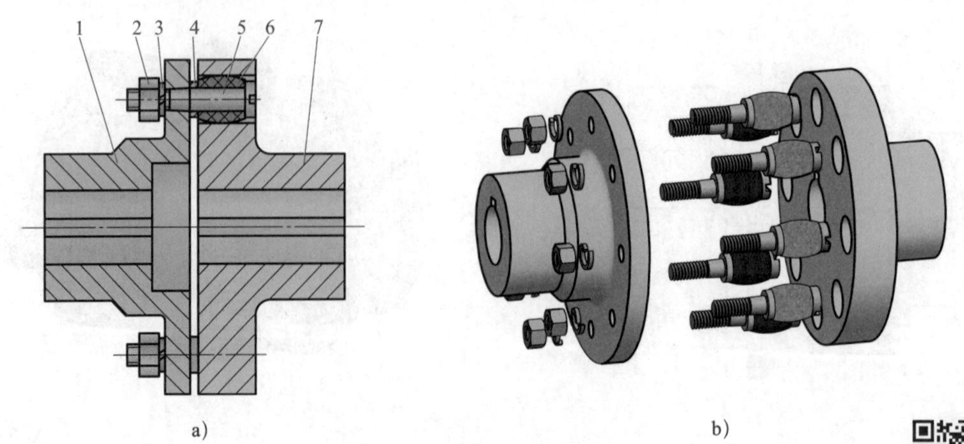

图 6–31　弹性套柱销联轴器

1、7—半联轴器　2—螺母　3—弹簧垫圈　4—挡圈　5—柱销　6—弹性套

的柱销代替螺栓，工作时通过弹性套传递转矩。弹性套通常用聚氨酯制成，不仅可以补偿偏移，还可以缓冲和吸振，但容易损坏。弹性套柱销联轴器通常用于转速较高、频繁启动和旋转方向需要经常改变的场合。

二、离合器

离合器是一种可以通过各种操纵方式，实现从动轴与主动轴在运转过程中接合或分离的装置。离合器的种类很多，按其接合元件传动的工作原理，可分为摩擦式离合器和牙嵌离合器；按控制方式可分为操纵离合器和自控离合器。操纵离合器需要借助人力或动力进行操纵，又分为电磁离合器、气压离合器、液压离合器和机械离合器；自控离合器不需要外来操纵即可在一定条件下自动实现离合器的分离或接合，又分为安全离合器、离心离合器和超越离合器。下面介绍几种常见的离合器。

1. 牙嵌离合器

牙嵌离合器是由两个端面带牙的半离合器组成，如图 6–32 所示。左半离合器 2 用普通型平键 9 和紧定螺钉 8 固定在主动轴 1 上，右半离合器 3 则用导向型平键 4（或花键）与从动轴 5 构成可滑动的连接。通过操纵机构可使右半离合器 3 沿从动轴 5 轴向移动，以实现两半离合器的接合和分离。为了保证两轴的对中，在左半离合器 2 上装有一个对中环 7，从动轴的轴端始终置于对中环的内孔中。当离合器接合时，从动轴与对中环同步旋转；当离合器分离时，对中环继续旋转而从动轴不转。牙嵌离合器常用的牙型有三角形、梯形和矩形等，如图 6–33 所示。

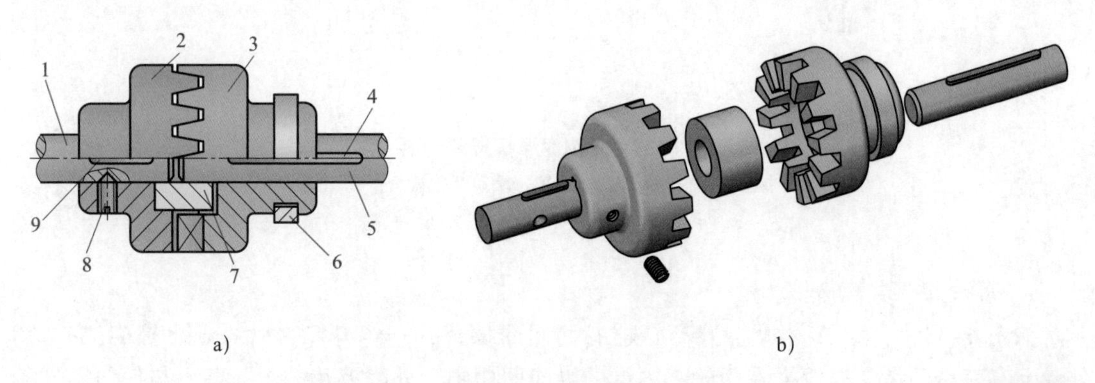

图 6–32　牙嵌离合器

1—主动轴　2—左半离合器　3—右半离合器　4—导向型平键　5—从动轴

6—滑环　7—对中环　8—紧定螺钉　9—普通型平键

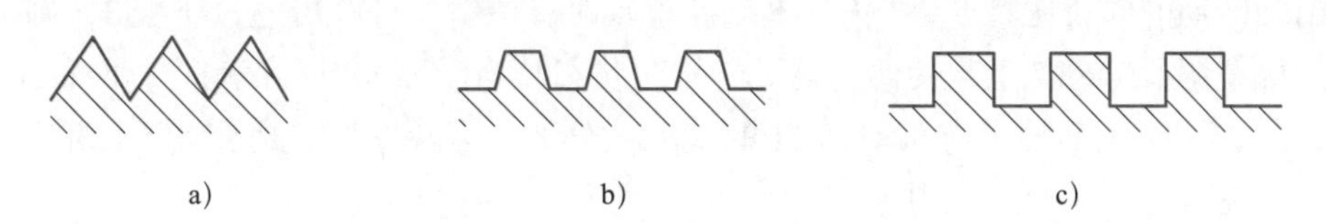

图 6–33　牙嵌离合器常用的牙型

a）三角形　b）梯形　c）矩形

牙嵌离合器结构简单，外廓尺寸小，能保证两轴同步运转，但只能在被连接轴不转动或低速转动时才能进行接合，故常用于低速和不需要在运转中进行接合的机械中。

2. 单圆盘摩擦式离合器

摩擦式离合器是利用主、从动半离合器摩擦片接触面间的摩擦力来传递转矩的，它是能在高速下离合的机械离合器。摩擦式离合器的形式很多，图 6–34 所示为单圆盘摩擦式离合器，主动摩擦盘 2 与主动轴 1 用普通型平键 7 连接，从动摩擦盘 3 与从动轴 4 通过导向型平键 5 连接。工作时，利用操纵装置对从动摩擦盘 3 上的滑环 6 施加一个轴向压力，使从动摩擦盘 3 向左移动，与主动摩擦盘 2 接触并压紧，从而在两圆盘的接合面间产生摩擦力以传递转矩。单圆盘摩擦式离合器结构简单，散热性好，但传递的转矩较小。

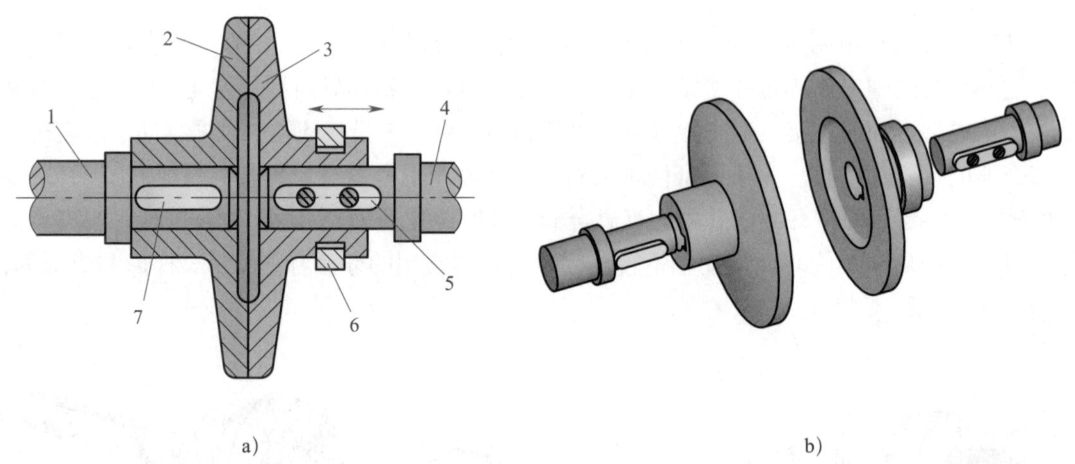

图 6–34　单圆盘摩擦式离合器

1—主动轴　2—主动摩擦盘　3—从动摩擦盘　4—从动轴

5—导向型平键　6—滑环　7—普通型平键

3. 多片摩擦式离合器

如图 6–35 所示，多片摩擦式离合器有两组摩擦片，一组外摩擦片 4（见图 6–35c）的外缘上有三个凸齿，被镶插在毂轮 2 内缘的纵向凹槽中，外摩擦片的内孔壁不与任何零件接触，故可随主动轴 1 一起转动；另一组内摩擦片 5（见图 6–35d）的内孔壁上有三个凸齿与内套筒 10 外缘上的纵向凹槽配合，内摩擦片的外缘不与任何零件接触，故可随从动轴一起转动。内、外两组摩擦片均可沿轴向移动。另外，在内套筒 10 上开有三个纵向槽，槽中装有可绕销轴转动的曲臂压杆 9，当滑环 8 向左移动时，曲臂压杆 9 可通过压板 3，将所有内、外摩擦片压在调节螺母 7 上，使离合器处于接合状态。当滑环 8 向右移动时，曲臂压杆 9 由片弹簧顶起，此时主动轴 1 与从动轴 11 的传动被分离。多片摩擦式离合器可以通过增加摩擦片的数目提高传递转矩的能力。

多片摩擦式离合器能传递较大的转矩而又不会使其径向尺寸过大，故在机床、汽车等机械中得到广泛应用。

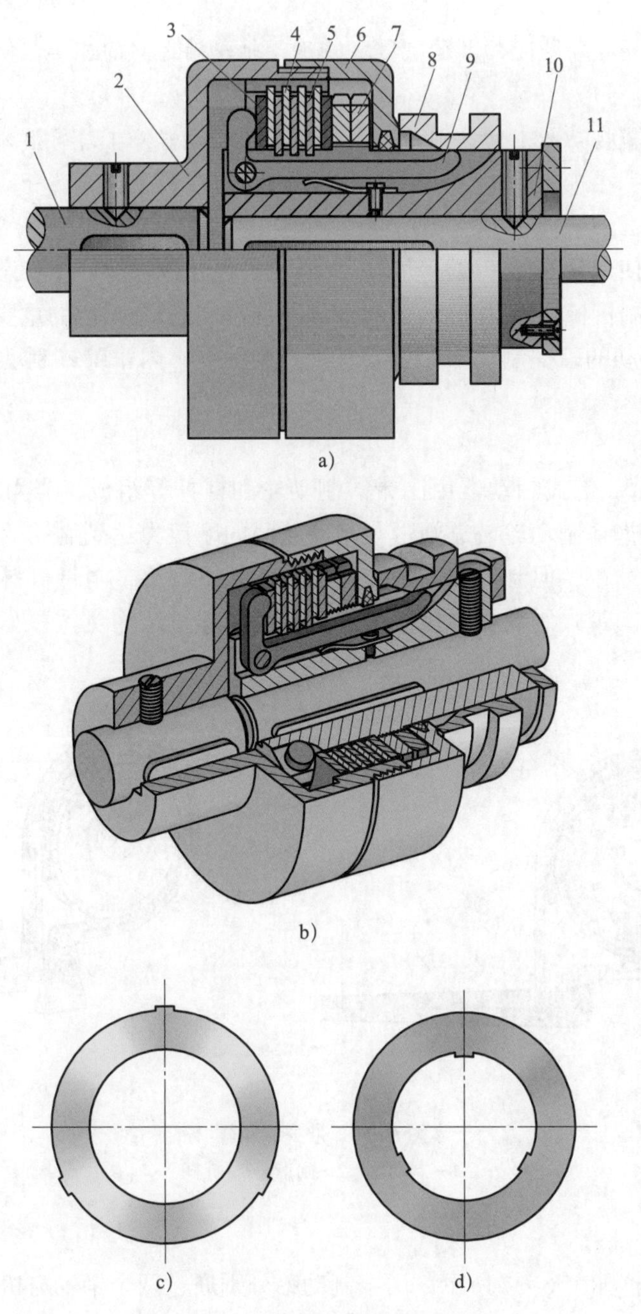

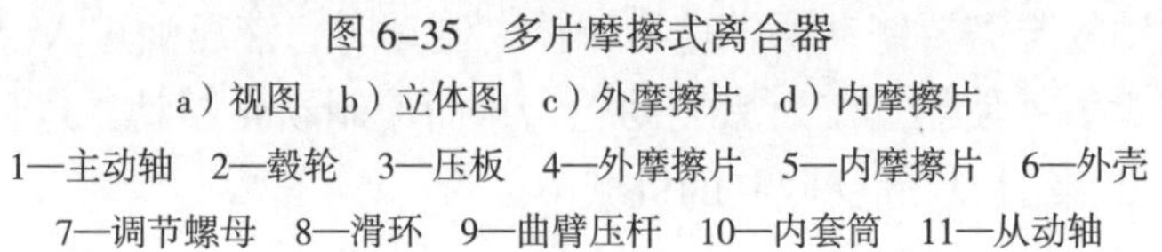
图 6–35　多片摩擦式离合器

a）视图　b）立体图　c）外摩擦片　d）内摩擦片

1—主动轴　2—毂轮　3—压板　4—外摩擦片　5—内摩擦片　6—外壳

7—调节螺母　8—滑环　9—曲臂压杆　10—内套筒　11—从动轴

知识链接

联轴器和离合器在功能上的共同点是：均用于轴与轴之间的连接，使两轴一起转动并传递转矩。

联轴器和离合器在功能上的区别是：联轴器只有在机器停止运转后才能将其拆卸，使两轴分离；而离合器可在机器运转过程中随时使两轴接合或分离。

三、制动器

制动器是具有使运动部件（或运动机械）减速、停止或保持停止状态等功能的装置，有时也用作调节或限制机械的运动速度。它是保证机械正常安全工作的重要部件。常用的制动器是利用摩擦力制动的摩擦制动器，主要有带式制动器、内张蹄式制动器和外抱块式制动器等。

1. 带式制动器

如图 6–36 所示，带式制动器由闸带、制动轮和杠杆等组成，当力 F 作用时，利用杠杆机构收紧闸带而抱住制动轮，靠闸带与制动轮间的摩擦力达到制动的目的。带式制动器结构简单，径向尺寸小，但制动力不大。为了增加摩擦效果，闸带材料一般为覆以石棉或夹铁砂帆布的钢带。带式制动器常用于中、小载荷的起重运输机械、车辆及人力操纵的机械中。

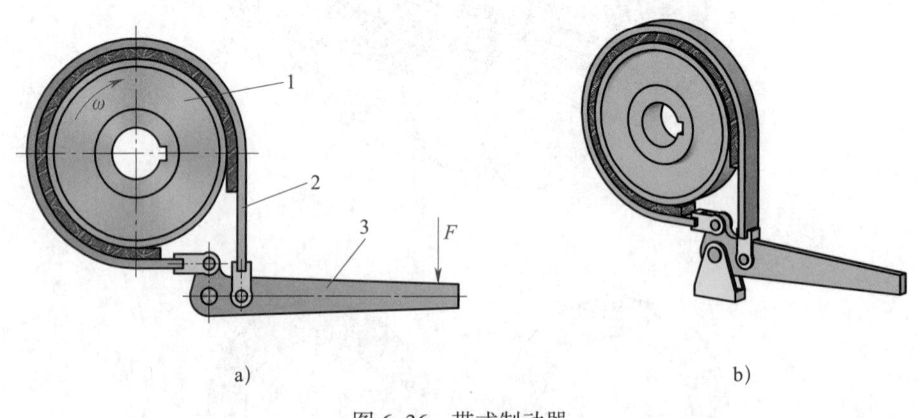

图 6–36　带式制动器

1—制动轮　2—闸带　3—杠杆

2. 内张蹄式制动器

内张蹄式制动器如图 6–37 所示，两个制动蹄分别通过两个销轴与机架铰接，制动蹄表面装有摩擦片，制动轮与需要制动的轴连为一体。制动时，液压油进入液压缸 4，推动活塞向外伸出，克服弹簧力并使制动蹄压紧制动轮，从而使制动轮制动。这种制动器结构紧凑，广泛用于各种车辆以及结构尺寸受限制的机械中。

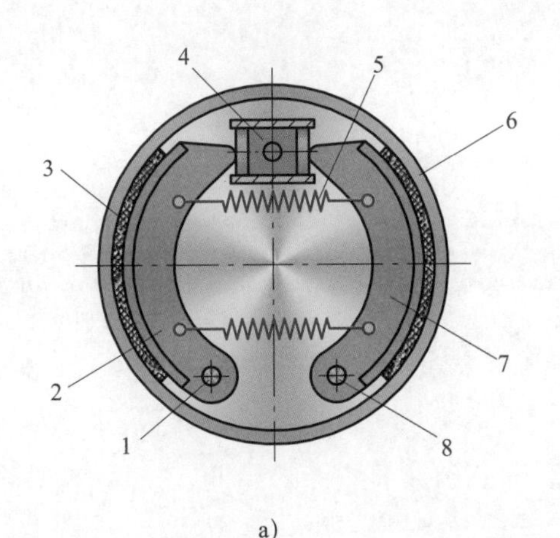

a)

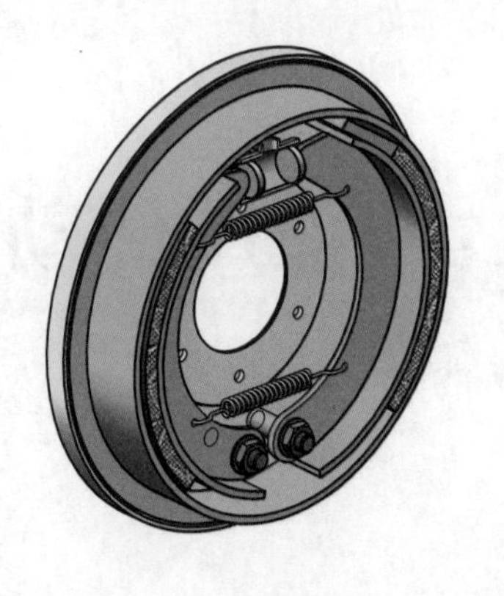
b)

图 6–37　内张蹄式制动器

1、8—销轴　2、7—制动蹄　3—摩擦片　4—液压缸　5—拉伸弹簧　6—制动轮

3. 外抱块式制动器

外抱块式制动器如图 6–38 所示，压缩弹簧 3 通过制动臂 6 使闸瓦块 2 压紧在制动轮 1 上，使制动器处于闭合（制动）状态。当松闸器 7 通入电流时，利用电磁作用把顶柱 5 顶起，通过推杆 4 带动制动臂 6 向外张开，使闸瓦块 2 与制动轮 1 松脱。闸瓦块的材料可采用铸铁，也可在铸铁上覆以皮革或石棉。这种制动器制动和开启迅速、尺寸小、质量轻，但制动时冲击大，不适用于制动力矩大和需要频繁启动的场合。

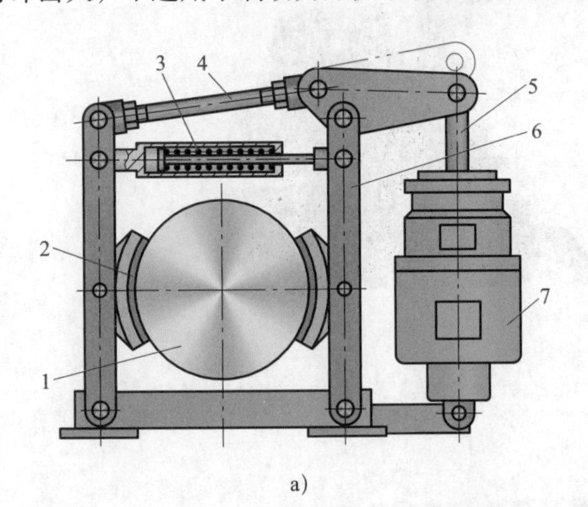

a)

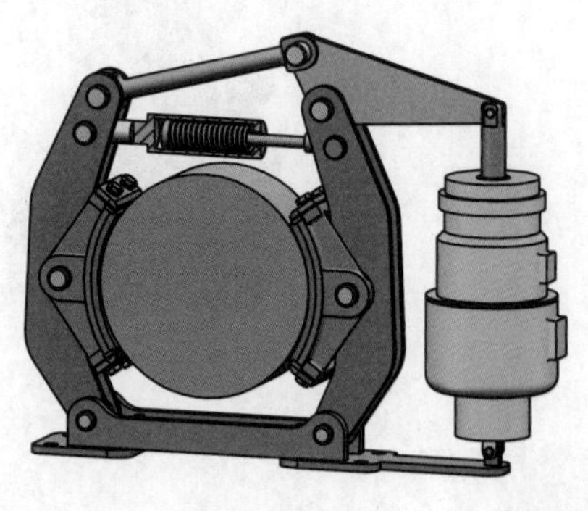
b)

图 6–38　外抱块式制动器

1—制动轮　2—闸瓦块　3—压缩弹簧　4—推杆　5—顶柱　6—制动臂　7—松闸器

第七章 液压传动

液压传动是用液体作为工作介质来传递能量和进行控制的传动方式，属于流体传动，其工作原理与机械传动有着本质的区别。液压传动在机床、工程机械、汽车、船舶等行业应用广泛。图 7-1 所示为挖掘机，它的动臂、斗杆、铲斗等工作机构和行走机构都采用了液压传动。

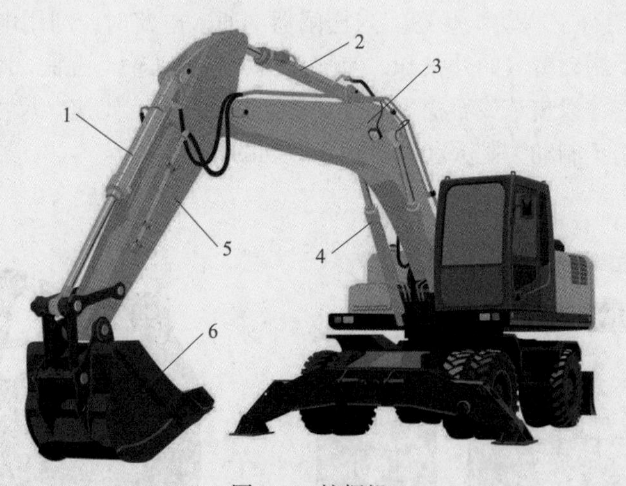

图 7-1　挖掘机

1—铲斗液压缸　2—斗杆液压缸　3—动臂　4—动臂液压缸　5—斗杆　6—铲斗

本章主要内容如下：

1. 液压传动的原理，液压传动系统的组成，液压传动的特点。

2. 液压传动系统的动力元件、执行元件、控制元件、辅助元件的类型、结构、工作原理、图形符号、特点及应用。

3. 液压传动系统基本回路，典型液压传动系统的组成和工作原理。

4. 液压传动系统的使用、检查与保养方法，液压油液的使用与维护方法。

§7-1 液压传动概述

一、液压传动的基本原理

液压千斤顶（见图 7-2）是一个在生产、生活中经常用到的小型起重装置，常用于顶升重物。它是一种非常典型的液压传动设备，利用柱塞、缸体等元件，通过压力油将机械能转换为液压能，再转换为机械能。液压千斤顶的工作原理如图 7-3 所示。大缸体 8 和大活塞 9 组成举升液压缸，杠杆手柄 1、小缸体 2、小活塞 3、单向阀 4 和单向阀 7 等组成手动液压泵。液压千斤顶具体工作过程如下。

图 7-2　液压千斤顶

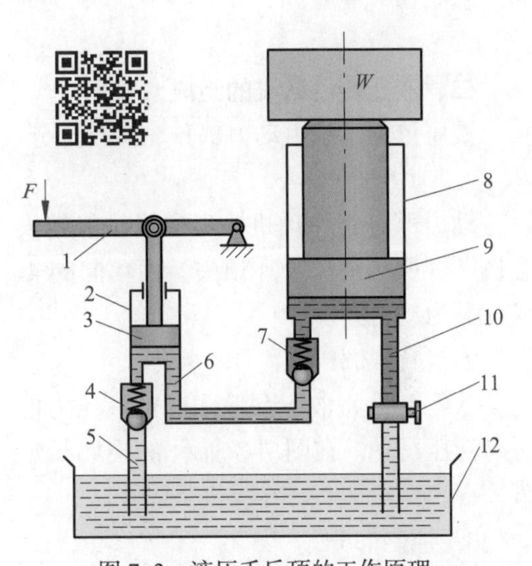

图 7-3　液压千斤顶的工作原理

1—杠杆手柄　2—小缸体　3—小活塞

4、7—单向阀　5—吸油管　6、10—管道

8—大缸体　9—大活塞　11—截止阀　12—油箱

1. 液压泵吸油

当提起杠杆手柄 1 使小活塞 3 向上移动时，小活塞下端油腔容积增大，形成局部真空，这时单向阀 4 打开，通过吸油管 5 从油箱 12 中吸油。

2. 液压泵压油

当用力压下杠杆手柄 1 时，小活塞 3 下移，小缸体 2 的下腔压力升高，单向阀 4 关闭，单向阀 7 打开，下腔的油液经管道 6 输入大缸体 8 的下腔，迫使大活塞 9 向上移动，顶起重物。

再次提起杠杆手柄 1 吸油时，单向阀 7 关闭，使大缸体 8 中的油液不能倒流。不断往复扳动杠杆手柄，就能不断地从油箱 12 中吸油并将其压入大缸体 8 的下腔，使重物逐渐升起。

3. 液压缸泄油

打开截止阀 11，大缸体下腔的油液通过管道 10、截止阀 11 流回油箱。大活塞 9 在重物和自重的作用下向下移动，回到原位。

通过以上分析，可总结出液压传动的工作原理：液压传动以压力油为工作介质，通过动力元件（液压泵）将原动机的机械能转换为压力油的压力能；再通过控制元件，借助执行元件（液压缸或液压马达）将压力能转换为机械能，驱动负载实现直线或旋转运动；通过控制元件对压力和流量的调节，可以调节执行元件的力和速度。

知识链接

截　止　阀

截止阀也叫截门，是一种使用广泛的阀门，用于对其所在管路中的介质进行切断和节流。

二、液压传动系统的组成

液压传动系统由动力部分、执行部分、控制部分、辅助部分和工作介质五部分组成。

1. 动力部分

动力部分将原动机输出的机械能转换为油液的压力能（液压能）。动力元件为液压泵。在图 7–3 所示液压千斤顶中，由单向阀 4、小活塞 3、小缸体 2 和杠杆手柄 1 等组成的手动液压泵为动力元件。

2. 执行部分

执行部分将液压泵输入的油液压力能转换为带动机构工作的机械能。执行元件有液压缸和液压马达。在图 7–3 所示液压千斤顶中，由大活塞 9 和大缸体 8 组成的液压缸为执行元件。

3. 控制部分

控制部分用来控制和调节油液的压力、流量和流动方向。控制元件有各种压力控制阀、流量控制阀和方向控制阀等。在图 7–3 所示液压千斤顶中，截止阀 11 为控制元件。

4. 辅助部分

辅助部分与动力部分、执行部分、控制部分一起组成一个系统，起储油、过滤、测量和密封等作用，以保证系统正常工作。辅助元件有油箱、过滤器、蓄能器、管路、管接头、密封件及测量仪表等。在图 7–3 所示液压千斤顶中，吸油管 5、油箱 12 等为辅助元件。

5. 工作介质

液压传动系统中还包括工作介质，主要是指传递能量的液体介质，即各种液压油液。

三、液压元件的图形符号与液压回路图

图 7–3 所示的液压千斤顶的工作原理图直观性强，容易理解，但绘制起来比较麻烦，系统中元件数量多时绘制更加不便。为了简化原理图的绘制，系统中各元件可用图形符号表

示，如图 7–4 所示。这些符号只表示元件的职能（即功能）、控制方式以及外部连接口，不表示元件的具体结构、参数以及连接口的实际位置和元件的安装位置。这种用图形符号表达液压传动系统工作原理的示意图称为液压回路图，又称为液压系统图。

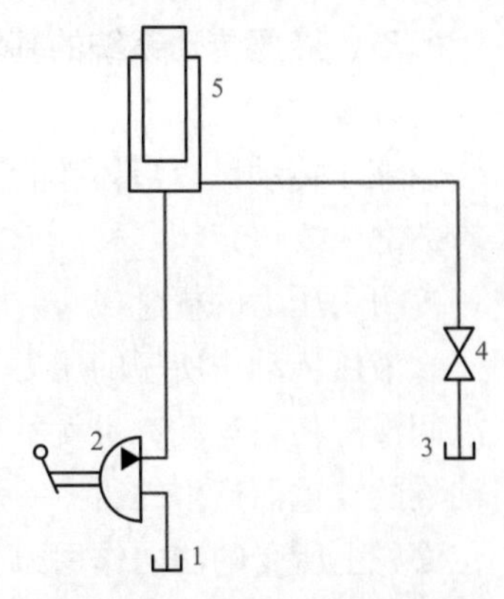

图 7–4　液压千斤顶的液压回路图

1、3—油箱　2—手动泵　4—截止阀　5—液压缸

四、液压传动的特点

1. 液压传动的优点

（1）传动平稳。油液有吸振能力，在油路中还可以设置液压缓冲装置。

（2）质量轻，体积小。在输出同样功率的条件下，液压传动设备的体积和质量与机械传动相比要小很多，因此惯性小、动作灵敏。

（3）承载能力大。液压传动易于获得很大的力和转矩，因此广泛用于压力机、隧道掘进机、万吨轮船操舵机和万吨水压机等。

（4）易实现无级调速。液压传动可实现液体流量的无级调速。调速范围很大，最高可达 2 000 : 1，容易获得极低的速度。

（5）易实现过载保护。液压传动系统中较易设置安全保护措施，能够自动防止过载，避免发生事故。

（6）能自润滑。由于采用液压油液作为工作介质，液压传动装置能够自动润滑，因此，液压元件的使用寿命较长。

（7）易实现复杂动作。液体的压力、流量和方向较容易实现控制，再配合电气控制装置，易实现复杂的自动工作循环。此外，液压传动便于采用电液联合控制以用于自动化生产。

（8）液压元件也已实现系列化、标准化和通用化。

2. 液压传动的缺点

（1）制造精度要求高。液压元件的技术要求高，对加工和装配的要求较高，对使用和维护的要求比较严格。

（2）定比传动困难。液压传动是以液压油液作为工作介质，在相对运动表面间不可避免地有泄漏，因此不宜应用在运动速度要求严格的场合。

（3）油液受温度的影响大。由于液压油液的黏度随温度的改变而改变，故不宜应用在高温或低温的工作环境中。

（4）不宜远距离输送动力。由于采用油管传输压力油，压力损失较大，故不宜远距离输送动力。

（5）油液中的空气影响工作性能。液压传动系统在工作时，油液中易混入空气，从而影响工作性能。如容易引起爬行、振动和噪声，使系统的工作性能受到影响。

（6）油液容易被污染。油液被污染后会影响系统工作的可靠性。

（7）发生故障不容易排查与排除。液压传动系统是一个整体，发生故障后很难找到故障点，只能逐一排查。

五、液压传动系统的基本参数

1. 压力

液压传动是以液体作为工作介质进行能量转换的，压力是液压传动中最基本、最重要的参数之一。

（1）压力的概念

液压传动中所说的压力一般是指液体的静压力，即液体在静止时的压力。静止液体的质点间没有相对运动，也就不存在摩擦力，故静止液体表面只有法向力。在液压传动中，由于油液的自重而产生的压力一般很小，可忽略不计。所以，液压传动系统的压力是指液体在单位面积上所受的法向作用力（见图 7–5），用 p 表示，即：

$$p=F/A$$

式中　A——受力面积，m^2；

F——法向力，N；

p——压力，N/m^2 或 Pa，1 Pa=1 N/m^2。

液体的静压力有以下两个特性：

1）液体的静压力垂直于其作用表面，其方向和该表面的内法线方向一致。

2）静止液体内任意一点所受到的各个方向的压力都相等。

如果在液体中某点受到的各个方向的压力不相等，则液体就会产生流动。

（2）压力的传递

置于密闭容器中的液体，其外加压力发生变化时，只要液体仍然保持原来的静止状态不变，液体中任意一点的压力都发生同样大小的变化。也就是说，在密闭容器内，施加于静止液体上的压力将等值同时传到液体各点，这就是静压传递原理，即帕斯卡原理。

图 7–6 所示为两个连通的液压缸，两液压缸的面积分别为 A_1、A_2，活塞上作用的负载分别为 F_1 和 F_2，由于两液压缸相通，构成了一个密闭的容器，按帕斯卡原理，密闭容器内液体各点的压力相同，即 $p_1=p_2$，而 $p_1=F_1/A_1$，$p_2=F_2/A_2$，故有：

$$\frac{F_1}{A_1}=\frac{F_2}{A_2} \text{ 或 } F_2=\frac{A_2}{A_1}F_1$$

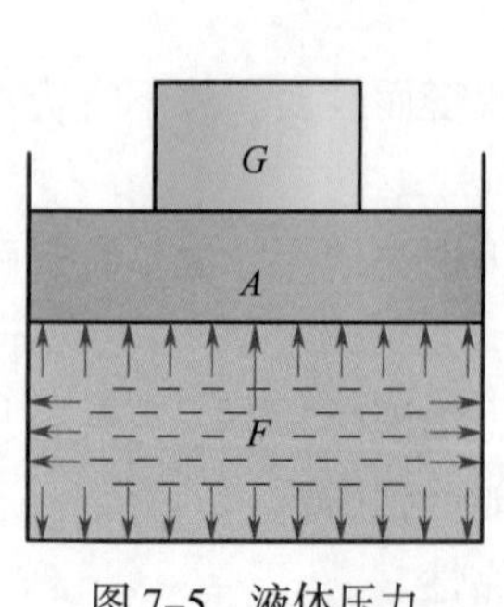

图 7–5　液体压力

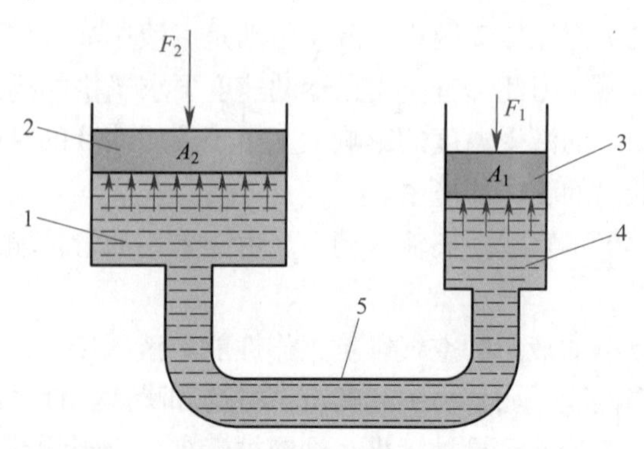

图 7–6　两个连通的液压缸

1—大液压缸　2—大活塞　3—小活塞

4—小液压缸　5—管路

由上式可知，用一个小的主动力 F_1，可以举起大的负载 F_2。液压千斤顶就是利用这一原理顶起重物的。上式还说明，液压传动系统中的压力是由外界负载决定的，并随着负载的变化而变化。

2. 流量和流速

（1）流量

液压传动是依靠流动的有压液体来传递动力的，单位时间内流过某一通道截面的液体体积称为流量。通常所说的流量是指平均流量，用 q_v 表示。即：

$$q_v=V/t$$

式中 q_v——平均流量，m^3/s 或 L/min，$1\ m^3/s=6\times10^4$ L/min；

V——流过截面的液体体积，m^3；

t——液体流过的时间，s。

（2）流速

流速是指液体流质点在单位时间内所移动的距离。由于黏性的作用，管道内同一截面上各点的流速不同（见图 7–7），一般以平均流速作为管道流速，平均流速和流量的关系是：

$$v=q_v/A$$

式中 v——平均流速，m/s；

q_v——平均流量，m^3/s；

A——流通截面积，m^2。

液体的可压缩性很小，一般情况下，可以认为液压油不可压缩。因此，液压油在无分支管路中，通过每一截面的流量是相等的。

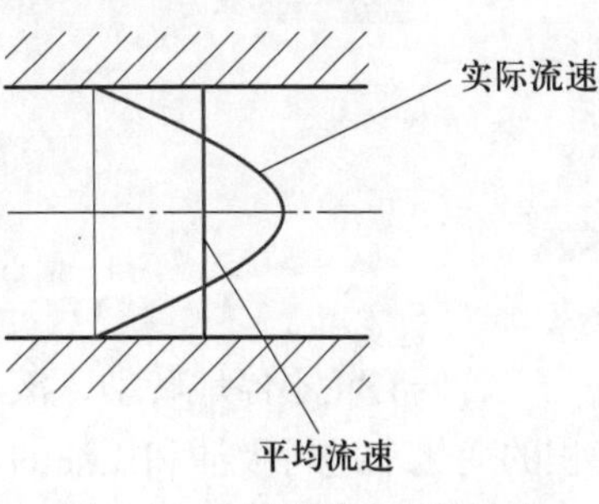

图 7–7　实际流速和平均流速

§7–2　液压动力元件

液压传动系统的动力元件一般为液压泵，它将电动机或其他原动机输出的机械能转换为液压能，向液压传动系统提供压力油。

一、液压泵的工作原理

图 7–8 所示是单柱塞泵工作原理图，下面以此为例说明液压泵的工作原理。

柱塞 2 安装在泵体 3 内，它在弹簧 4 的作用下始终与偏心轮 1 接触。当偏心轮转动时，柱塞受偏心轮驱动力和弹簧力的作用做左右往复运动。

1. 吸油过程

如图 7–8a 所示，当偏心轮的向径（轮缘到旋转中心的距离）由最大转向最小时，柱塞向右运动，其左端和泵体间的密封容积增大，形成局部真空，油箱中的油液在大气压力的作用下产生压力并作用在单向阀 5 的钢球上，在克服弹簧的弹力后打开单向阀 5，油液进入泵体 3 内。此时，单向阀 6 的钢球在弹簧力和系统压力的作用下封闭油口，单向阀 6 关闭，防止系统中的油液回流。此时液压泵吸油。

2. 压油过程

如图 7–8b 所示，当偏心轮的向径由最小转向最大时，柱塞向左运动，密封容积减小，油液产生压力。单向阀 5 的钢球在弹簧力和油液压力的作用下将吸油口封闭，防止油液流回油箱。于是泵体内的压力油经单向阀 6 进入系统，液压泵压油。

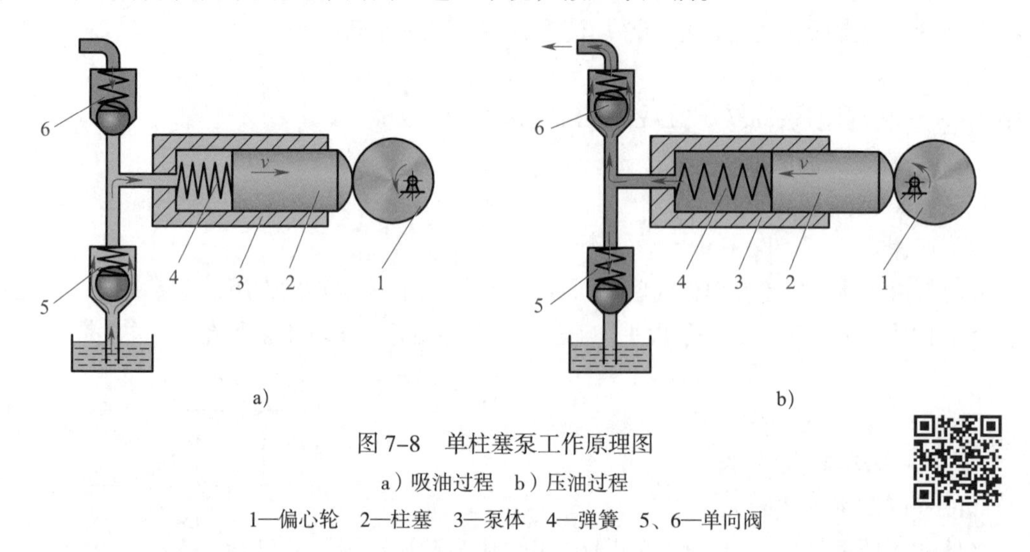

图 7–8　单柱塞泵工作原理图

a）吸油过程　b）压油过程

1—偏心轮　2—柱塞　3—泵体　4—弹簧　5、6—单向阀

若偏心轮不停地转动，液压泵就不断地吸油和压油。由上述可知，液压泵是通过密封容积的变化来进行吸油和压油的。这种靠密封容腔体积的周期性变化实现吸油和压油的液压泵称为容积泵。目前，液压传动中的液压泵一般采用容积泵。

二、常用液压泵

液压泵的种类很多，按照结构不同，分为齿轮泵、叶片泵和柱塞泵等；按其输油方向能否改变，分为单向泵和双向泵；按其输出的流量能否调节，分为定量泵和变量泵；按其额定压力高低不同，分为低压泵、中压泵和高压泵等。常用液压泵有齿轮泵、叶片泵和柱塞泵等。

1. 齿轮泵

齿轮泵有外啮合齿轮泵和内啮合齿轮泵两种结构形式。图 7–9 所示为外啮合齿轮泵，其特点是结构简单，成本低，抗污及自吸性好，广泛应用于低压系统。

外啮合齿轮泵的工作原理如图 7–10 所示。当齿轮按图示箭头方向旋转时，右侧吸油腔由于相互啮合的轮齿逐渐脱开，密封工作容积逐渐增大，形成局部真空，因此油箱中的油液在外界大气压力的作用下，经吸油口进入吸油腔，将齿间的槽充满，并随着齿轮旋转，把油液带到左侧压油腔。随着齿轮的相互啮合，压油腔密封工作容积不断减小，油液便被挤出去，从压油口输送到压力管路中去。齿轮啮合时，轮齿的接触线把吸油腔和压油腔分开。

在齿轮泵的工作过程中，只要两齿轮的旋转方向不变，其吸、压油腔的位置也就确定不变。从外啮合齿轮泵的工作原理可以看出，外啮合齿轮泵在工作时，吸油和压油是依靠吸油腔和压油腔容积变化来实现的，所以外啮合齿轮泵是容积泵。受结构限制，齿轮泵只能是定量泵。

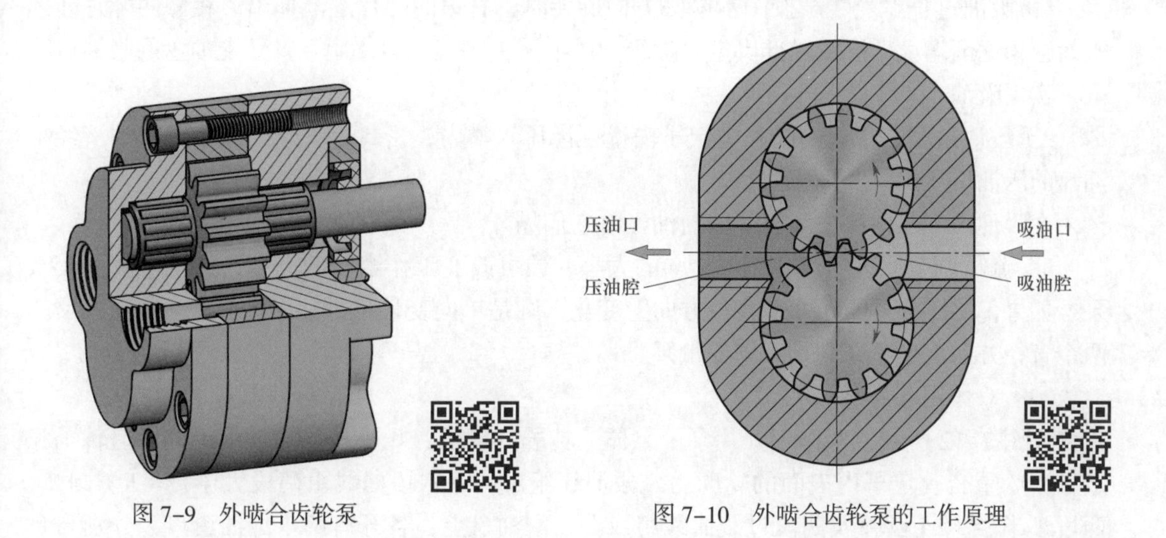

图 7-9　外啮合齿轮泵

图 7-10　外啮合齿轮泵的工作原理

2. 叶片泵

叶片泵分为单作用叶片泵和双作用叶片泵。单作用叶片泵一般是变量泵，双作用叶片泵只能做成定量泵。两者的主要区别是定子内曲线的形状不同。而曲线形状不同导致泵轴旋转一周时吸、压油的次数也不相同，单作用叶片泵每转一周吸、压油各一次，双作用叶片泵每转一周吸、压油各两次。

（1）单作用叶片泵

单作用叶片泵的工作原理如图 7-11 所示。定子的内表面是圆柱面，转子和定子中心之间存在着偏心距 e，叶片在转子的槽内可灵活滑动。当转子转动时，在离心力以及叶片根部压力油液的压力作用下，叶片顶部贴紧在定子内表面上，于是两相邻叶片、定子、转子和配油盘等便形成了一个密封的工作腔。当转子旋转时，工作腔的容积发生变化，从而实现吸油和压油。

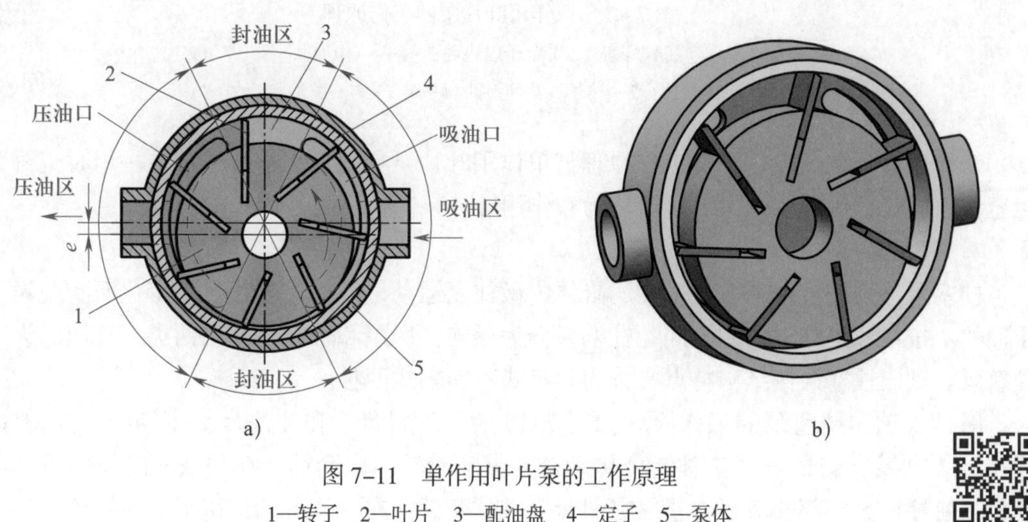

图 7-11　单作用叶片泵的工作原理

1—转子　2—叶片　3—配油盘　4—定子　5—泵体

1）吸油过程。当转子按图示箭头方向旋转时，右边的叶片逐渐伸出，相邻两叶片间的密封容积逐渐增大，形成局部真空，油箱中的油液在大气压力作用下，经配油盘的吸油口吸入，实现吸油。

2）压油过程。左边的叶片被定子内壁逐渐压入槽内，密封容积逐渐减小，将油液经配油盘的压油口压出，实现压油。

在吸油区和压油区之间有一段封油区将它们隔开。

3）流量调节原理。改变偏心距 e 的大小，便可改变工作容腔的大小，这就形成了变量泵。如果偏心距 e 只能在一个直径方向上变化，则是单向变量泵；如果偏心距 e 可在相反的两个直径方向上变化，则是双向变量泵。

（2）双作用叶片泵

如图 7–12 所示，双作用叶片泵由泵体、转子、定子、叶片和配油盘等组成，但转子和定子中心重合。定子内表面的轮廓由八段曲线组成，这八段曲线由两段大半径（R）圆弧、两段小半径（r）圆弧及四段过渡曲线组成。在配油盘上，各开有两个配油窗口，分别与泵的吸油槽和压油槽相通。

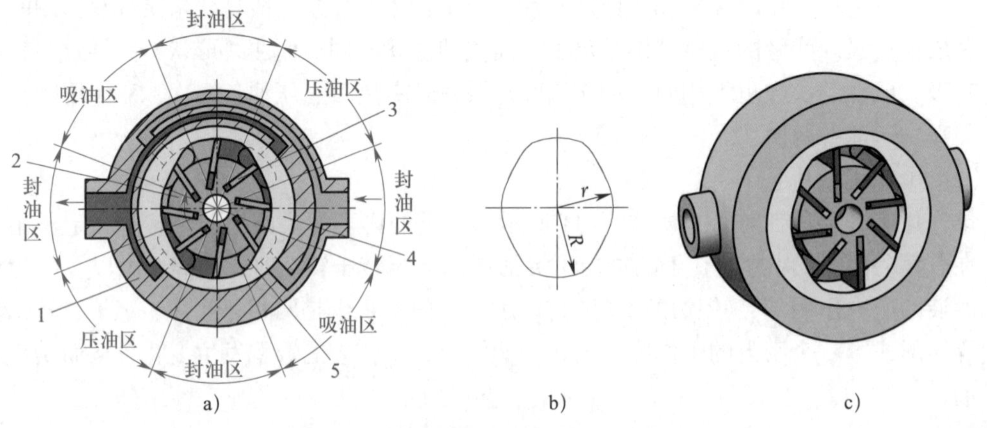

图 7–12　双作用叶片泵的工作原理

a）工作原理　b）定子内表面曲线　c）立体图

1—泵体　2—转子　3—叶片　4—定子　5—配油盘

双作用叶片泵的吸、压油工作原理与单作用叶片泵相同，只是转子每转一周时，每个密封容积完成吸、压油各两次，所以称为双作用叶片泵。

3. 柱塞泵

柱塞泵是利用柱塞在有柱塞孔的缸体内做往复运动，使密封容积发生变化而实现吸油和压油的。按柱塞排列方向的不同，柱塞泵分为径向柱塞泵和轴向柱塞泵两类，常用的为轴向柱塞泵。轴向柱塞泵按结构特点又分为斜盘式和斜轴式两种。

斜盘式轴向柱塞泵的工作原理如图 7–13 所示。斜盘 1 和配油盘 10 固定不动，斜盘法线与缸体轴线有交角 α。缸体 7 由传动轴 9 带动旋转，内套筒 4 在弹簧 6 的作用下，通过压板 3 使柱塞 5 头部的滑履 2 紧靠在斜盘上，外套筒 8 在弹簧 6 的作用下，使缸体 7 与配油盘10紧密接触，起密封作用。在配油盘10上开有两个腰形吸、压油口。

当传动轴9带动缸体7按图7–13所示方向旋转时，在前半周内，柱塞逐渐向外伸出，柱塞与缸体孔内的密封容积逐渐增大，形成局部真空，通过配油盘的吸油口吸油；缸体在后半周时，柱塞在斜盘斜面作用下逐渐被压入柱塞孔内，密封容积逐渐减小，通过配油盘的压油口压油。缸体每转一周，每个柱塞往复运动一次，完成吸、压油各一次。

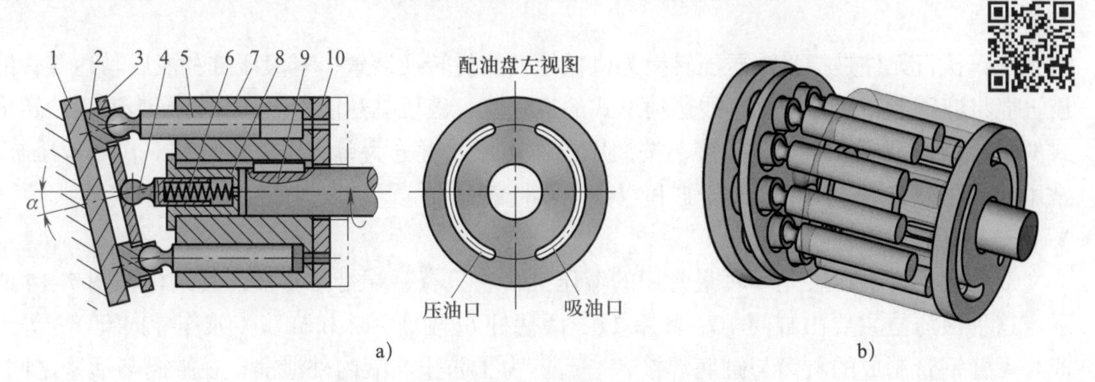

图7–13　斜盘式轴向柱塞泵的工作原理

1—斜盘　2—滑履　3—压板　4—内套筒　5—柱塞　6—弹簧　7—缸体　8—外套筒　9—传动轴　10—配油盘

如果改变斜盘倾角 α 的大小，可改变柱塞行程的长度，从而改变泵的输出流量；如果改变斜盘的倾斜方向，则泵的吸、压油口互换。所以斜盘式轴向柱塞泵是双向变量泵。

三、常用液压泵的图形符号

常用液压泵的图形符号见表7–1。

表7–1　常用液压泵的图形符号

名称	单向定量液压泵	双向定量液压泵	单向变量液压泵	双向变量液压泵
图形符号				
说明	定排量，顺时针单向旋转，单向流动	定排量，双向旋转，双向流动	变排量，顺时针单向旋转，单向流动	变排量，双向旋转，双向流动

注：1. 大圆表示液压泵。

2. 圆内实心三角形表示液压力作用方向，液压泵的实心三角形向外。

3. 右侧的弧线箭头表示泵轴的旋转方向，一个箭头（↓）表示单向，两个箭头（↕）表示双向。

4. 贯穿大圆的长斜箭头（↗）表示泵的排量可调节。

5. 圆上、下两侧的直线表示油路接口。单向液压泵与实心三角形相连的那条直线为压力油输出管路，另一条直线为吸油管路。

6. ⊏ 表示驱动轴的位置。

7. 虚线表示外泄油路。

§7-3 液压执行元件

液压执行元件是指将液压能转换为机械能的能量转换装置，有液压缸和液压马达等，液压缸能将液压能转换为往复直线运动形式的机械能，液压马达能将液压能转换为连续旋转形式的机械能。液压缸的类型很多，按油压的作用形式可分为单作用液压缸和双作用液压缸。常用的液压缸有双作用单杆液压缸和双作用双杆液压缸。

一、双作用单杆液压缸

双作用单杆液压缸是一种最常用的液压缸，它只有一端带活塞杆，其结构如图 7-14 所示。这种液压缸主要由缸筒 10、活塞 11、活塞杆 6、缸底 12 和缸盖（兼作导向套）3 等组成。无缝钢管制成的缸筒与缸底焊接在一起。为了防止油液内外泄漏，在缸筒与活塞之间、缸筒与缸盖之间、活塞杆与活塞之间、活塞杆与缸盖之间分别安装了密封圈。油口 *A* 和油口 *B* 都可以通液压油液，以实现双向运动，故称为双作用液压缸。

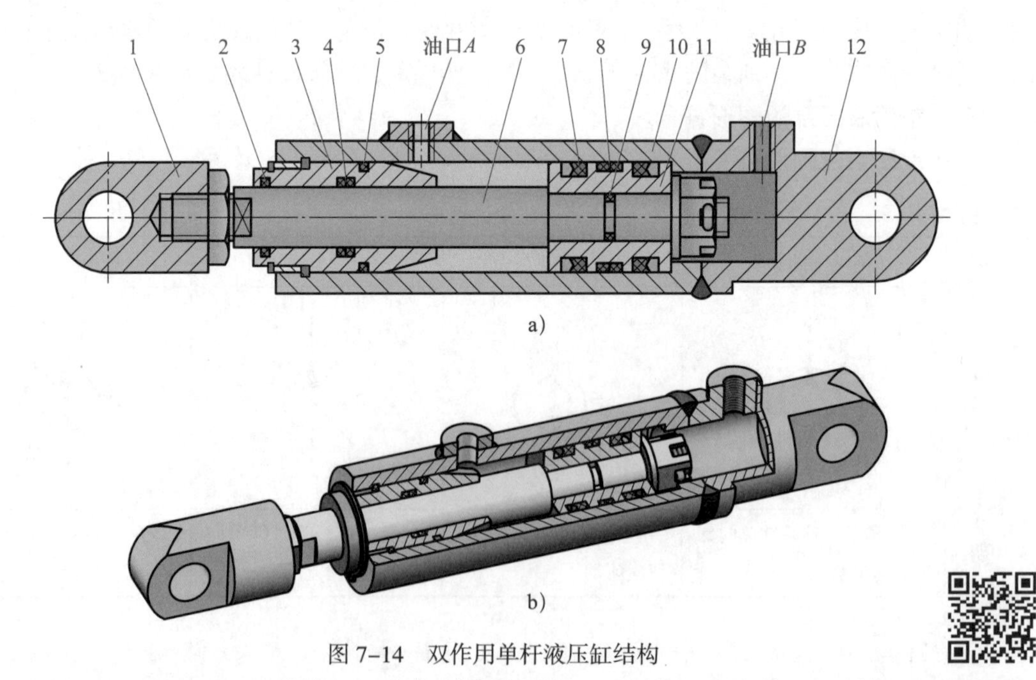

图 7-14　双作用单杆液压缸结构

1—耳环　2、4、5、7、8、9—密封圈　3—缸盖（兼作导向套）　6—活塞杆　10—缸筒　11—活塞　12—缸底

双作用单杆液压缸的结构特点是活塞的一端有杆，而另一端无杆，活塞两端的有效作用面积不等。在工作过程中，一端进油，另一端回油，压力油作用在活塞上形成一定的推力，使得活塞杆前伸或后退。这种液压缸常用于各类机床，以满足较大负载、慢速工作进给和空载时快速退回的工作需要。

二、双作用双杆液压缸

双作用双杆液压缸的活塞两端都带有活塞杆。图 7–15 所示为缸体固定式双作用双杆液压缸，主要由缸盖、缸体、活塞杆、活塞等零件组成。两端的缸盖上设有进、出油口。双作用双杆液压缸活塞杆往复运动的速度和液压推力相等。这种液压缸因占地面积较大，一般用于小型机床或液压设备中。

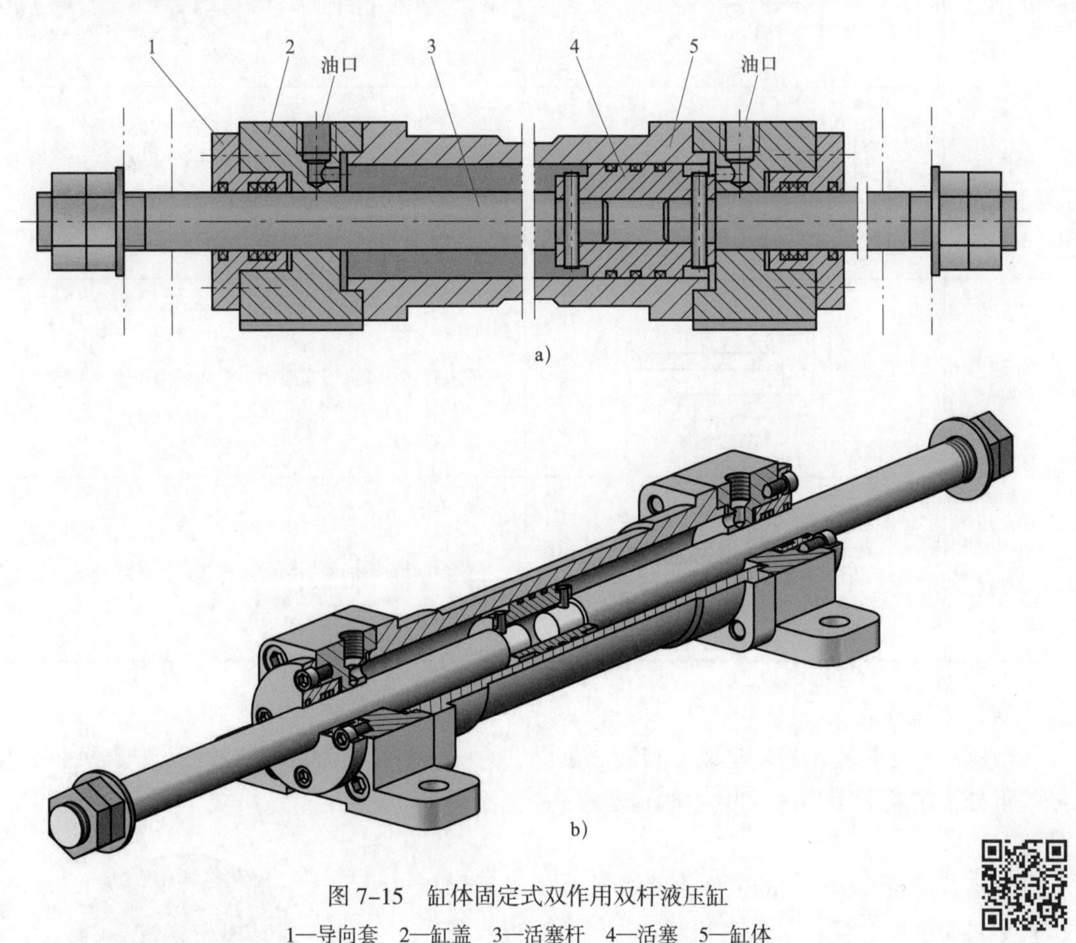

图 7–15　缸体固定式双作用双杆液压缸

1—导向套　2—缸盖　3—活塞杆　4—活塞　5—缸体

三、常用液压缸的图形符号

常用液压缸的图形符号见表 7–2。

表 7–2　**常用液压缸的图形符号**

名称	图形符号	说明
单作用柱塞缸		柱塞仅单向液压驱动，返回行程利用自重或其他外力将柱塞推回

续表

名称	图形符号	说明
单作用单杆缸		活塞仅单向液压驱动，返回行程利用弹簧力将活塞推回，弹簧腔带连接油口
单作用伸缩缸		以短缸获得长行程。用油液压力将活塞由大到小逐节推出，靠外力由小到大逐节缩回
双作用单杆缸		单边有杆，双向液压驱动，双向推力和速度不等
双作用双杆缸		双边有杆，双向液压驱动，可实现等速往复运动

四、液压马达

液压马达是指输出旋转运动并将液压泵提供的液压能转变为机械能的液压执行元件，按结构可分为齿轮液压马达、叶片液压马达、柱塞液压马达等。

外啮合齿轮液压马达的工作原理如图 7–16 所示，其结构形式与外啮合齿轮泵基本相同。当压力油进入马达的进油腔时，完全处于进油腔的轮齿（b 和 b'）所受压力油的作用力相互抵消，进油腔上、下边缘处的轮齿（a 和 a'）只有高压腔侧受到单方向作用力（图中用两个箭头表示），相互啮合的一对轮齿（c 和 c'）的齿面只有一部分受压力油的作用（图中用一个箭头表示），这样两个齿轮上就会各有一个让它们产生转矩的作用力，从而使两齿轮旋转，并将油液带到回油腔排出。由于齿轮液压马达一般有正反转的要求，因而采用对称结构，且须设置单独的泄油孔将内部泄油引入油箱。

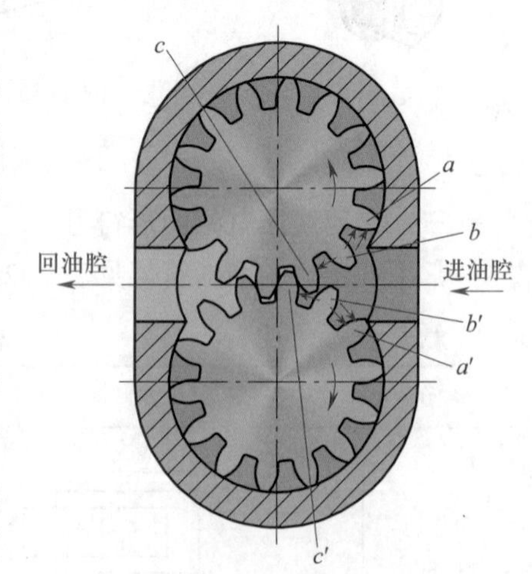

图 7–16　外啮合齿轮液压马达的工作原理

液压马达的图形符号见表 7–3。

表 7-3　　液压马达的图形符号

名称	单向定量液压马达	双向定量液压马达	单向变量液压马达	双向变量液压马达
图形符号				
说明	单向输入，顺时针单向旋转，输入流量不可调节	双向输入，双向旋转，输入流量不可调节，带有外泄油路	单向输入，顺时针单向旋转，输入流量可调节	双向输入，双向旋转，输入流量可调节，带有外泄油路

注：1. 大圆表示液压马达。

2. 圆内实心三角形表示液压力作用方向，液压马达的实心三角形向内。

3. 左侧的弧线箭头表示马达轴的旋转方向，一个箭头（↑）表示单向，两个箭头（↕）表示双向。

4. 贯穿大圆的长斜箭头（↗）表示变量马达。

5. 圆上、下两侧的直线表示油路接口。单向液压马达的图形符号中，与实心三角形相连的那条直线为进油路，另一条直线为回油路。

6. ⊏⊐ 表示输出轴的位置。

7. 虚线表示外泄油路。

§7-4　液压控制元件

在液压传动系统中，为了控制和调节液流的方向、压力和流量，以满足工作机械的各种要求，就要用到液压控制元件，即液压控制阀。液压控制阀是液压传动系统中不可缺少的重要元件。根据用途和工作特点的不同，液压控制阀分为方向控制阀、压力控制阀和流量控制阀三大类。

一、方向控制阀

控制油液流动方向的阀称为方向控制阀，按用途分为单向阀和换向阀。

1. 单向阀

单向阀分为普通单向阀和液控单向阀两种。普通单向阀用于液压传动系统中防止油液反向流动。液控单向阀除了能实现普通单向阀的功能外，还可按需要输入控制压力油，使油液实现双向流动。

（1）普通单向阀

普通单向阀简称单向阀。图 7–17 所示为管式单向阀，主要由阀体、阀芯和弹簧等组成。其工作原理是：液体从 P 口流入，克服弹簧力而将阀芯顶开，再从 A 口流出；当液压油液反向流入时，由于阀芯被压紧在阀座的密封面上，所以液流被截止。管式单向阀可以直接与油管接头连接。

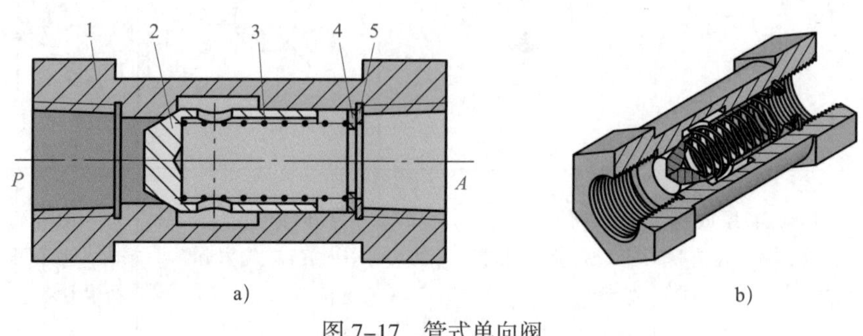

图 7–17　管式单向阀

1—阀体　2—阀芯　3—弹簧　4—弹簧垫　5—挡圈

（2）液控单向阀

根据液压传动系统的需要，有时要使被单向阀所闭锁的油路重新接通，为此把单向阀做成闭锁油路能够控制的结构，这就是液控单向阀，如图 7–18 所示。当控制油口 X 内不通压力油时，其功能与普通单向阀完全相同。当压力油从 P 口进入时，压力油顶开阀芯 4 后从 A 口流出；当压力油从 A 口进入时，由于阀芯 4 的锥面紧贴在阀体 2 的锥孔中，使油液不能通过。如果给控制油口 X 接通压力油，该压力油将从活塞 1 的环形槽上侧的小槽 a 进入活塞左侧的空腔中，此时作用在活塞左侧的压力油将活塞向右推。通过推杆 3 使阀芯右移，油路接通。由于活塞与阀体内腔之间有缝隙，会产生泄漏，所以在阀体上增加了泄油口 L，泄油口流出的油液通过专设的管路流回油箱。

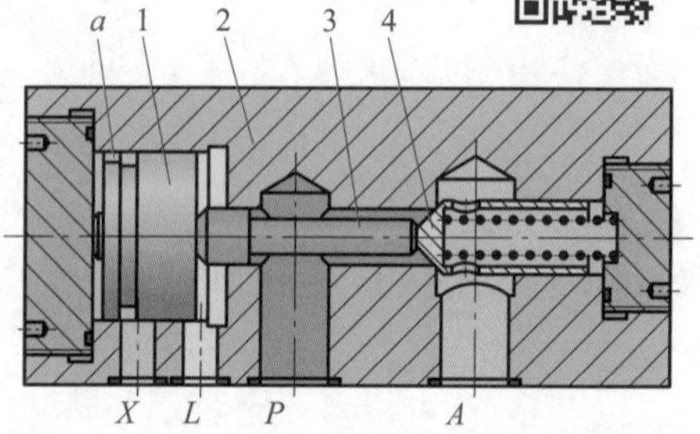

图 7–18　液控单向阀

1—活塞　2—阀体　3—推杆　4—阀芯

（3）单向阀的图形符号

普通单向阀和液控单向阀的图形符号如图 7–19 所示。符号中的小圆表示阀芯，90° 开口的 V 形图线表示阀座，两端的实线段表示油路，虚线表示控制油路，/\/\/\ 表示弹簧。

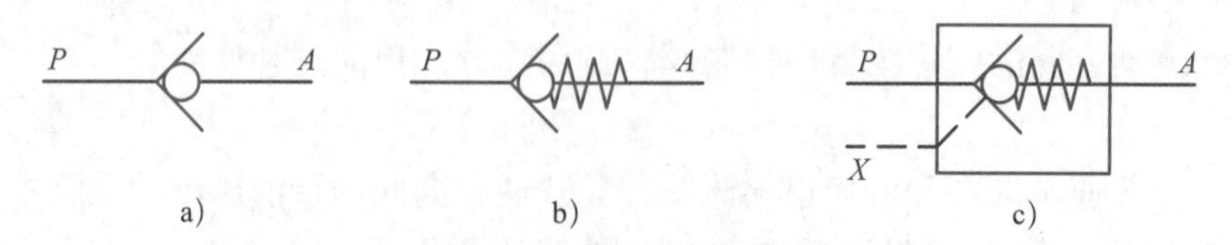

图 7–19　单向阀的图形符号

a）不带弹簧的普通单向阀　b）带弹簧的普通单向阀　c）液控单向阀

2. 换向阀

（1）换向阀的工作原理

换向阀按结构可分为滑阀式换向阀和转阀式换向阀，其中滑阀式换向阀应用最为普遍。滑阀式换向阀的工作原理如图 7–20 所示，它变换油液的流向是利用阀芯相对阀体的滑动来实现的。阀芯在中间位置时（见图 7–20a），四个油口都被封闭，液压缸两腔不通压力油，活塞处于锁紧状态。若使阀芯左移（见图 7–20b），则阀体的油口 *P* 和 *A* 连通、油口 *T* 和 *B* 连通，压力油经 *P*、*A* 进入液压缸左腔，液压缸右腔的油液经 *B*、*T* 流回油箱，活塞向右运动；若使阀芯右移（见图 7–20c），则油口 *P* 和 *B* 连通、*A* 和 *T* 连通，活塞向左运动。

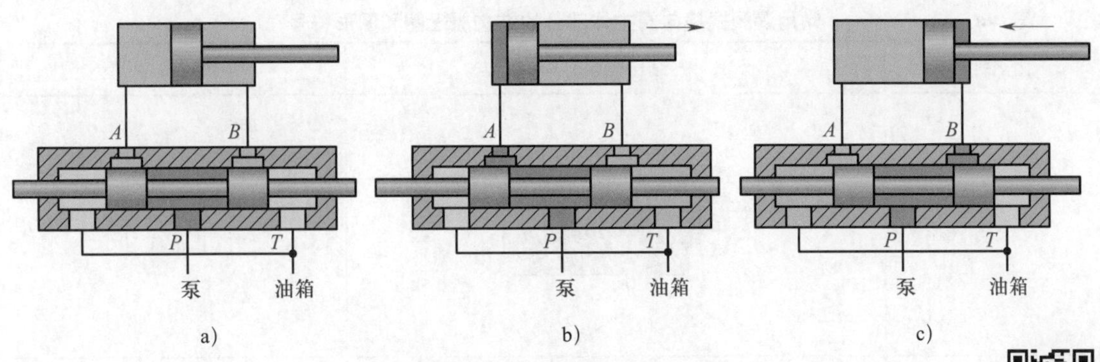

图 7–20 滑阀式换向阀的工作原理

a）阀芯在中间位置 b）阀芯左移 c）阀芯右移

“位”和“通”是换向阀的重要概念。通常将阀芯工作位置的数目称为“位”，将阀体与油路连接的油口数目称为“通”，图 7–20 所示换向阀为三位四通换向阀。

知识链接

在液压控制阀上，一般进油口用 *P* 表示，出油口用 *A* 或 *B* 表示（溢流阀的出油口用 *T* 表示），回油口用 *T* 表示，控制油口用 *X* 或 *Y* 表示，泄油口用 *L* 表示。

（2）换向阀的图形符号

1）换向阀图形符号的绘制规则

不同的“通”和“位”构成了不同类型的换向阀。通常所说的“二位阀”“三位阀”是指换向阀的阀芯有两个、三个不同的工作位置。所谓“二通阀”“三通阀”“四通阀”是指换向阀的阀体上有两个、三个、四个各不相通且可与系统中不同油路相连的油道接口，不同油路之间只能通过阀芯移位时阀口的开关来实现连接和断开。换向阀的图形符号如图 7–21 所示，它由主体符号和控制符号组成。

①换向阀的主体符号用来表达换向阀的“位”和“通”。图 7–21 所示换向阀为二位三通。

②方框中的箭头（如“↑”）表示流体流过阀的通道和方向，方框中的“⊤”表示阀口被封闭。

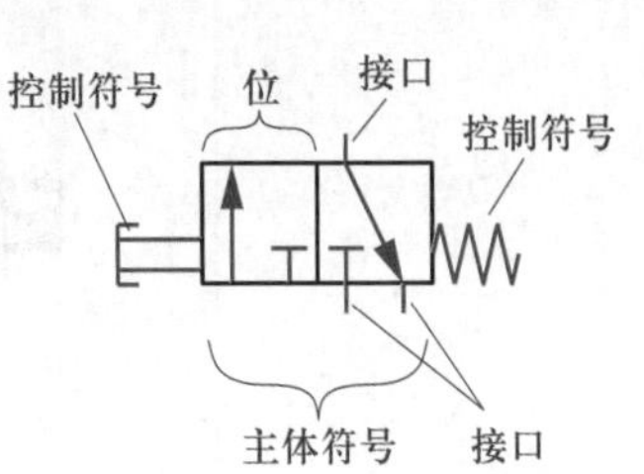

图 7–21 换向阀的图形符号

③换向阀的控制符号表示阀芯移动的控制方式，绘制在主体符号的两端。图 7–21 所示换向阀是推压控制、弹簧复位。

④液压控制阀在去除任何外加操作力和控制信号后的阀芯位置称为常位。对于弹簧复位的二位换向阀，靠近弹簧的那一位置为常位；对于三位换向阀，其常位为中间位置。在液压回路图中，换向阀的图形符号与油路的连接一般应画在常位上。

2）换向阀的主体结构和图形符号

几种常用的不同“通”和“位”的滑阀式换向阀主体部分的结构原理图和图形符号见表 7–4。

表 7–4　常用滑阀式换向阀主体部分的结构原理图和图形符号

名称	结构原理图	图形符号
二位二通	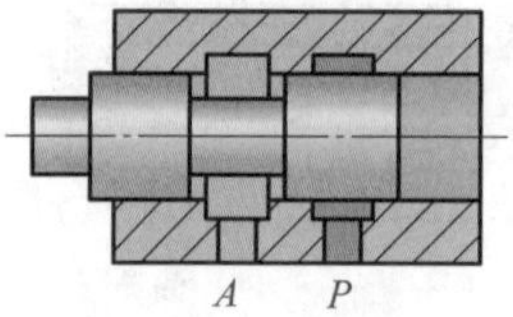 A　P	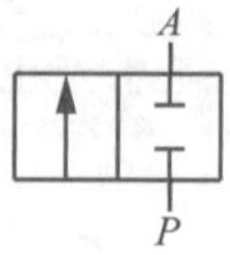 A　P
二位三通	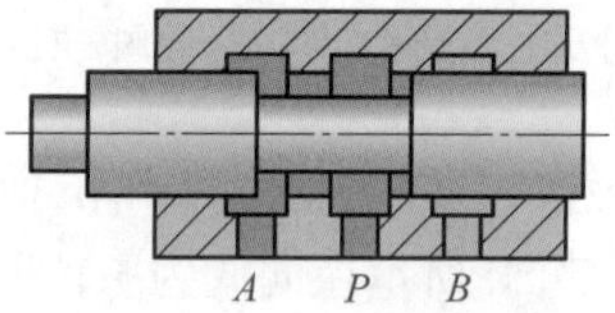 A　P　B	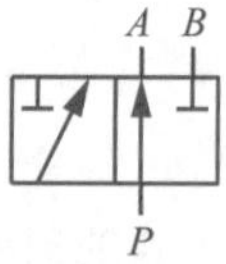 A　B　P
二位四通	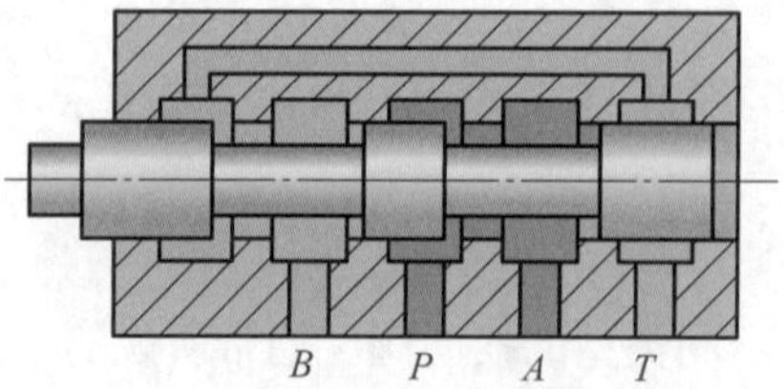 B　P　A　T	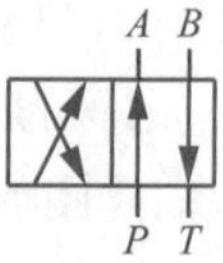 A　B　P　T
二位五通	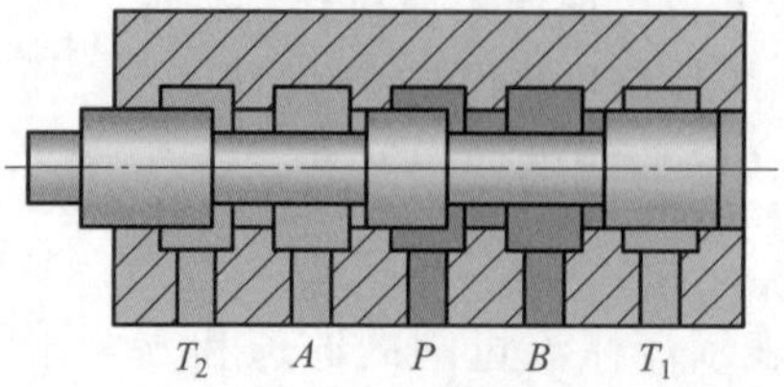 T_2　A　P　B　T_1	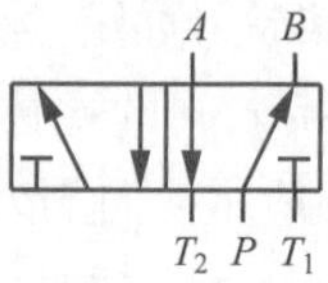 A　B　T_2　P　T_1

续表

名称	结构原理图	图形符号
三位四通	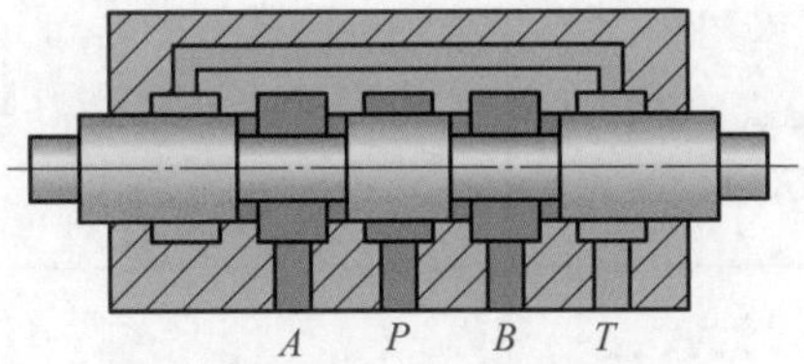 A　P　B　T	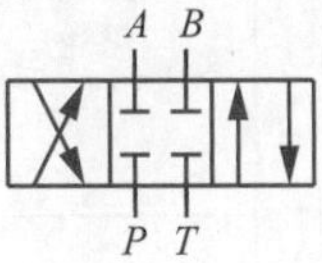 A B P T
三位五通	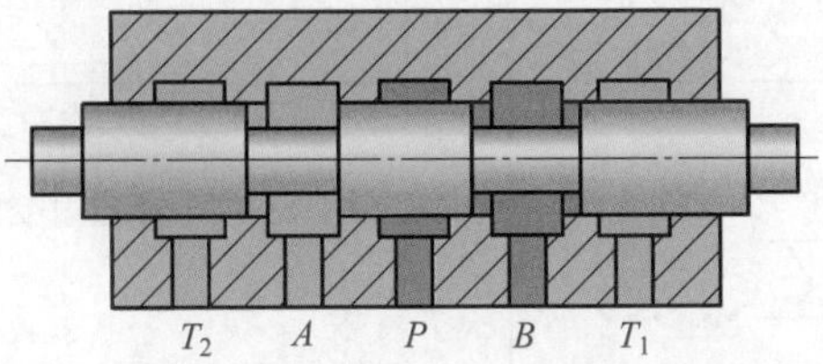 T_2　A　P　B　T_1	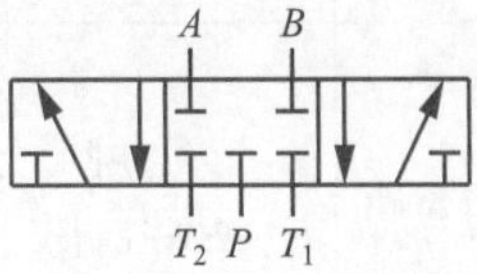 A B T_2 P T_1

3）常用液压（气动）阀的控制方式及图形符号

常用液压（气动）阀的控制方式有人力控制、机械控制、电气控制、液压控制、液压先导控制和电液控制等，其图形符号见表 7–5。

表 7–5　　常用液压（气动）阀控制方式的图形符号

操纵方式		图形符号	说明
人力控制	手柄控制式	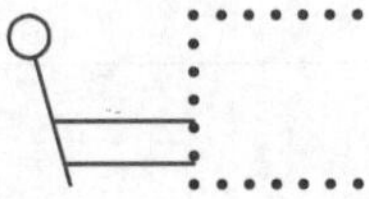	拉动手柄改变阀芯工作位置
	踏板控制式	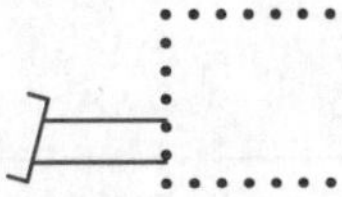	踏动脚踏板改变阀芯工作位置
	推压控制式	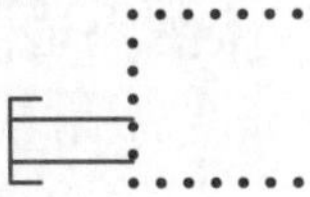	推压手柄改变阀芯工作位置
	旋钮控制式	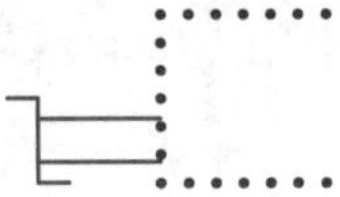	旋转旋钮改变阀芯工作位置

续表

操纵方式		图形符号	说明
机械控制	滚轮式	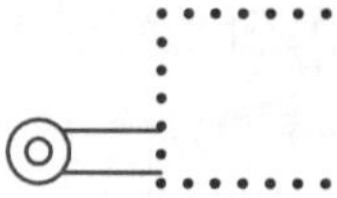	用机械控制方法改变阀芯工作位置
	弹簧控制式		用弹簧的作用力改变阀芯工作位置
电气控制	单作用电磁铁控制式	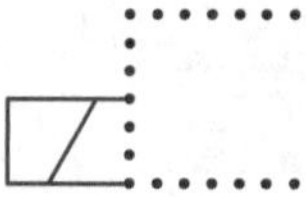	通过电磁铁通、断电改变阀芯工作位置，动作指向阀芯
液压控制式		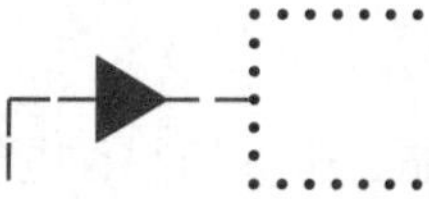	用直接液压力控制方法改变阀芯工作位置
液压先导控制式	内部压力控制	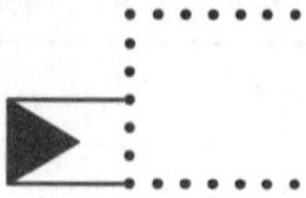	用液压先导控制方法改变阀芯工作位置，内部压力控制 液压先导控制是指通过使先导阀输入压力油实现对液压控制阀工作状态的控制
	带外部压力控制	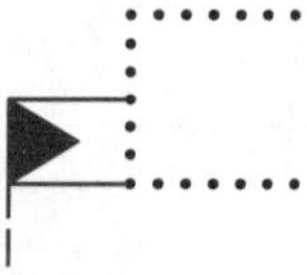	用液压先导控制方法改变阀芯工作位置，也可外部压力控制
电液控制式		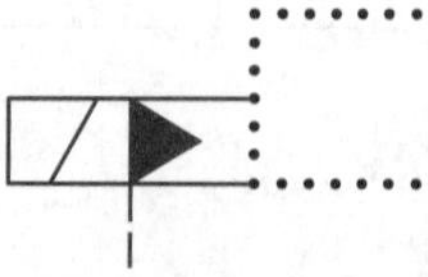	电气操纵的带有外部供油的液压先导控制机构

表 7–5 中，⬚表示阀的主体，在图形符号中用点线表示邻近的基本要素或元件，在液压回路图中则用实线绘制。

4）三位四通换向阀的中位机能

三位四通换向阀处于中位（常位）时，各油口间有不同的连接方式，以满足不同的使用要求。这种常位时各油口的连通方式，称为三位四通换向阀的中位机能。中位机能不同，中位时对系统的控制功能也就不同。常见三位四通换向阀的中位机能的机能代号、结构原理图、图形符号及特点见表 7–6。从表中看出，不同的中位机能是通过改变阀芯的结构和尺寸得到的。

表 7–6　　常见三位四通换向阀的中位机能

机能代号	结构原理图	图形符号	特点
O	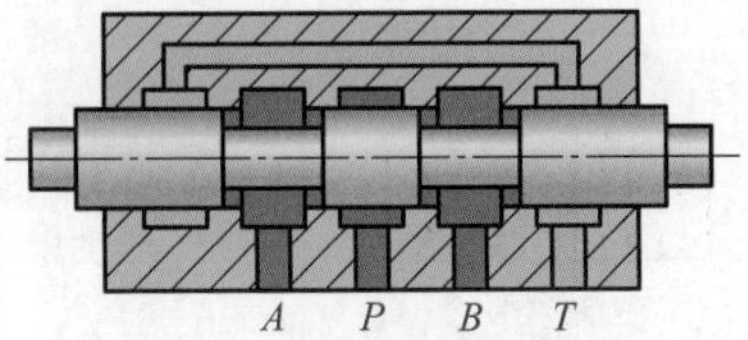 A P B T	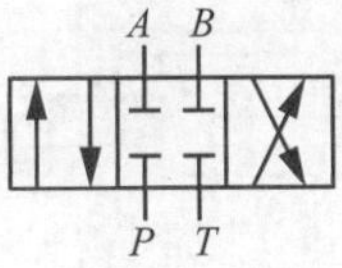 A B P T	各油口全部封闭，系统不卸荷，液压缸呈锁紧状态
H	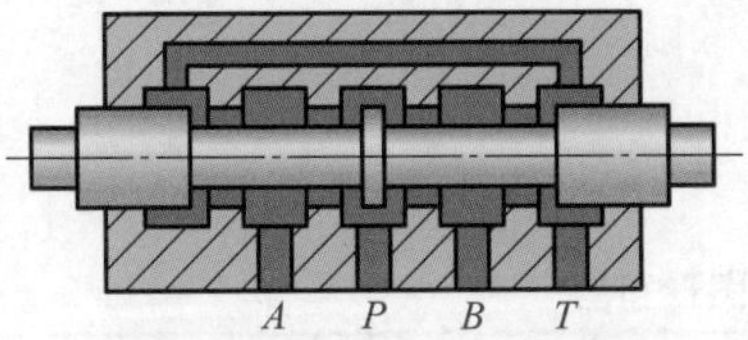 A P B T	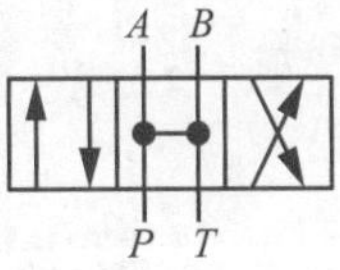 A B P T	各油口全部连通，系统卸荷，液压缸呈浮动状态，液压缸两腔接油箱
P	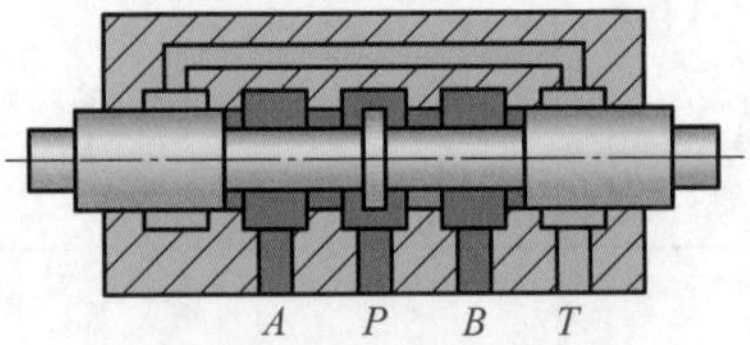 A P B T	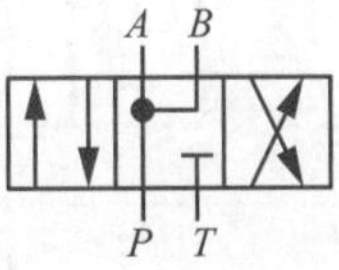 A B P T	压力油口 P 与液压缸两腔连通，回油口封闭，可形成差动回路
Y	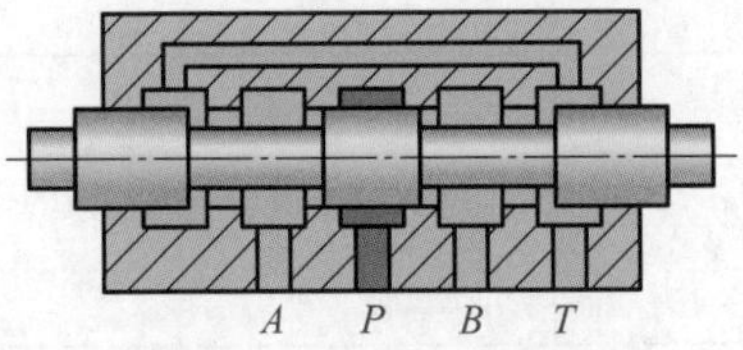 A P B T	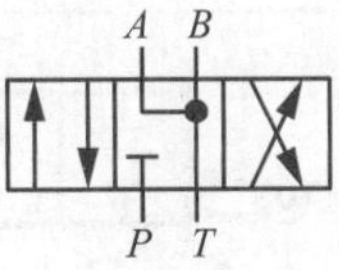 A B P T	液压泵不卸荷，液压缸两腔通回油，液压缸呈浮动状态
K	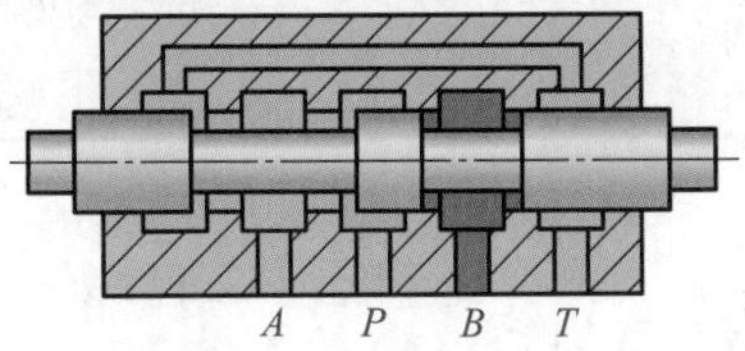 A P B T	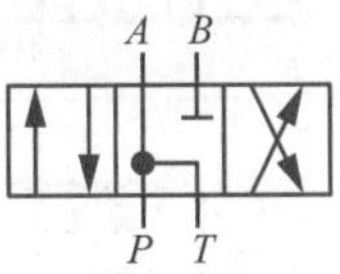 A B P T	液压泵卸荷，液压缸一腔封闭，另一腔接回油路

续表

机能代号	结构原理图	图形符号	特点
M	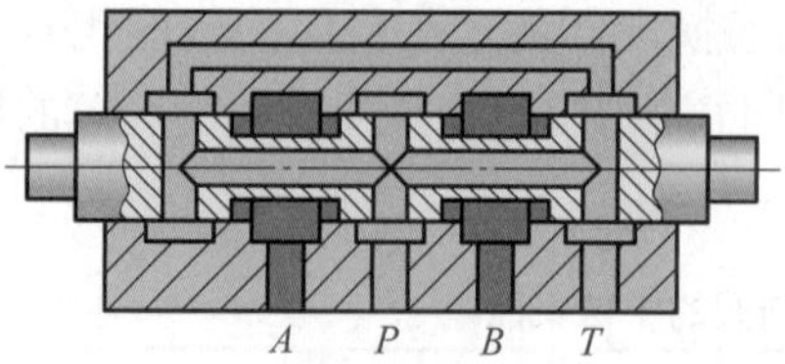 A P B T	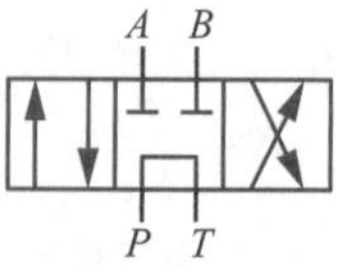 A B P T	液压泵卸荷，液压缸两腔封闭
X	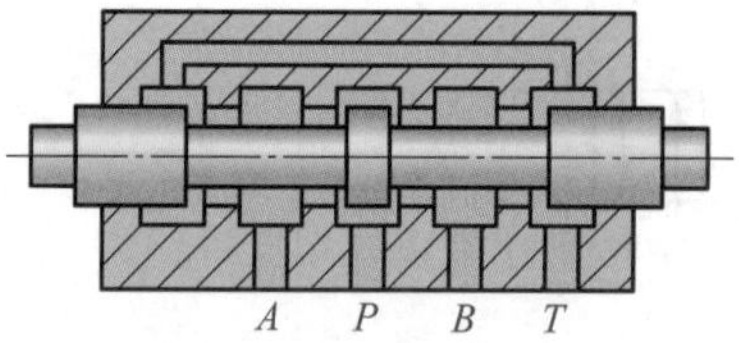 A P B T	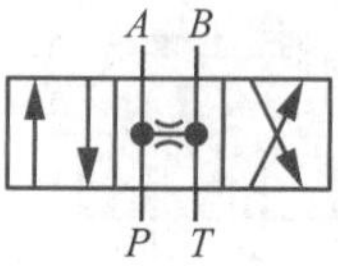 A B P T	各油口半开启接通，P 口保持一定的压力

5）常用换向阀的图形符号

常用换向阀的图形符号见表 7–7。

表 7–7　常用换向阀的图形符号

名称	图形符号	说明
二位二通手动换向阀	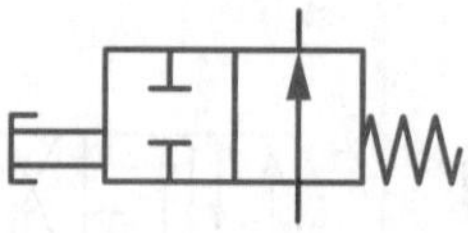	推压控制机构，弹簧复位，常闭
二位二通电磁换向阀	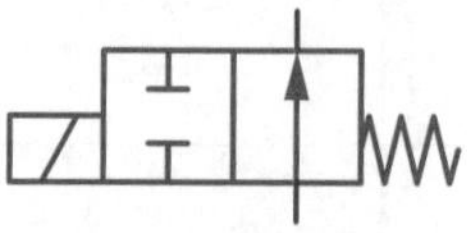	单电磁铁操纵，弹簧复位，常开
二位二通行程换向阀	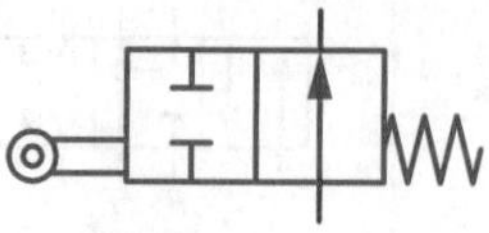	用机械作用力实现油液的通与断，常开
二位三通电磁换向阀	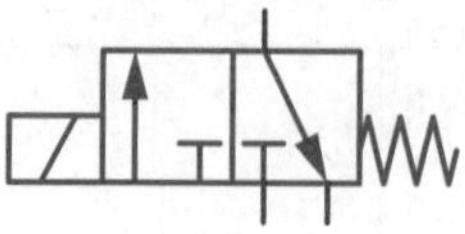	单电磁铁操纵，弹簧复位
二位四通电磁换向阀	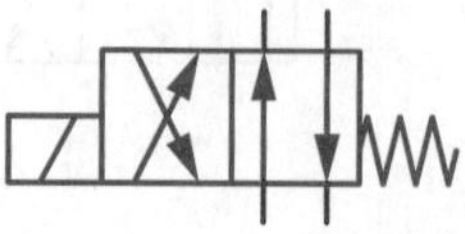	单电磁铁操纵，弹簧复位

续表

名称	图形符号	说明
三位四通电磁换向阀	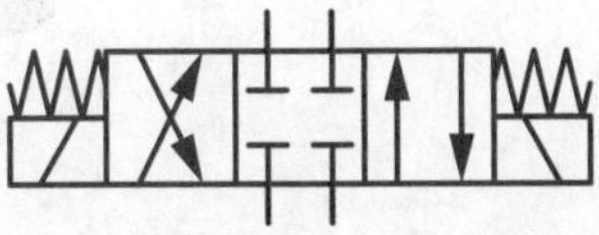	弹簧对中，双电磁铁操纵，可以有不同的中位机能
三位四通手动换向阀	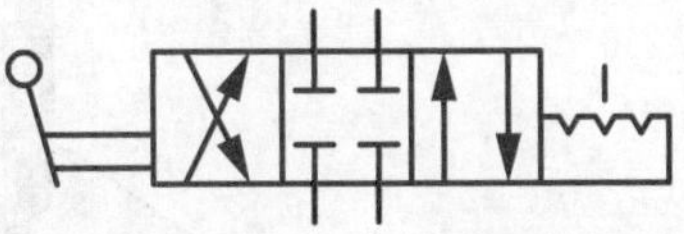	手柄控制，带有定位机构

二、压力控制阀

压力控制阀简称压力阀，其作用是控制液压传动系统中的压力，或利用系统中压力的变化来控制其他液压元件的动作。压力阀是利用作用于阀芯上的液压力与弹簧力相平衡的原理来工作的。

按照用途不同，压力阀可分为溢流阀、减压阀、顺序阀和压力继电器等。

1. 溢流阀

溢流阀在液压传动系统中主要有四方面的作用。一是起溢流调压及稳压作用，可保持液压传动系统的压力恒定。二是起限压保护作用，防止液压传动系统过载（故溢流阀又称安全阀）。起这两种作用的溢流阀通常并联在液压泵出口处的油路上。三是串联在液压缸（或液压马达）的回油路上，作为背压阀使用，以保证液压缸工作稳定。四是实现远程调压或卸荷。

根据结构和工作原理的不同，溢流阀可分为直动式溢流阀和先导式溢流阀两种。

（1）直动式溢流阀

直动式溢流阀的结构如图 7–22 所示，它由阀体 3、阀芯 5（阀芯可以是锥形、球形或圆柱形）、阀座 6、调压弹簧 4 和调压螺杆 1 等组成。压力油进口 P 与系统相连，油液溢出口 T 通油箱。

当进油口压力 p 小于溢流阀的调定压力 p_k 时，由于阀芯受调压弹簧力作用而使阀口关闭，油液不能溢出。

当进油口压力 p 等于溢流阀的调定压力 p_k 时，阀芯所受的液压力与弹簧力相平衡，此时阀口即将打开。

当进油口压力 p 超过溢流阀的调定压力 p_k 时，液压力将阀芯向上推起，压力油进入阀口后经出油口 T 流回油箱，使进口处的压力不再升高。

溢流阀工作时，阀芯随着系统压力的变化而上下移动，以此维持系统压力基本稳定，并对系统起安全保护作用。

旋转调压螺杆可调节调压弹簧的预紧力，进而改变溢流阀的调定压力。

因这种溢流阀的进口压力油直接作用于阀芯，故称其为直动式溢流阀。直动式溢流阀的特点是结构简单、制造容易，一般只适用于低压、流量不大的系统。若液压传动系统压力较高和流量较大时，则需采用先导式溢流阀。

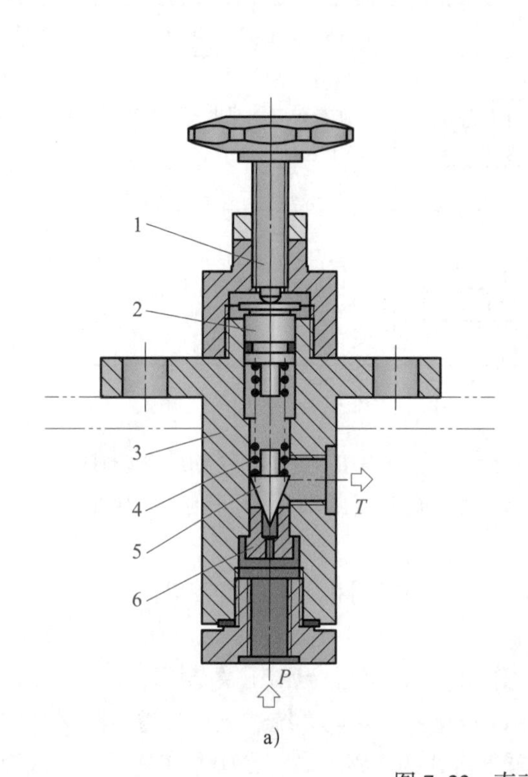

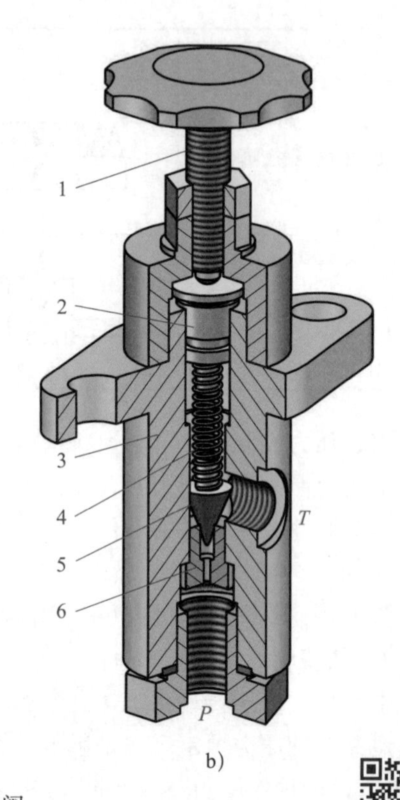

图 7–22　直动式溢流阀

1—调压螺杆　2—滑柱　3—阀体　4—调压弹簧　5—阀芯　6—阀座

（2）先导式溢流阀

图 7–23 所示为先导式溢流阀，由主阀和先导阀两部分组成。先导阀为锥阀（阀芯或阀套带有锥面并且靠锥面密封的液压控制阀），用于控制压力；主阀为滑阀（依靠圆柱形阀芯在阀体或阀套内轴向移动而打开或关闭阀口的液压控制阀），用于控制流量。主阀芯 3 带有大直径的轴肩，压力油从进油口 P 进入空腔 a，作用在大直径轴肩下部的环形面上，同时又经阻尼孔 e 进入空腔 d，作用在大直径轴肩上部的环形面上。当油液压力大到一定值时，压力油通过阻尼孔 e，经过孔 f、空腔 g、孔 h，顶开先导阀芯 6 进入空腔 i，再通过孔 j、b 流入空腔 c，从回油口 T 流出。由于油液通过阻尼孔 e 时产生压降，使主阀芯 3 大直径轴肩的上、下油液形成一定的压差，因此可克服主阀弹簧 4 的作用力将主阀芯 3 抬起，进油口 P 的油液即经过空腔 c、回油口 T 溢流回油箱。

这种溢流阀由于主阀芯上承受油压的面积较大，因此当溢流量变化时，压力的变化也就较小。阀芯在溢流口处的密封采用了锥面阀座式结构，在关闭时一般能较好地避免油液的泄漏。另外，这种结构由于是锥面接触，当油压升高使阀芯开始抬起时马上就能打开阀口，使 P 腔与 T 腔接通，所以动作比较灵敏。但是这种阀由于主阀芯 3 的上部小圆柱面与先导阀体 8 配合、中部大圆柱面与主阀体 1 配合、下部锥面与主阀座 2 配合，三处同轴度要求很高，所以对加工精度的要求较高。

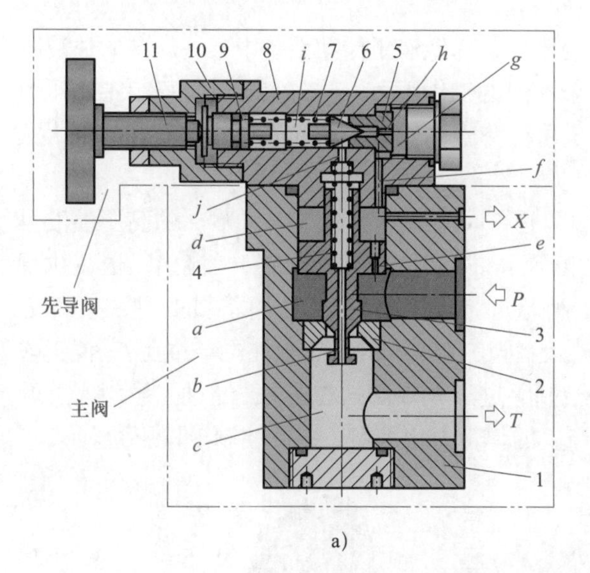

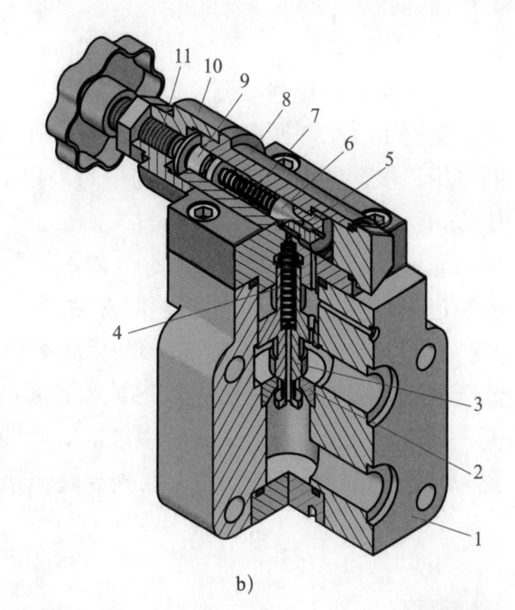

图 7–23　先导式溢流阀

1—主阀体　2—主阀座　3—主阀芯　4—主阀弹簧　5—先导阀座　6—先导阀芯

7—先导阀弹簧　8—先导阀体　9—滑柱　10—先导阀盖　11—调压螺杆

先导式溢流阀一般可以实现远程控制，将控制油口 X 用油管接到远程控制台上的直动式溢流阀上，则 d 腔的油压就受远程直动式溢流阀控制，从而对先导式溢流阀实行远程控制，故这种先导式溢流阀又称为外控溢流阀。这时先导阀部分应不起作用，故先导阀的调定压力应高于远程直动式溢流阀可调节的最高压力。如将控制油口 X 通过小型二位二通电磁换向阀与油箱连通，则当二位二通电磁换向阀接通油路时，d 腔的压力接近于零，阀芯向上抬到最高位置，这时 P 腔的压力油就可在很低的压力下通过溢流阀流回油箱，从而使液压泵卸荷。

旋转调压螺杆 11 可调节先导式溢流阀的调定压力。

（3）溢流阀的图形符号

溢流阀的图形符号如图 7–24 所示。方框表示阀体，方框中的箭头表示阀芯，方框外部的实线段表示外部油路，从进油口引出的虚线表示液控线，WV 表示弹簧，倾斜的长箭头表示开启压力可以调节。方框内部箭头与 P、T 油路不共线，表示常闭。图 7–24b 中的 ▶ 表示液压先导控制，从液压先导符号引出的虚线表示外部油路控制；若为无外部油路控制的先导式溢流阀则不画该线。

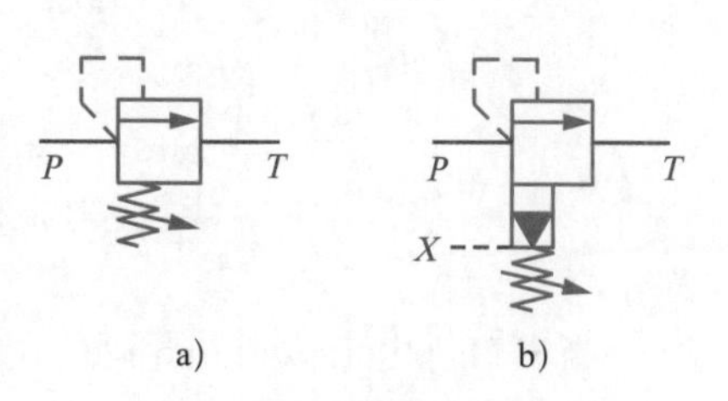

图 7–24　溢流阀的图形符号

a）直动式溢流阀　b）先导式溢流阀

知识链接

国家标准规定，液压元件的图形符号表达的是液压元件的初始状态，在不改变它们含义的前提下可将它们镜像或 90° 旋转。

2. 减压阀

减压阀是利用油液流过缝隙时产生压降的原理，降低液压传动系统中某一局部的油液压力，使得用一个液压源的系统中同时得到多个不同的工作压力，同时它还具有稳定工作压力的作用。根据结构和工作原理的不同，减压阀可分为直动式减压阀和先导式减压阀两种，液压传动系统多用先导式减压阀。

先导式减压阀如图 7–25 所示，它由主阀和先导阀两部分组成。压力为 p_1 的高压油液自进油口 P 进入主阀，经减压缝隙 h 后，压力降至 p_2 的低压油液自出油口 A 流出，送往执行元件；同时，出油口处的部分低压油液经主阀芯 1 上的孔 a、b 进入主阀芯的下腔 c，部分低压油液经阻尼孔 d 进入主阀芯的上腔 e。进入主阀芯上腔 e 的低压油液再经过孔 f（位于前侧，见图 7–25b，图 7–25a 中用细双点画线绘制）进入先导阀的右腔 g，经过先导阀座上的孔 i 作用在先导阀芯 6 上，并与先导阀弹簧产生的弹簧力相平衡，以此控制出口压力。

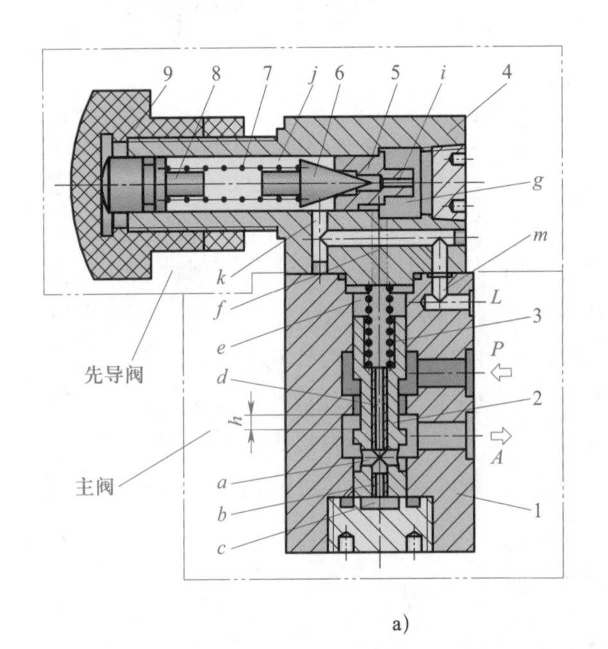

a)

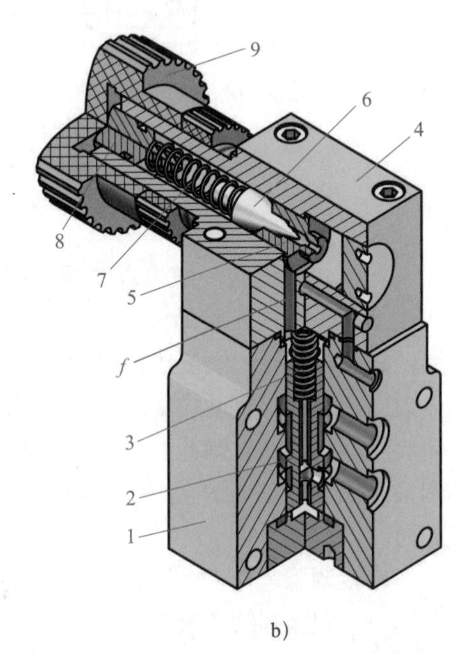

b)

图 7–25　先导式减压阀

1—主阀体　2—主阀芯　3—主阀弹簧　4—先导阀体　5—先导阀座

6—先导阀芯　7—先导阀弹簧　8—滑柱　9—调压螺母

当出口压力未达到先导阀的调定值时，作用于先导阀芯 6 上的液压力小于先导阀弹簧 7 的弹簧力，先导阀的阀口关闭，阻尼孔 d 内的油液不流动，主阀芯 2 上腔 e 和下腔 c 的油液压力相等，主阀芯被主阀弹簧 3 推至最下端，减压缝隙 h 开至最大，进、出口的油液压力基本相同，减压阀处于非调节状态。

当出口压力升高到超过先导阀的调定值时，作用在先导阀芯 6 上的液压力大于先导阀弹簧 7 的弹簧力，先导阀芯被顶开，先导阀芯右腔 g 中的压力油通过孔 i 流入先导阀芯的左腔 j，经孔 k、孔 m、泄油口 L 流回油箱。此时，阻尼孔 d 中有油液流过，并产生压降，使主阀芯 2 下腔中的油液压力大于上腔的油液压力；当此压差足以克服主阀弹簧 3 的弹簧力而推动主阀芯上移时，减压缝隙 h 减小，流阻增大，油液流过缝隙的压力损失也增大，从而使出口压力降低，直到出口压力达到调定压力。减压阀出口压力的大小可通过调压螺母 9 进行调节。

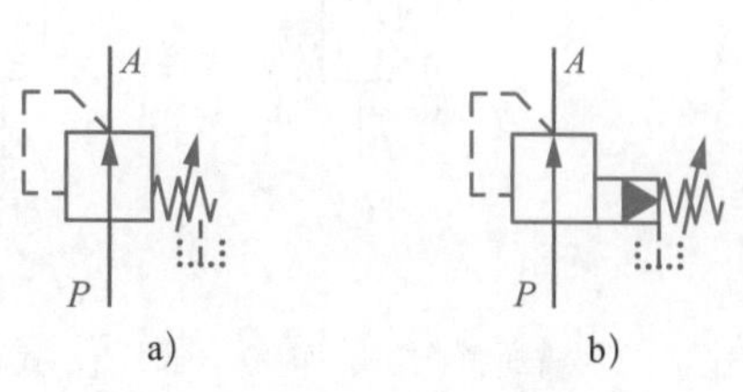

图 7-26　减压阀的图形符号

a）直动式减压阀　b）先导式减压阀

减压阀主要用于降低系统压力和稳定系统压力。

减压阀的图形符号如图 7-26 所示。方框内部箭头与 P、A 油路共线，表示常开。⸽⸽⸽ 表示油箱，通向油箱的虚线表示泄油路。

3. 顺序阀

顺序阀在液压传动系统中的作用是利用系统中的压力变化来控制油路的通断，从而使某些液压元件按一定的顺序动作。根据结构和工作原理的不同，顺序阀可分为直动式顺序阀和先导式顺序阀两种，一般多用直动式顺序阀。

直动式顺序阀如图 7-27 所示。压力油自进油口 P 经阀芯 4 内部的小孔作用于阀芯底部，对阀芯产生一个向上的作用力。当油液压力较低时，阀芯在弹簧力的作用下处于下端位置，此时进油口 P 与出油口 A 不相通。在进油口油压升高到预调的数值后，阀芯底部受到的向上推力大于调压弹簧 3 的弹簧力，阀芯上移，此时进油口 P 与出油口 A 相通，压力油从顺序阀流过（泄漏到阀芯上腔的油液可通过泄油口 L 流回油箱）。顺序阀的调定压力可以用调压螺母 1 来调节。

顺序阀的图形符号如图 7-28 所示。正方形内部的箭头与 P、A 油路不共线，表示常闭。从进油口引出的虚线表示内部油液控制，不是从进油口引出的虚线表示外部油液控制。

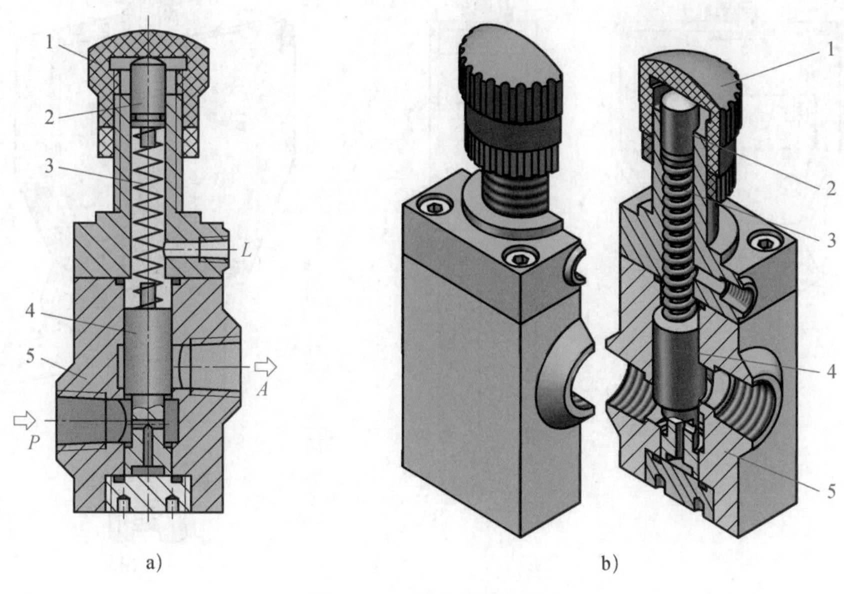

图 7-27　直动式顺序阀

1—调压螺母　2—滑柱　3—调压弹簧　4—阀芯　5—阀体

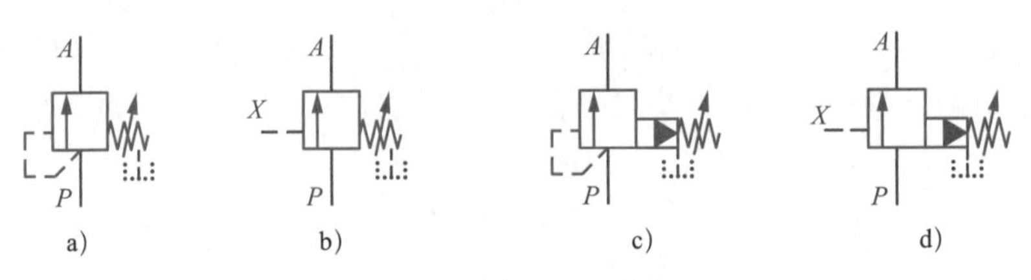

图 7–28　顺序阀的图形符号

a）直动式顺序阀（内控）　b）直动式顺序阀（外控）　c）先导式顺序阀（内控）　d）先导式顺序阀（外控）

4. 压力继电器

压力继电器又称为压力开关，是一种将液压信号转变为电信号的转换元件。当控制流体压力达到调定值时，它能自动接通或断开有关电路，使相应的电气元件（如电磁铁、中间继电器等）动作，以实现系统按预定程序动作及安全保护。

一般的压力继电器都是通过压力和位移的转换使微动开关动作，以实现其控制功能。压力继电器主要有柱塞式、膜片式、弹簧管式和波纹管式等结构形式，其中以柱塞式最为常用。

图 7–29 所示为柱塞式压力继电器。其下部的油口 *P* 与系统相通，当系统压力达到预先调定的压力值时，液压力推动柱塞 5 上移，并推动顶杆 4 克服复位弹簧 3 的作用力上移，触动微动开关 1 的触销，使微动开关 1 发出电信号；当油口 *P* 处的油液压力值下降至小于调定压力值时，顶杆 4 在复位弹簧 3 的作用下复位，继而微动开关 1 的触销复位，微动开关 1 发出复位电信号。顶杆 4 下侧的凸台可限制顶杆的移动距离，以保护微动开关 1 的触销。转动调压螺套 2 可调整继电器动作压力，锁紧螺钉 7 用于锁紧调压螺套 2。从柱塞 5 与阀体 6 的缝隙中泄漏的油液从泄油口 *L* 流回油箱。压力继电器的图形符号如图 7–30 所示。

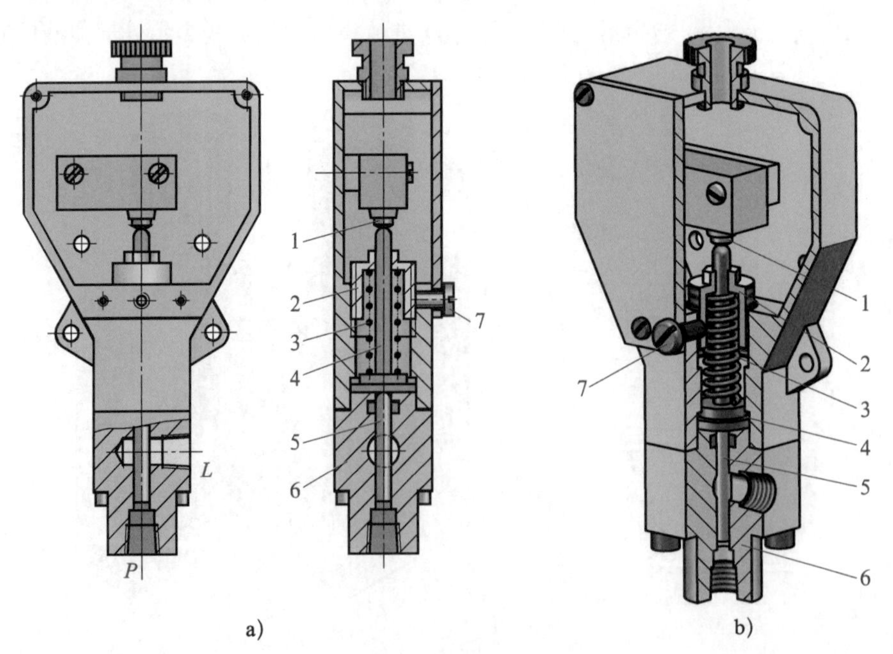

图 7–29　柱塞式压力继电器

1—微动开关　2—调压螺套　3—复位弹簧　4—顶杆　5—柱塞　6—阀体　7—锁紧螺钉

三、流量控制阀

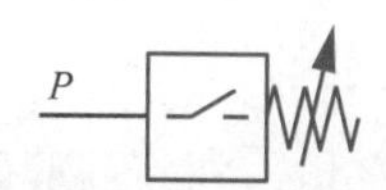

图 7–30　压力继电器的图形符号

流量控制阀（简称流量阀）在液压传动系统中的作用是控制系统中液体的流量。

流量阀是通过改变节流口的通流截面积来调节通过阀口的流量，从而控制执行元件运动速度的控制阀。常用的流量阀有节流阀和调速阀等。

1. 节流阀

节流阀是结构最简单、应用较普遍的一种流量控制阀。如图 7–31 所示，它是通过旋转流量调节螺杆 1 使阀芯 4 相对于阀体 3 移动，以改变阀口的通流面积，从而调节输出流量。

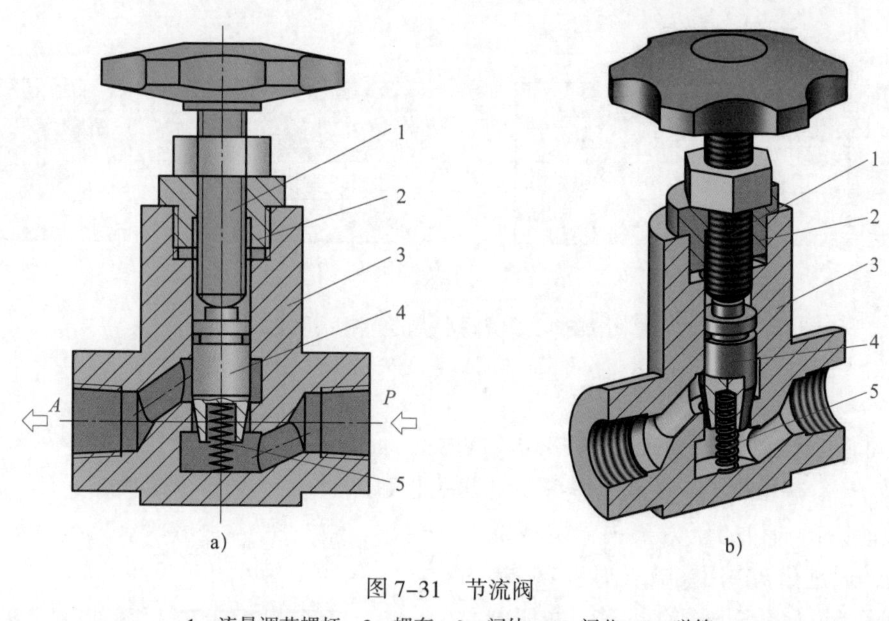

图 7–31　节流阀

1—流量调节螺杆　2—螺套　3—阀体　4—阀芯　5—弹簧

油液在经过节流口时会产生较大的液阻，而且通流截面积越小，油液受到的液阻就越大，通过阀口的流量就越小。所以，改变节流口的通流截面积，使液阻发生变化，就可以调节流量的大小。这就是节流阀的工作原理。拧动节流阀上方的流量调节螺杆，可以使阀芯沿轴向移动，从而改变阀口的通流截面积，使通过节流口的流量得到调节。

节流阀常用的节流口形式有锥形（针阀）式、偏心式、三角槽式和周向缝隙式等，如图 7–32 所示。

2. 调速阀

当节流阀的节流口开度一定时，节流口前后油液的压差是影响流过节流阀流量大小的重要因素。在执行机构运动速度稳定性要求高的场合就需要用调速阀。

调速阀是由减压阀和节流阀组合而成的，其工作原理如图 7–33 所示。高压油（压力为 p_1）从进油口 P 进入减压阀，经过阀口 e 产生压降，降压后的压力油（压力为 p_2）从减压阀右腔 f 流入节流阀，经过节流口 r 流入节流阀的右腔 q，从出油口 A 流出（压力为 p_3）。减压阀芯 1 右端的空腔 i（压力为 p_3）通过孔 k、m、n 与节流阀的右腔 q 相通。f 腔（压力为 p_2）通过孔

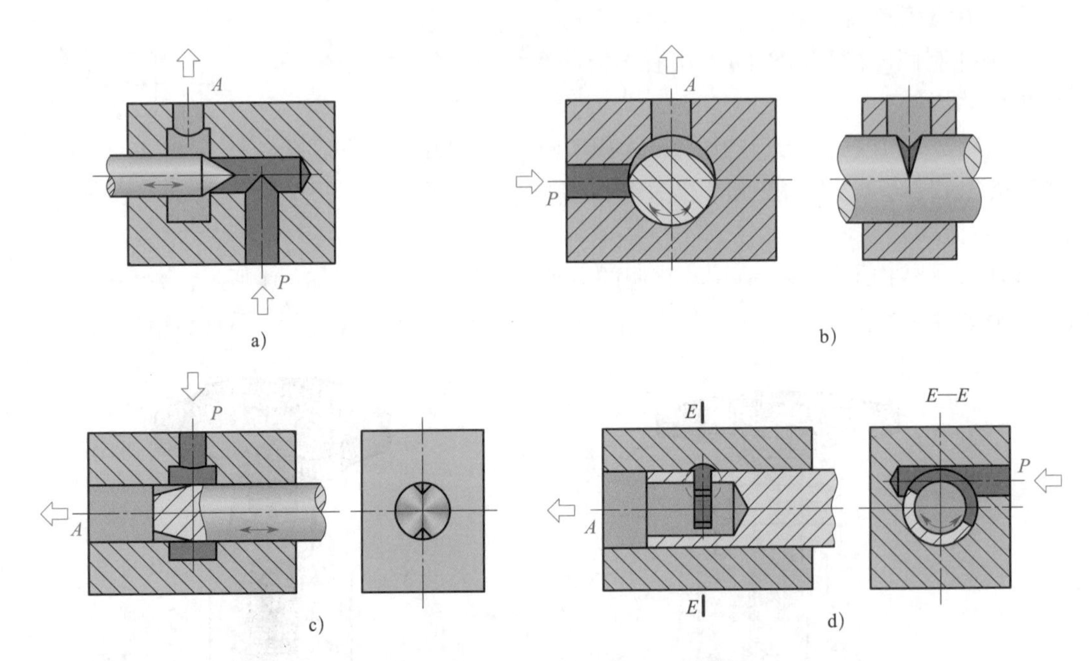

图 7-32　节流阀常用的节流口形式
a）锥形（针阀）式　b）偏心式　c）三角槽式　d）周向缝隙式

g 与减压阀芯 1 大台阶左端的空腔 h 接通，同时又通过阻尼孔 c 接通减压阀芯 1 左端的空腔 b（压力也为 p_2）。减压阀芯 1 在减压弹簧 2 和两端油液压力作用下处于平衡状态。

当调速阀出油口的压力 p_3 由于负载增大而上升时，通过孔 k 作用在减压阀芯 1 右端的油液压力增大，使减压阀芯 1 左移，减压阀的阀口 e 加大，压降减小，因此 p_2 增大，使节流阀芯 4 前后的压差 p_2-p_3 基本保持原来的数值，从而使流过节流阀的流量保持不变。

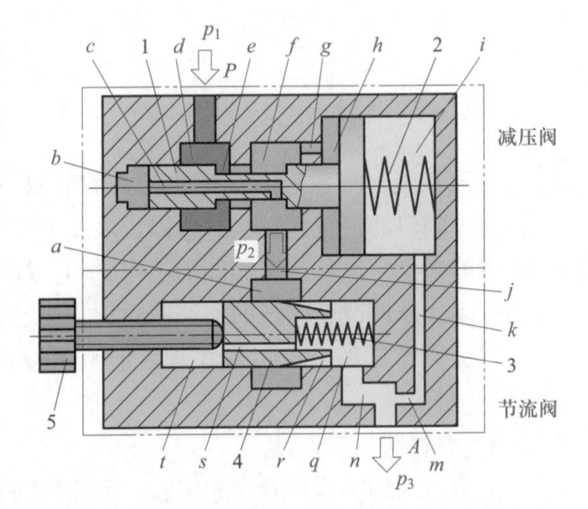

图 7-33　调速阀的工作原理
1—减压阀芯　2—减压弹簧　3—节流弹簧
4—节流阀芯　5—流量调节螺杆

相反，当负载减小，p_3 下降时，减压阀芯 1 右端油液压力减小，于是减压阀芯在空腔 h 和 b 的压力油（压力为 p_2）的作用下右移，阀口 e 减小，压降增大，因此 p_2 减小，所以仍然使 p_2-p_3 保持不变。

由上述可知，调速阀的作用实质上是利用一个能够进行自动调节的减压阀来保证节流阀的前后压差基本不变，从而保证油液的流量基本恒定。

3. 流量控制阀的图形符号

节流阀的图形符号如图 7-34a 所示，中间的直线段表示油路，油路两侧两条相背的弧线段表示节流口，长斜箭头表示节流口大小可以调节。调速阀的图形符号如图 7–34b 所示，它在节流阀的基础上增加了一个矩形边框（表示整个阀），并在中间的直线段上增加了箭头（表示油液的流动方向）。

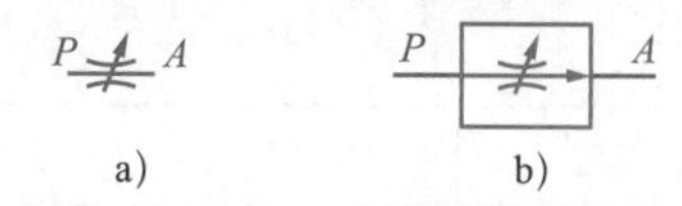

图 7–34 流量控制阀的图形符号
a）节流阀的图形符号 b）调速阀的图形符号

§7-5 液压辅助元件

液压辅助元件主要包括过滤器、蓄能器、油管、管接头和油箱等。

一、过滤器

在液压传动系统中，保持油的清洁是十分重要的。油中的杂质会造成运动零件划伤、磨损甚至卡死，还会堵塞阀和管道上的小孔，影响系统的工作性能甚至产生故障，因此需用过滤器对油液进行过滤。

过滤器按滤芯材质和过滤方式，分为表面型过滤器（如网式过滤器、线隙式过滤器等）、深度型过滤器（如烧结式过滤器、纸芯式过滤器等）和吸附型过滤器（如磁性过滤器）等，其结构、特点和应用见表 7–8。过滤器的图形符号如图 7–35 所示，菱形框表示过滤器，菱形框中的虚线表示过滤器元件（滤芯）。

表 7–8 **过滤器的结构、特点和应用**

类型		结构图	滤芯结构	特点和应用
表面型	网式过滤器	支撑筒 滤网	由金属或塑料圆筒制成，外包一层或两层铜丝网	结构简单，通油能力大，但过滤精度低，一般作粗过滤器用。通常安装在液压泵的吸油口处，过滤进入液压泵油液中的杂质

续表

类型		结构图	滤芯结构	特点和应用
表面型	线隙式过滤器	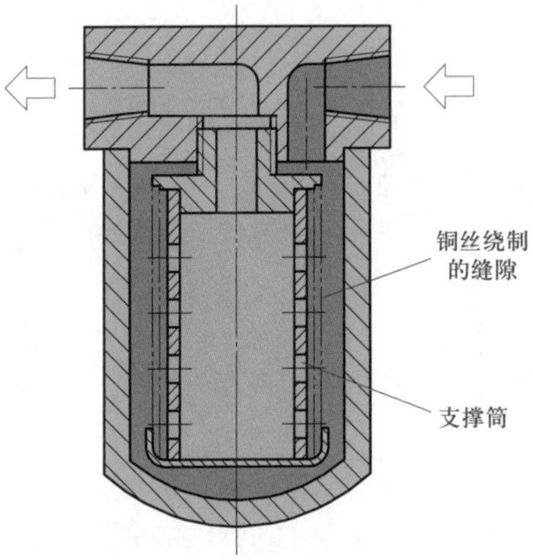 铜丝绕制的缝隙 支撑筒	滤芯是用铜丝或铝丝在滤架上绕制而成，它依靠丝之间的微小间隙来过滤杂质	结构简单，过滤效果较好，但不易清洗，一般用于中、低压系统。大多安装在液压泵后面，以保证液压控制元件和执行元件的用油清洁
深度型	烧结式过滤器	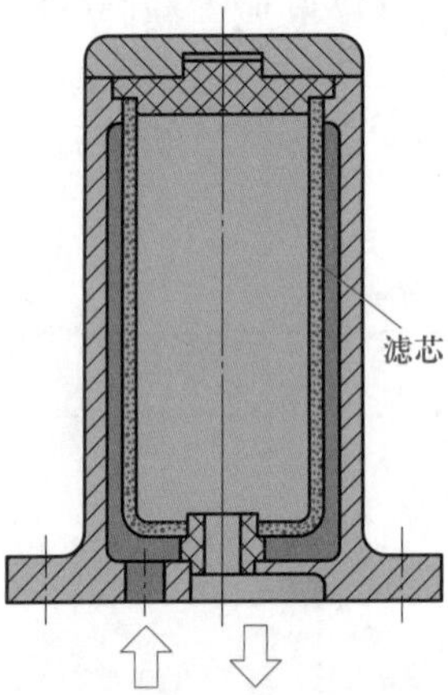 滤芯	滤芯用青铜粉末烧结成一定的形状（如杯状、管状等），依靠颗粒间的间隙滤油	过滤精度高，耐高温、抗腐蚀、制造简单，滤芯强度大，是一种使用较广的精过滤器。其缺点是通油能力较低、压力损失较大、易堵塞、难以清洗。用于过滤质量要求较高的系统中
	纸芯式过滤器	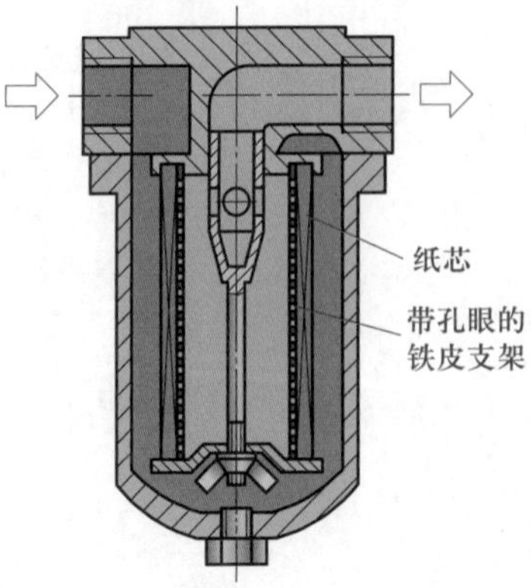 纸芯 带孔眼的铁皮支架	滤芯用微孔滤纸做成，装在壳体内使用。为增大过滤面积，纸芯常做成折叠型	过滤精度高，但易堵塞，无法清洗，需要经常更换纸芯。可作精过滤器使用，一般和其他过滤器配合使用

续表

类型		结构图	滤芯结构	特点和应用
吸附型	磁性过滤器	永久磁铁 铁圈 非磁性罩子	能吸住油液中的铁屑、铁粉和带磁性的磨料	常与其他类型的滤芯合起来制成复合型过滤器，对加工钢铁件的机床液压传动系统特别适用

泵的吸油管路上一般都安装有表面型过滤器，目的是滤去较大的杂质微粒，以保护液压泵；在泵的出油口安装过滤器，可防止污染物侵入阀类元件；在系统的回油管路上安装过滤器，可以防止油液中的污物进入油箱。此外，在一些重要的支路上往往还需要安装专用的精过滤器，大型液压传动系统还可专设由液压泵和过滤器组成的独立过滤回路。

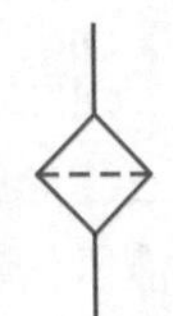

图 7–35 过滤器的图形符号

二、蓄能器

蓄能器是液压传动系统中的一种重要的辅助元件，它可以在短时间内供应大量压力油，补偿泄漏以保持系统压力，消除压力脉动与缓和液压冲击等。

气囊式蓄能器的结构如图 7–36 所示，主要由充气阀、壳体、气囊和提升阀组成。气囊用耐油橡胶制成，并与充气阀座压制在一起，固定在壳体的上半部。充气阀仅在蓄能器工作前对其充气用，在蓄能器工作时始终关闭。一般气囊的充气压力为系统油液最低工作压力的 60% ~ 70%。气囊外部为压力油，气囊内部的气体体积随蓄能器内液压油液压力的降低而膨胀，并将油液排出。提升阀的作用是防止油液全部排出时气囊膨出容器之外。

气囊式蓄能器的图形符号如图 7–37 所示，◯表示外壳，其中的圆弧表示气囊，空心等边三角形表示气体压力作用方向。

气囊式蓄能器的优点是气囊惯性小，反应灵敏，尺寸小，容易维护，易于安装；缺点是气囊和壳体制造困难，容量较小。

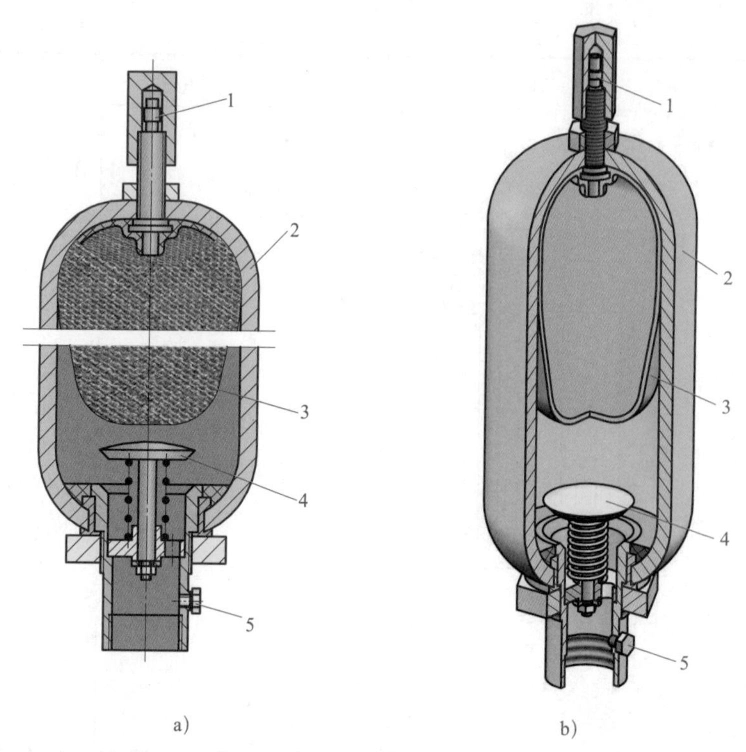

图 7-36　气囊式蓄能器的结构

1—充气阀　2—壳体　3—气囊　4—提升阀　5—排气螺塞

三、油管及管接头

液压传动系统中常用的油管有硬管（如钢管、铜管等）和软管（如橡胶软管、尼龙管和塑料软管等）。固定液压元件之间常用硬管连接，有相对运动的液压元件之间一般采用软管连接。图 7-38 所示为几种不同接头形式的软管。

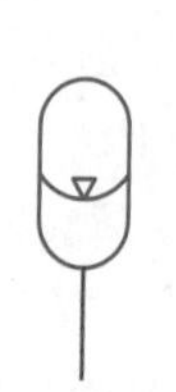

图 7-37　气囊式蓄能器的图形符号

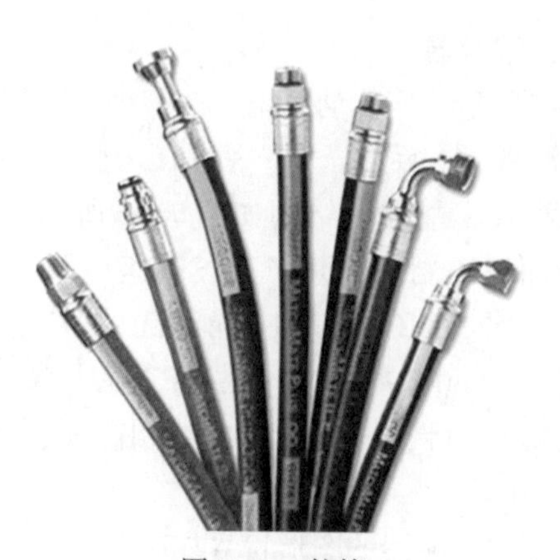

图 7-38　软管

在液压回路图中，供油管路用实线绘制，控制管路和泄油管路用虚线绘制。液压（气动）回路图中连接点的画法如图 7-39 所示。供油管路的连接点有“T”形连接和“十”形连接，其连接点都必须加实心圆点；没有实心圆点的交线表示管路不连接（跨越）。软管需要在线路中间画一段圆弧，并在圆弧的两端加实心圆点。

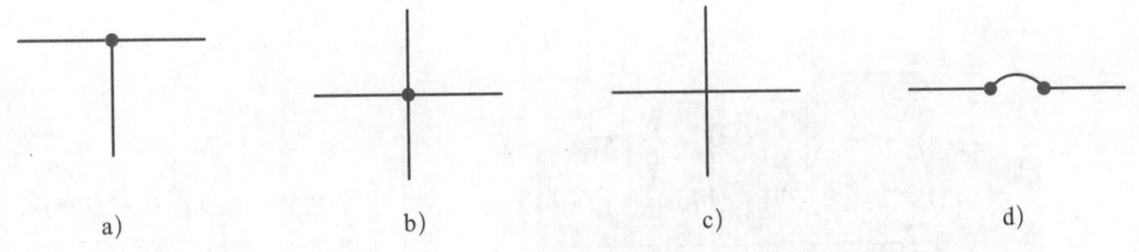

图 7–39　液压（气动）回路图中连接点的画法

a)“T”形连接　b)“十”形连接　c) 不连接（跨越）　d) 软管

管接头用于油管与油管、油管与液压元件间的连接。管接头的类型很多，常用的有锥端密封焊接式管接头、卡套式管接头、扩口式管接头和扣压式液压软管接头等。常用管接头的类型、结构及特点见表 7–9。

表 7–9　　常用管接头的类型、结构及特点

类型	结构	特点
锥端密封焊接式管接头	1　2　3　4 1—接管　2—螺母　3—O 形密封圈　4—接头体	接管与管子焊接。旋转螺母使接管外锥表面和其上的 O 形密封圈与接头体的内锥表面紧密配合。其特点是密封可靠、抗振能力强，但装卸接头不方便，可用于油、气介质
卡套式管接头	1　2　3　4 1—钢管　2—卡套　3—螺母　4—接头体	旋紧螺母前，将卡套和螺母套在钢管上，并将钢管插入接头体的孔内，由于接头体和螺母的内锥表面作用，使卡套卡在钢管壁上。其特点是重量轻，体积小，装拆方便，但对管子的尺寸精度要求较高。适用于油、气等管路系统

续表

类型	结构	特点
扩口式管接头	1—管子　2—管套　3—螺母　4—接头体	利用管子端部扩口进行密封，不需其他密封件。结构简单，适用于薄壁管件连接。常用于以油、气为介质的中、低压管路系统
扣压式液压软管接头	1—软管　2—接头体　3—压套　4—螺母　5—密封圈	扣压接头在专用设备上扣压。密封可靠，结构紧凑，安装方便。扣压式液压软管接头可与焊接式、卡套式和扩口式管接头连接。工作压力与软管的钢丝增强层结构和橡胶软管厚度有关。适用于油、气等管路系统

四、油箱

油箱除用于储存油液外，还起散热及分离油液中杂质和空气的作用。在机床液压传动系统中，可利用床身或底座内的空间作为油箱，使机床结构紧凑，并容易回收机床漏油；但油温变化时易引起床身的热变形，液压泵装置的振动也会影响机床的工作性能，所以精密机床多采用独立油箱。油箱的典型结构如图 7-40 所示。油箱内部用隔板 7、9 将吸油管 1 与回油管 4 隔开，吸油口装有液压油液过滤器 2，油箱侧面装有液位计 6，油箱底部装有排放污油的放油阀 8，上盖 5 上有一个通气孔（所以这种油箱称为开式油箱），在通气孔上装有空气过滤器 3，液压泵及其驱动电动机安装在上盖 5 上。油箱的图形符号为⊔。

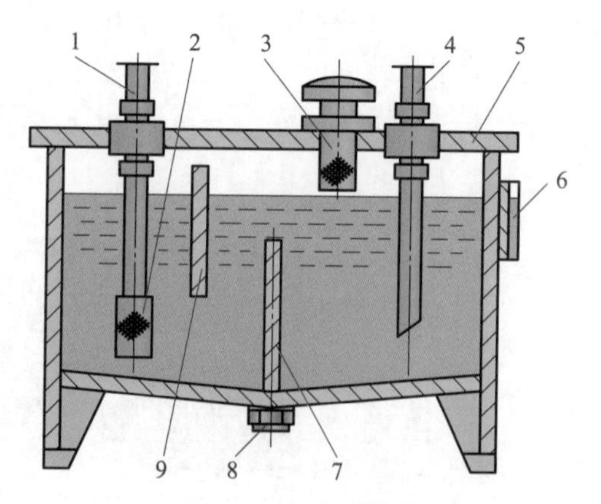

图 7-40　油箱的典型结构

1—吸油管　2—液压油液过滤器
3—空气过滤器　4—回油管　5—上盖
6—液位计　7、9—隔板　8—放油阀

知识链接

液压压力表

在液压传动系统中，为保证系统的正常工作，常用压力表（见图 7–41a）来观测系统中各工作点的压力。压力表是液压辅助元件之一，是液压传动系统的“眼睛”。在液压传动系统中最常用的是弹簧管式压力表，图 7–41b 所示为其结构图。当压力油进入弹簧弯管 1 时，产生管端变形，通过杠杆 6 使扇形齿轮 5 摆动，带动小齿轮 4 使指针 2 偏转，在表盘 3 上指示出压力值。压力表的图形符号如图 7–41c 所示，圆表示监测仪表，斜箭头表示指针。

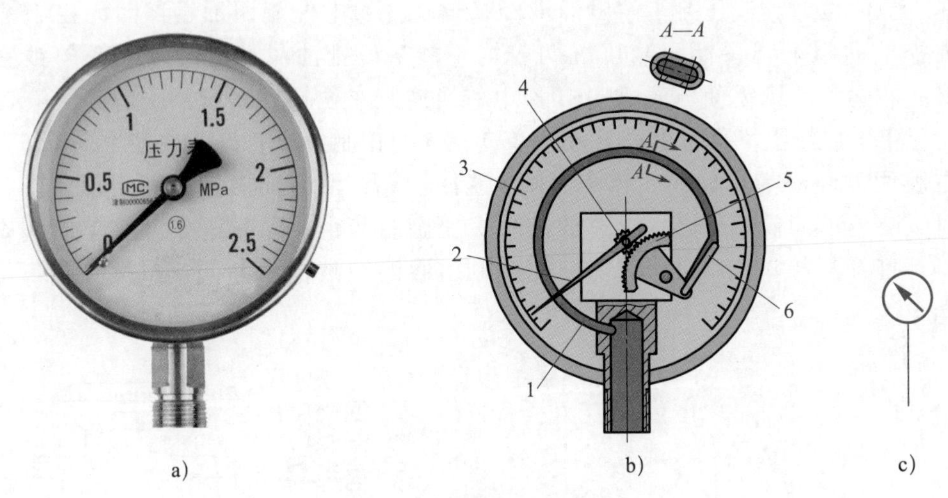

图 7–41　弹簧管式压力表

a）实物图　b）结构图　c）图形符号

1—弹簧弯管　2—指针　3—表盘　4—小齿轮　5—扇形齿轮　6—杠杆

§7-6　液压传动系统基本回路

液压传动系统由许多基本回路组成。液压基本回路是指由某些液压元件和附件所构成并能完成某种特定功能的回路。液压基本回路按功能可分为方向控制回路、压力控制回路、速度控制回路和顺序动作控制回路四大类。对于同一功能的基本回路，可有多种实现方法。

一、方向控制回路

在液压传动系统中，控制执行元件的启动、停止（包括锁紧）及换向的回路称为方向控制回路。方向控制回路有换向回路和锁紧回路等。

1. 采用 M 型三位四通电磁换向阀的换向及锁紧回路

执行元件的换向，一般可采用各种换向阀来实现。图 7–42 所示为采用 M 型三位四通电磁换向阀的换向及锁紧回路，它实现了双作用单杆缸的换向。当换向阀左位工作时，活塞杆伸出；当换向阀右位工作时，活塞杆缩回；当换向阀处于中位时，液压缸输出的油液经换向阀流回油箱，活塞呈锁紧状态。这种回路由于受到换向阀泄漏的影响，锁紧效果较差。

2. 采用液控单向阀的换向及锁紧回路

图 7–43 所示为采用液控单向阀的换向及锁紧回路，它在液压缸的进、回油路中分别串接液控单向阀 4、5，活塞可以在行程的任何位置锁紧。当 H 型三位四通电磁换向阀 3 处于中位时，液压泵 1 输出油液经换向阀 3 的中位流回油箱，因无控制油液作用，液控单向阀 4、5 关闭，液压缸两腔均不能进、排油，于是活塞被双向锁紧。要使活塞向右运动，则需使电磁铁 MB1 通电，换向阀左位接入系统，压力油经液控单向阀 4 进入液压缸左腔，同时也进入液控单向阀 5 的控制油口，打开液控单向阀 5，使液压缸右腔回油经液控单向阀 5 和换向阀 3 流回油箱，活塞向右运动。当换向阀 3 处于右位时，液控单向阀 5 开启，压力油进入液压缸右腔，并同时进入液控单向阀 4 的控制油口，打开液控单向阀 4，活塞向左运动，回油经液控单向阀 4 和换向阀 3 流回油箱。

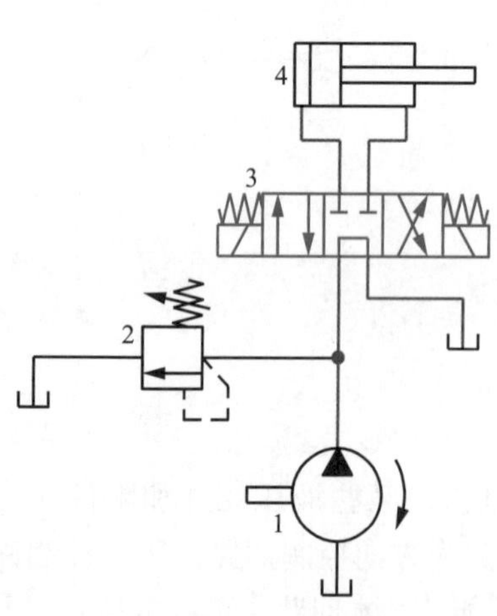

图 7–42　采用 M 型三位四通电磁换向阀的换向及锁紧回路

1—液压泵　2—溢流阀

3—M 型三位四通电磁换向阀

4—液压缸

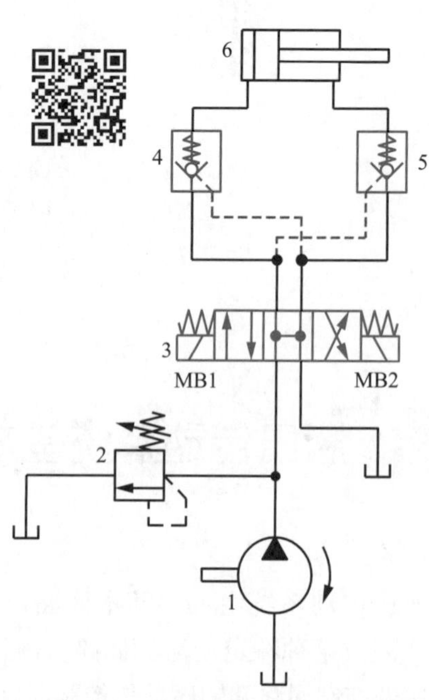

图 7–43　采用液控单向阀的换向及锁紧回路

1—液压泵　2—直动式溢流阀

3—H 型三位四通电磁换向阀

4、5—液控单向阀　6—液压缸

二、压力控制回路

利用压力控制阀来调节系统或其中某一部分压力的回路称为压力控制回路。压力控制回路可以实现调压、减压、卸荷等功能。

1. 调压回路

很多采用液压传动的机械在工作时，要求系统的压力能够调节，以便与负载相适应，同时降低动力损耗，减少系统发热。调压回路的功用是使液压传动系统或某一部分的压力保持恒定或不超过某个数值。调压功能主要由溢流阀完成。

图 7–44 所示为双级调压回路，该回路可实现两种不同的系统压力控制，即由先导式溢流阀 4 和直动式溢流阀 2 各调一级。当电磁换向阀 3 断电时，先导式溢流阀 4 工作，系统压力较高。当电磁换向阀 3 通电时，直动式溢流阀 2 工作，系统压力较低，此时先导式溢流阀 4 控制油口流出的液压油液从直动式溢流阀 2 流出，系统的溢流从先导式溢流阀 4 流出。

注意：先导式溢流阀 4 的调定压力一定要高于直动式溢流阀 2 的调定压力，否则不能实现双级调压。

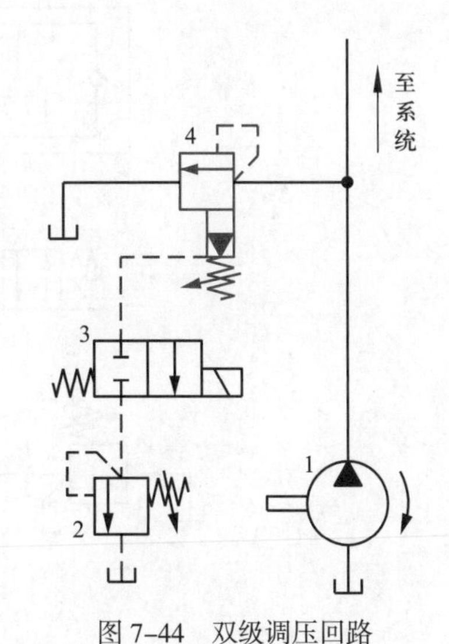

图 7–44　双级调压回路

1—液压泵　2—直动式溢流阀

3—二位二通电磁换向阀　4—先导式溢流阀

2. 支路减压回路

在定量泵供油的液压传动系统中，溢流阀按主系统的工作压力调定。若系统中某个执行元件或某条支路所需要的工作压力低于溢流阀所调定的主系统压力时，就要采用支路减压回路。

支路减压回路的功用是使系统中某一部分油路具有较低的稳定压力。减压功能主要由减压阀实现。

在图 7–45 所示支路减压回路中，整个系统的工作压力由溢流阀 2 调定，回路中有液压缸 6 和液压缸 7 两个执行元件，当液压缸 6 所需要的压力低于溢流阀 2 的调定压力时，在液压缸 6 的进油路上串联了一个单向减压阀 5。单向减压阀是由一个单向阀和一个减压阀组成的复合阀，从功能上相当于两者并联，实物结构是一个阀。单向减压阀的图形符号由减压阀的图形符号和单向阀的图形符号组合而成，在其外围绘制了一个矩形实线框，表示单向减压阀是一个有单向阀和调速阀两种功能的元件，并且这两种功能之间有相互联系。

如图 7–45 所示，当油液从下向上流时，单向减压阀相当于一个减压阀；当油液从上向下流时相当于一个单向阀。所以，当液压缸 6 的活塞向右运动时，阀 5 的减压阀工作；当液压缸活塞向左运动时，阀 5 的单向阀工作。

3. 卸荷回路

在液压设备短时间停止工作期间，一般不宜停止电动机，因为频繁启停对电动机和液压泵的使用寿命有严重影响，但在溢流阀调定的压力下回油，又会造成很大的能量浪费，并使油温升高、系统性能下降，为此设置卸荷回路以解决上述矛盾。

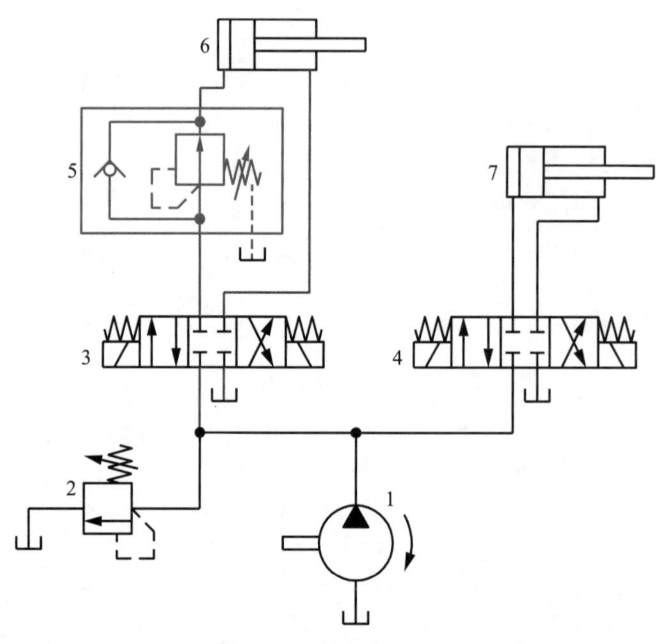

图 7–45　支路减压回路

1—液压泵　2—溢流阀　3、4—O 型三位四通电磁换向阀　5—直动式单向减压阀　6、7—液压缸

卸荷是指液压泵在功率损耗接近零的情况下运转，以减少功率损耗，降低系统发热，延长液压泵和电动机的使用寿命。卸荷回路可以使液压泵在压力接近零的情况下运转。卸荷回路有多种形式，图 7–46 所示为采用二位二通换向阀的卸荷回路。使二位二通电磁换向阀的电磁铁通电，阀处于右位时就可以实现卸荷，该回路的特点是结构简单。利用三位四通换向阀的 H 型（或 M 型）中位机能也可使液压泵卸荷。在图 7–42 所示回路中，当 M 型三位四通电磁换向阀处于中位时，液压泵卸荷，液压缸处于锁紧状态。在图 7–43 所示回路中，当 H 型三位四通电磁换向阀处于中位时，液压泵卸荷，液压缸处于锁紧状态。

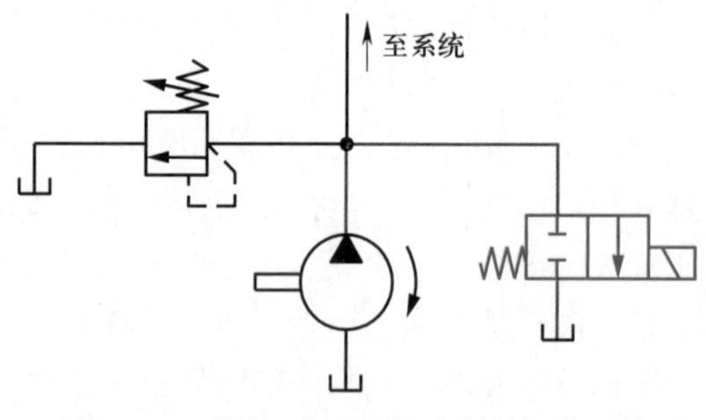

图 7–46　采用二位二通换向阀的卸荷回路

三、速度控制回路

控制执行元件运动速度的回路称为速度控制回路。速度控制回路一般是通过改变进入执行元件的流量来实现的。速度控制回路包括调速回路和速度换接回路两类。

1. 调速回路

调速回路是指调节执行元件工作速度的回路。常用的有进油节流调速回路和回油节流调速回路等。

（1）进油节流调速回路

图 7–47 所示为进油节流调速回路。在液压缸 5 的进油路上串联了一个单向节流阀 4，它是由单向阀和节流阀并联而成的流量控制阀。二位四通电磁换向阀 3 用于液压缸 5 的换向，当电磁换向阀 3 处于左位时，压力油通过单向节流阀 4 的节流阀进入液压缸 5 的左腔，活塞向右运动。通过调节节流阀的通流面积，就可以调节油路中压力油的流量，从而调节液压缸 5 的活塞向右运动的速度。由于液压缸 5 的活塞向右运动时回油腔直通油箱，所以这种进油节流调速回路不能承受超越负载。当电磁换向阀断电时，电磁换向阀 3 在弹簧力的作用下处于右位，压力油通过电磁换向阀 3 进入液压缸右腔，活塞向左运动，液压缸左腔的回油经过单向节流阀 4 的单向阀以及电磁换向阀 3 流回油箱。此时，节流阀不起作用。溢流阀 2 用于调定系统压力，使系统压力基本保持恒定。

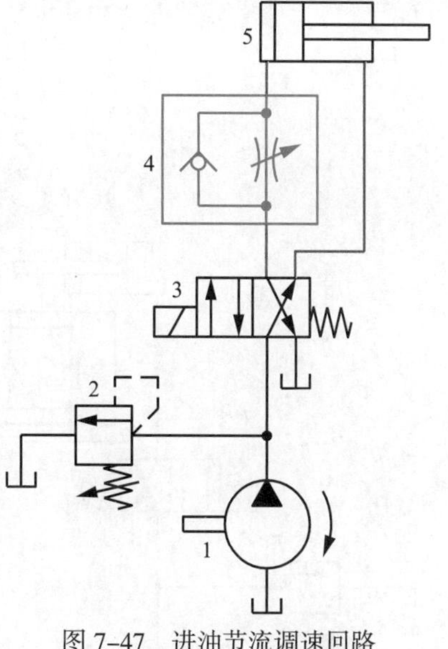

图 7–47　进油节流调速回路
1—液压泵　2—溢流阀
3—二位四通电磁换向阀
4—单向节流阀　5—液压缸

知识链接

液压缸负载的分类

液压缸的负载可分为阻力负载和超越负载两种。阻力负载是指阻止液压缸运动的负载（也叫正值负载），超越负载是指助长液压缸运动的负载（也叫负值负载）。例如，液压缸在提升重物时，重物的重力为阻力负载；重物下降时，重物的重力为超越负载。

（2）回油节流调速回路

如图 7–48 所示，将单向节流阀串联在液压缸右腔的油路中，即构成回油节流调速回路。当二位四通电磁换向阀 3 处于左位时，压力油通过电磁换向阀 3 进入液压缸左腔，液压缸右腔的油液通过单向节流阀 4 的节流阀进入电磁换向阀 3 后流入油箱。此时节流阀工作，起到节流调速的作用。与进油节流调速相比，回油节流调速能承受超越负载，且通过节流阀的热油直接排回油箱，有利于散热。另外，节流阀在回油路上也能起到提供背压的作用，对液压缸运行过程中的稳定性更有利。该系统广泛用于功率不大、承受负值负载能力强和运动平稳性要求较高的液压传动系统中。

2. 速度换接回路

速度换接回路是使执行元件不同运动速度相互转换的回路，常用的有液压缸差动连接速度换接回路和短接流量阀速度换接回路等。

（1）液压缸差动连接速度换接回路

图 7–49 所示为利用二位三通电磁换向阀实现液压缸差动连接的速度换接回路。该回路的液压缸活塞杆有快进、工进和快退三个运动。在该回路中使用了由调速阀和单向阀组合而成的单向调速阀 4，当油液从上向下流时相当于一个调速阀，当油液从下向上流时相当于一个单向阀。

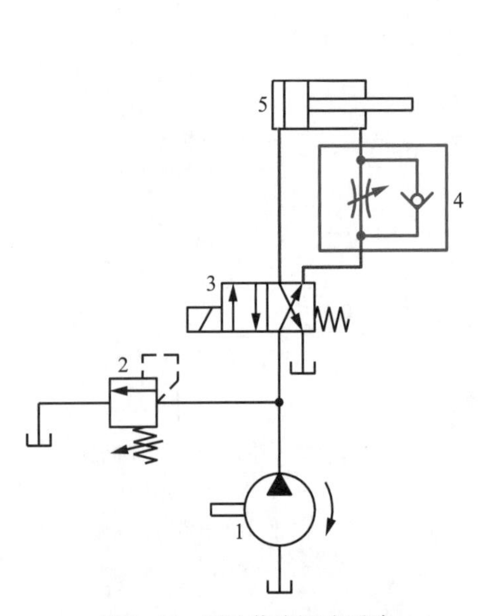

图 7–48　回油节流调速回路

1—液压泵　2—溢流阀　3—二位四通电磁换向阀

4—单向节流阀　5—液压缸

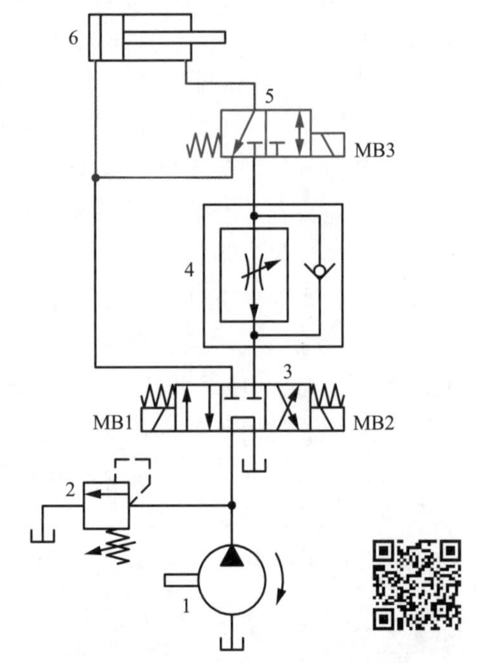

图 7–49　液压缸差动连接速度换接回路

1—液压泵　2—溢流阀　3—三位四通电磁换向阀

4—单向调速阀　5—二位三通电磁换向阀　6—液压缸

1）快进。当电磁铁 MB1 通电，MB2、MB3 断电时，二位三通电磁换向阀 5 连通液压缸左、右腔，使液压缸形成差动连接而做快速运动。这种连接方式可以在不增加液压泵流量的情况下提高液压缸的运动速度。但是要注意，在快进时泵输出的油液和有杆腔排出的油液汇合在一起进入无杆腔，因此应按差动时的流量选择相关阀和管子的规格，否则会使液体流动的阻力过大。

2）工进。当 MB3 通电（MB1 仍通电）时，差动连接被断开，液压缸 6 的回油经过二位三通电磁换向阀 5、单向调速阀 4 的调速阀、三位四通电磁换 向阀 3 流回油箱，从而实现工进。调速阀用于调节活塞杆工进的速度。

3）快退。当 MB2、MB3 通电，MB1 断电时，压力油经三位四通电磁换向阀 3、单向调速阀 4 的单向阀、二位三通电磁换向阀 5 进入液压缸 6 的右腔，液压缸左腔的油液经过三位四通电磁换向阀 3 流回油箱，从而实现快退。

（2）短接流量阀速度换接回路

图 7–50 所示为采用短接流量阀获得快、慢速运动回路，该回路可以获得向左快进、慢进，向右快进、慢进四种运动。

1）活塞杆向右运动。当 MB1 通电时，二位四通电磁换向阀 5 左位接入系统，压力油通过电磁换向阀 5 进入液压缸 6 的左腔，活塞杆向右运动。如果 MB2 断电，则液压缸 6 右腔的油液通过调速阀 4 流回油箱，活塞杆慢速向右运动，通过调速阀实现减速的目的；如果

MB2通电，则调速阀被短接，油液通过二位二通电磁换向阀3流回油箱，实现活塞杆向右的快速运动。通过控制电磁铁MB2的通断电即可实现速度的换接。

2）活塞杆向左运动。当MB1断电时，二位四通电磁换向阀5右位接入系统，压力油进入液压缸6的右腔，活塞杆向左运动。通过二位二通电磁换向阀3同样可以实现活塞杆的快、慢速运动的换接。

该系统结构简单，应用广泛。二位二通电磁换向阀和二位四通电磁换向阀的相互配合，可以实现快速进给→工作进给→工作退回→快速退回的工作循环。

四、顺序动作控制回路

在利用液压传动供给动力的机械设备中，有些执行元件的运动需要按预定的顺序依次实现。例如，采用液压传动的机床要求先夹紧工件，然后使工作台移动进行切削加工，实现这种动作则需要采用顺序动作控制回路。控制系统中多个执行元件按预定顺序依次动作的回路称为顺序动作控制回路。

图7-51所示为采用两个单向顺序阀的压力控制顺序动作控制回路。在该回路中，单向顺序阀4、5为由单向阀与顺序阀通过并联构成的组合阀。该回路可以实现液压缸6和液压缸7按照“A_1—B_1—B_0—A_0”的顺序动作。

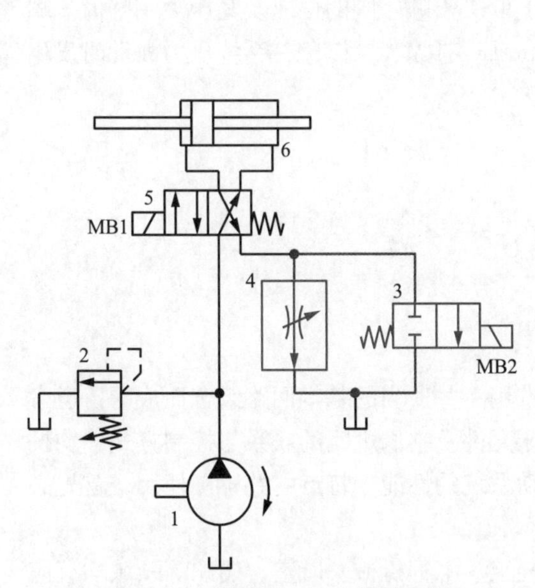

图7-50　短接流量阀速度换接回路

1—液压泵　2—溢流阀　3—二位二通电磁换向阀

4—调速阀　5—二位四通电磁换向阀　6—液压缸

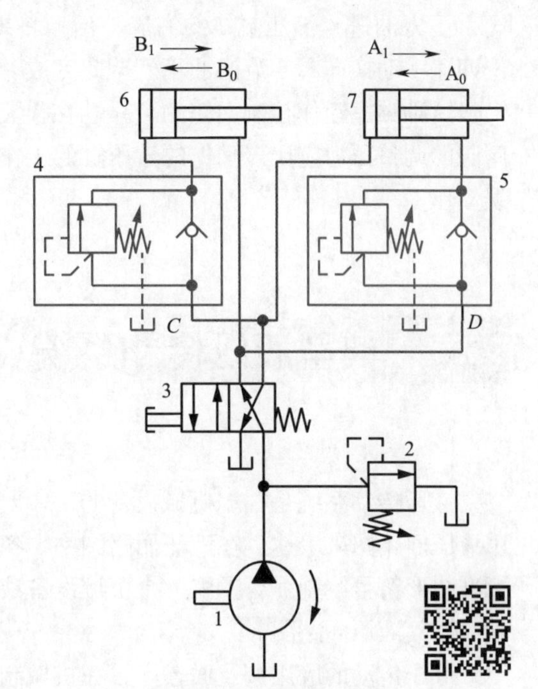

图7-51　采用两个单向顺序阀的压力控制顺序动作控制回路

1—液压泵　2—溢流阀　3—二位四通手动换向阀

4、5—单向顺序阀　6、7—液压缸

1. 液压缸7的活塞杆伸出（动作A_1）

按下二位四通手动换向阀3的手柄并保持，使换向阀3左位工作，压力油通过二位四通手动换向阀 3 到达液压缸 7 的左腔和单向顺序阀 4 的 *C* 端。压力油推动液压缸 7 的活塞杆伸出，实现动作 A_1；液压缸 7 右腔的回油经过单向顺序阀 5 的单向阀、二位四通手动换向阀 3 流回油箱。由于在液压缸 7 的活塞杆运动时，液压传动系统的压力没有达到单向顺序阀 4 的开启压力，压力油无法进入液压缸 6 的左腔。

2. 液压缸 6 的活塞杆伸出（动作 B_1）

当液压缸 7 的活塞杆伸出动作完成后，系统压力升高，打开单向顺序阀 4 中的顺序阀，压力油进入液压缸 6 的左腔，推动活塞杆向右运动，实现动作 B_1；液压缸 6 右腔的回油通过二位四通手动换向阀 3 流回油箱。

3. 液压缸 6 的活塞杆缩回（动作 B_0）

松开二位四通手动换向阀 3 的手柄，使换向阀 3 右位工作，压力油进入液压缸 6 的右腔和单向顺序阀 5 的 *D* 端，液压缸 6 的活塞杆缩回，实现动作 B_0；液压缸 6 左腔的回油经过单向顺序阀 4 的单向阀、二位四通手动换向阀 3 流回油箱。因单向顺序阀 5 的作用，此时的压力油无法进入液压缸 7 的右腔。

4. 液压缸 7 的活塞杆缩回（动作 A_0）

液压缸 6 的活塞杆向左运动到达终点后，系统压力升高，打开单向顺序阀 5 中的顺序阀，压力油进入液压缸 7 的右腔，活塞杆缩回，实现动作 A_0；液压缸 7 左腔的回油通过二位四通手动换向阀 3 流回油箱。至此完成一个工作循环。

这种顺序动作控制回路的可靠性在很大程度上取决于顺序阀的性能及其压力调整值。顺序阀的调整压力应比先动作的液压缸的工作压力高 0.8 ~ 1 MPa，以免在系统压力波动时发生误动作。

§7-7 典型液压传动系统

液压传动系统是根据机械设备的工作要求，选用一些适当的基本回路组合而成的，通常用液压回路图来表达。在液压回路图中，各个液压元件及它们之间的联系与控制方式，均按标准图形符号绘制。要了解一台机械设备液压传动系统的性能、特点，并正确使用，首先必须读懂其液压回路图。

液压传动的应用涉及面较广，在机械制造、轻工、工程机械、航空、船舶等领域均有应用。

一、MJ-50 型数控车床的液压传动系统

数控机床由于采用了计算机控制，自动化程度高，近年来得到了广泛的应用和推广。由于液压传动系统能通过电气控制而实现自动化，故成为数控机床传动与控制方式的首选。图 7-52 所示为 MJ-50 型数控车床的液压传动系统，整个系统由卡盘液压传动系统、回转刀架的松开与夹紧液压传动系统、回转刀架的旋转液压传动系统和尾座套筒伸缩液压传动系统四

个分系统组成，能实现卡盘的夹紧与松开，卡盘两种夹紧力（大与小）之间的转换，回转刀架的正转、反转、松开与夹紧，尾座套筒的伸缩。液压传动系统所用电磁铁的通、断均由数控系统的 PLC 控制，系统采用变量液压泵作为动力源，泵输出的压力油经单向阀进入系统，压力由压力表 4 显示。该液压传动系统的工作过程如下。

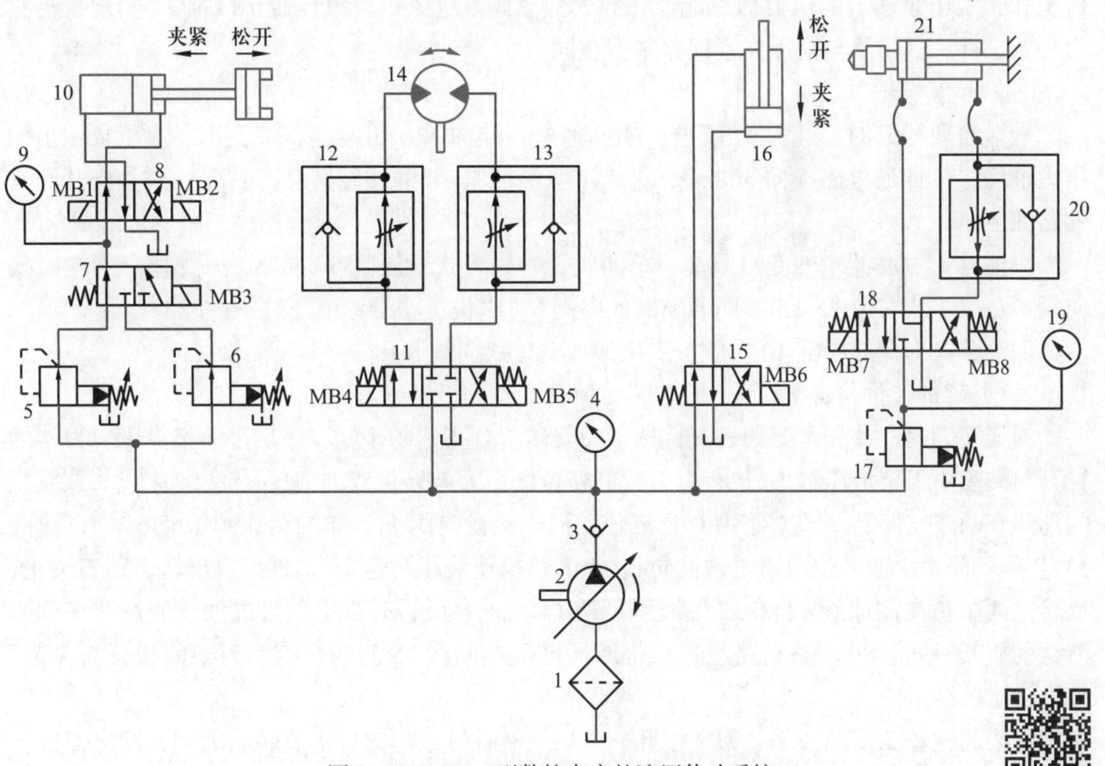

图 7-52　MJ-50 型数控车床的液压传动系统

1—过滤器　2—变量泵　3—单向阀　4、9、19—压力表　5、6、17—先导式减压阀
7—二位三通电磁换向阀（弹簧复位）　8—二位四通电磁换向阀　10—卡盘液压缸
11—O 型三位四通电磁换向阀　12、13、20—单向调速阀　14—刀架转位双向液压马达
15—二位四通电磁换向阀（弹簧复位）　16—刀架液压缸　18—Y 型三位四通电磁换向阀　21—尾座套筒液压缸

1. 卡盘的夹紧与松开

卡盘液压传动系统的执行元件是液压缸 10，控制油路由二位三通电磁换向阀 7 和二位四通电磁换向阀 8、先导式减压阀 5 和 6 等组成。为了适应不同壁厚的零件，卡盘夹紧回路有高、低压两种夹紧状态，分别通过调整先导式减压阀 5、6 的输出压力实现。

（1）卡盘高压夹紧

卡盘高压夹紧时，MB2、MB3 断电，MB1 通电，换向阀 7 和 8 均在左位工作，其油路如下。

进油路：过滤器 1→变量泵 2→单向阀 3→先导式减压阀 5→二位三通电磁换向阀 7（左位）→二位四通电磁换向阀 8（左位）→卡盘液压缸 10 右腔。

回油路：卡盘液压缸 10 左腔→二位四通电磁换向阀 8（左位）→油箱。

这时液压缸活塞左移使卡盘夹紧工件，夹紧力的大小由减压阀 5 调节。由于减压阀 5 的调定值高于减压阀 6 的调定值，所以卡盘处于高压夹紧状态。

（2）卡盘低压夹紧

当夹紧薄壁零件时，需要小夹紧力。这时 MB3 通电，二位三通电磁换向阀 7 切换至右位工作，液压泵输出的压力油只能经先导式减压阀 6 进入卡盘液压缸 10 右腔，实现小夹紧力夹紧工件。其回路与高压夹紧回路基本相同。

（3）卡盘松开

卡盘需要松开时，让 MB1 断电、MB2 通电，换向阀 8 切换至右位工作，液压泵输出的压力油经二位四通电磁换向阀 8 后，进入卡盘液压缸 10 的左腔，活塞右移，卡盘松开，其油路如下。

进油路：过滤器 1→变量泵 2→单向阀 3→先导式减压阀 5（或 6）→二位三通电磁换向阀 7 左位（或右位）→二位四通电磁换向阀 8（右位）→卡盘液压缸 10 左腔。

回油路：卡盘液压缸 10 右腔→二位四通电磁换向阀 8（右位）→油箱。

2. 刀架的转位与夹紧

刀架换刀时，首先是刀架松开，然后刀架转位到指定的位置，最后是刀架夹紧。刀架的松开与夹紧由刀架液压缸 16 执行，刀架的转位则由刀架转位双向液压马达 14 完成。该系统的油路有两条支路。一条支路由 O 型三位四通电磁换向阀 11、单向调速阀 12 和单向调速阀 13 组成，通过 O 型三位四通电磁换向阀 11 的切换使液压马达 14 实现正、反转，即刀架正、反转。两个单向调速阀 12 和 13 使液压马达 14 在正、反转时都能通过进油节流调速来调节刀架的旋转速度。另一条支路通过二位四通电磁换向阀 15 的切换控制刀架的松开与夹紧。该油路比较简单。

刀架的完整工作循环是：刀架松开→刀架逆时针（或顺时针）旋转就近到达指定刀位→刀架夹紧。电磁铁的动作顺序为：MB6 通电（刀架松开）→ MB4 通电（液压马达逆时针旋转）或 MB5 通电（液压马达顺时针旋转）→ MB4 或 MB5 断电（刀架停转）→ MB6 断电（刀架夹紧）。

回转刀架系统的油路如下。

（1）刀架松开

进油路：过滤器 1→变量泵 2→单向阀 3→二位四通电磁换向阀 15（右位）→刀架液压缸 16 下腔。

回油路：刀架液压缸 16 上腔→二位四通电磁换向阀 15（右位）→油箱。

（2）刀架旋转

刀架顺时针旋转与逆时针旋转的进、回油回路相反，下面分析刀架逆时针旋转时的进、回油回路。

进油路：过滤器 1→变量泵 2→单向阀 3→ O 型三位四通电磁换向阀 11（左位）→单向调速阀 12 的调速阀→刀架转位双向液压马达 14。

回油路：刀架转位双向液压马达 14→单向调速阀 13 的单向阀→ O 型三位四通电磁换向阀 11（左位）→油箱。

（3）刀架夹紧

进油路：过滤器 1→变量泵 2→单向阀 3→二位四通电磁换向阀 15（左位）→刀架液压缸 16 上腔。

回油路：刀架液压缸 16 下腔→二位四通电磁换向阀 15（左位）→油箱。

3. 尾座套筒的伸出与缩回

尾座套筒液压缸 21 的活塞杆固定，缸体带动尾座套筒顶出与缩回，油路由先导式减压阀 17、Y 型三位四通电磁换向阀 18 和单向调速阀 20 组成。液压泵输出的压力油通过减压阀 17 将压力降为尾座套筒顶紧工件所需的压力。单向调速阀 20 用于尾座套筒伸出时实现回油路节流调速，以控制尾座套筒的伸出速度。

（1）尾座套筒伸出

尾座套筒伸出时，电磁铁 MB7 通电，其油路如下。

进油路：过滤器 1→变量泵 2→单向阀 3→减压阀 17→Y 型三位四通电磁换向阀 18（左位）→尾座套筒液压缸 21 左腔。

回油路：尾座套筒液压缸 21 右腔→单向调速阀 20 的调速阀→Y 型三位四通电磁换向阀 18（左位）→油箱。

（2）尾座套筒缩回

尾座套筒缩回时，MB7 断电，MB8 通电，其油路如下。

进油路：过滤器 1→变量泵 2→单向阀 3→减压阀 17→Y 型三位四通电磁换向阀 18（右位）→单向调速阀 20 的单向阀→尾座套筒液压缸 21 右腔。

回油路：尾座套筒液压缸 21 左腔→Y 型三位四通电磁换向阀 18（右位）→油箱。

二、万能液压机液压传动系统

在锻压、冲压、粉末冶金、压力成型等加工中，使用采用液压传动的液压机已十分普遍。图 7-53 所示为万能液压机，图 7-54 所示为该万能液压机的液压回路图。系统由高压大流量变量泵 4 和低压小流量定量泵 5 组成液压源。变量泵 4 用于给主油路供油，其工作压力

图 7-53 万能液压机

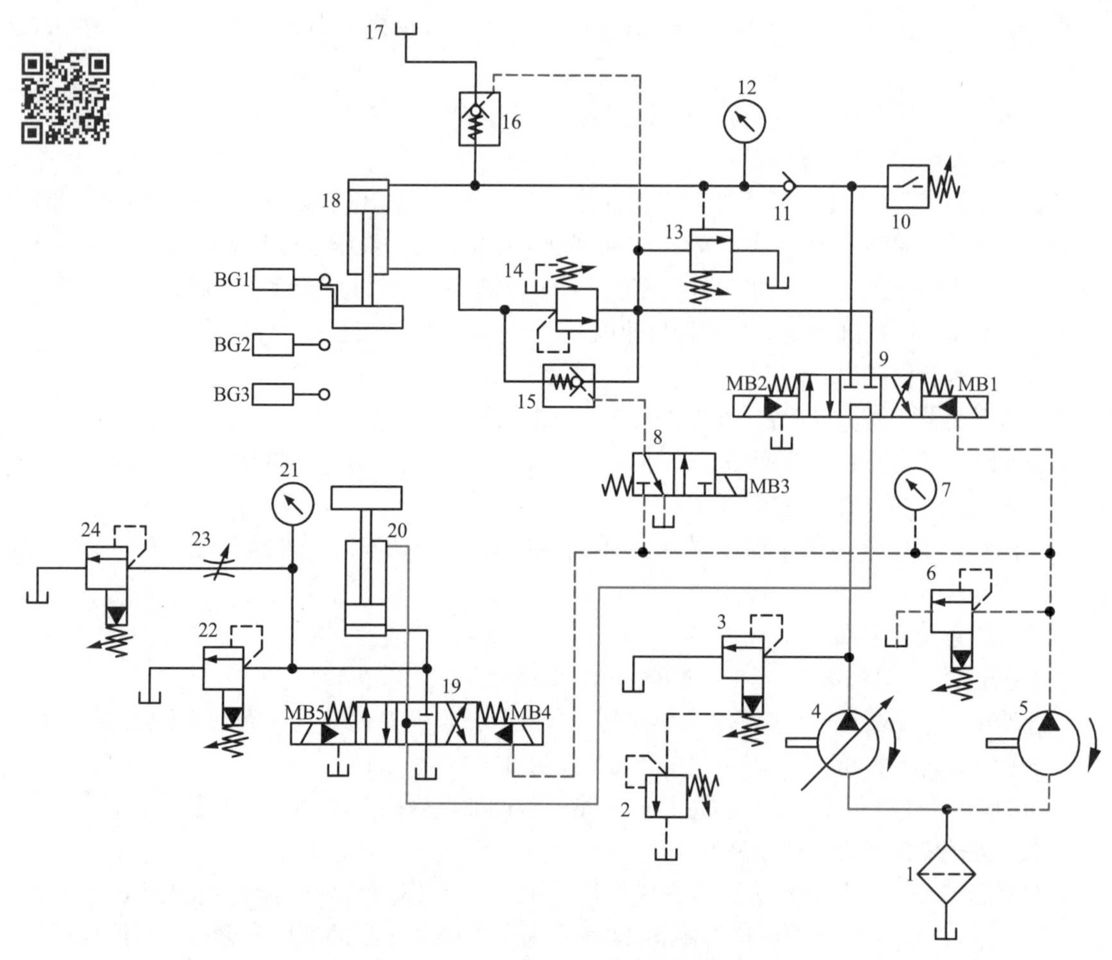

图 7–54　万能液压机的液压回路图

1—过滤器　2—直动式溢流阀　3、6、22—先导式溢流阀　4—高压大流量变量泵　5—低压小流量定量泵　7、12、21—压力表　8—二位三通电磁换向阀　9、19—三位四通电液换向阀　10—压力继电器　11—单向阀　13—带阻尼孔的液控卸荷阀　14—顺序阀　15、16—液控单向阀　17—充液油箱　18—主缸（上液压缸）　20—顶出缸（下液压缸）　23—节流阀　24—背压阀

由先导式溢流阀 3 调定，可通过直动式溢流阀 2 实现远程控制。定量泵 5 的作用是保证系统控制压力油的供给，其压力由先导式溢流阀 6 调定。该液压传动系统的工作过程如下。

1. 主缸活塞的运动

（1）主缸活塞快速下行

当 MB2 与 MB3 通电时，低压小流量定量泵 5 供给的控制油使三位四通电液换向阀 9 切换到左位，同时二位三通电磁换向阀 8 切换至右位，打开液控单向阀 15。高压大流量变量泵 4 给主缸 18 上腔供油。

在主缸活塞快速下行时，由于活塞与滑块的自重作用，下降的速度很快，以致高压大流量变量泵 4 的全部流量尚不能满足主缸上腔空出容积的需要，因而在主缸 18 的上腔形成局部真空。这时位于顶部的充液油箱 17 内的油液则在大气压力和充液油箱内油液位能的共同作用下打开液控单向阀 16，使油液进入主缸 18 上腔，补足所需的油液。

此时的油路如下。

进油路一：过滤器 1→高压大流量变量泵 4→三位四通电液换向阀 9（左位）→单向阀 11→主缸（上液压缸）18 上腔。

进油路二：充液油箱 17→液控单向阀 16→主缸（上液压缸）18 上腔。

回油路：主缸 18 下腔→液控单向阀 15→三位四通电液换向阀 9（左位）→三位四通电液换向阀 19（中位）→油箱。

（2）主缸活塞慢速下行与加压

当主缸活塞快进接近工件时，滑块上的挡铁压下行程开关 BG2 并发信号使 MB3 断电，二位三通电磁换向阀 8 左位接入系统，液控单向阀 15 由于失去控制压力油而关闭，这时的主回油路为：主缸 18 下腔→顺序阀 14→三位四通电液换向阀 9（左位）→三位四通电液换向阀 19（中位）→油箱。

由于回油路上有顺序阀 14 存在，在回路中产生了背压，这一背压平衡了活塞与滑块的重量，因而活塞下降只能依赖高压大流量变量泵 4 的压力油来驱动。此时液压泵 4 开始输出具有一定压力的油液，主缸上腔压力升高，使液控单向阀 16 关闭，充液油箱停止向主缸 18 的上腔补油，主缸速度减慢。

当滑块碰到工件后，负载增加使液压泵 4 的供油压力进一步提高，并使液压泵的变量机构动作，减小液压泵的供油量，于是主缸活塞对工件加压。

（3）保压

当加压到主缸 18 上腔的压力达到压力继电器 10 的调定值时，压力继电器发信号使 MB2 断电，三位四通电液换向阀 9 回到中位，主缸 18 的上、下两腔均处于封闭状态。同时，液压泵 4 经三位四通电液换向阀 9 和 19 的中位卸荷。由于单向阀 11 防止了主缸上腔的泄漏，因而能使上腔保持高压状态。保压时间由压力继电器控制的时间继电器调定。

（4）泄压与主缸活塞快速返回

保压过程结束时，时间继电器发信号使 MB1 通电，三位四通电液换向阀 9 右位接入系统。但由于此时主缸上腔中的大量高压油积聚了很大的能量，若让它立即与回油路接通，则短时释放出很大的能量，会引起冲击和振动。为此，在系统中设置了带阻尼孔的液控卸荷阀 13，该卸荷阀的结构原理与顺序阀类似。此时，虽然三位四通电液换向阀 9 已在右位工作，但由于主缸 18 的上腔尚未泄压，其高压使卸荷阀 13 打开，液压泵 4 输出的压力油经液控卸荷阀 13 的阻尼孔流回油箱，因而供油压力较低。虽然油路通过液控单向阀 15 与主缸 18 的下腔相连，但仍然无法使主缸开始回程。在压力油经液控卸荷阀 13 的阻尼孔流回油箱的同时，压力油打开了液控单向阀 16，使主缸 18 上腔的高压油经液控单向阀 16 流进充液油箱 17，主缸 18 上腔开始泄压。

当泄压持续到主缸上腔的压力低于卸荷阀 13 的调定值时，卸荷阀 13 关闭，因而液压泵 4 的输出压力升高，这一压力在使液控单向阀 16 保持打开状态的同时，给主缸下腔供油，主缸 18 开始回程。这时的油路如下。

进油路：过滤器 1→高压大流量变量泵 4→三位四通电液换向阀 9（右位）→液控单向阀 15→主缸 18 下腔。

回油路：主缸 18 上腔→液控单向阀 16→充液油箱 17。

（5）主缸活塞原位停止

当滑块上的挡铁在上升过程中压下行程开关 BG1 时，MB1 断电，三位四通电液换向阀 9 切换至中位，主缸 18 因两腔通路被关闭而停止运动。在主缸下腔通路上的顺序阀 14 和液控单向阀 15 处于关闭状态，因此主缸 18 的活塞和滑块不会因自重而下滑。在停止时，液压泵 4 经三位四通电液换向阀 9 和 19 的中位卸荷。

2. 顶出缸活塞的运动

由于液压泵 4 的供油必须经三位四通电液换向阀 9 的中位才能到达控制顶出缸运动的三位四通电液换向阀 19，因此顶出缸 20 只有在主缸活塞原位停止状态时才能动作，这样设计的回路可有效地防止误操作。顶出缸的动作如下。

（1）顶出

按下顶出按钮，MB4 通电，三位四通电液换向阀 19 切换至右位工作，活塞向上运动，此时的油路如下。

进油路：过滤器 1→高压大流量变量泵 4→三位四通电液换向阀 9（中位）→三位四通电液换向阀 19（右位）→顶出缸 20 下腔。

回油路：顶出缸 20 上腔→三位四通电液换向阀 19（右位）→油箱。

（2）退回

按下退回按钮，MB5 通电，MB4 断电，三位四通电液换向阀 19 切换至左位工作，活塞向下运动，此时的油路如下。

进油路：过滤器 1→高压大流量变量泵 4→三位四通电液换向阀 9（中位）→三位四通电液换向阀 19（左位）→顶出缸 20 上腔。

回油路：顶出缸 20 下腔→三位四通电液换向阀 19（左位）→油箱。

（3）浮动压边

有些模具工作时需要对工件进行压紧拉伸，当在液压机上用模具进行薄板拉伸压边时，要求下滑块组件上升到一定位置实现上下模具合模，使合模后的模具既保持一定的压力将工件夹紧，又能使模具随上滑块组件的下压而下降（浮动压边）。这时，三位四通电液换向阀 19 处于中位，由于上液压缸的压紧力远远大于下液压缸向上的上顶力，上液压缸滑块组件下压时下液压缸 20 的活塞被迫随之下行，下液压缸下腔油液经节流阀 23 和背压阀 24 流回油箱，使下液压缸下腔保持所需的向上的压边压力。调节背压阀 24 的开启压力大小即可起到改变浮动压边力大小的作用。下液压缸 20 上腔则经三位四通电液换向阀 19（中位）从油箱补油。溢流阀 22 为下液压缸 20 下腔的安全阀，只有在下液压缸下腔压力过载时才起作用。

知识链接

电液换向阀

电液换向阀是电磁换向阀和液控换向阀的组合。电磁换向阀是先导阀，控制液控换向阀换向；液控换向阀是主阀，控制液压传动系统执行元件的动作。

图 7–55 所示为三位四通电液换向阀，其工作原理是：电磁换向阀的阀芯处于中位时，液控换向阀的阀芯在弹簧力的作用下也处于中位，主阀上 *A*、*B*、*P*、*T* 油口均被封堵。当电磁换向阀的左侧电磁铁通电时，阀芯右移，控制油液经电磁换向阀、左端单向阀流入主阀左端油腔，推动主阀芯右移；此时主阀芯右端油腔的回油经右端的节流阀、电磁换向阀流回油箱，使 *P* 与 *A* 相通、*B* 与 *T* 相通。反之，当右端的电磁铁通电时，主阀芯左移，使 *P* 与 *B* 相通、*A* 与 *T* 相通。这种换向阀适用于高压、大流量的场合。

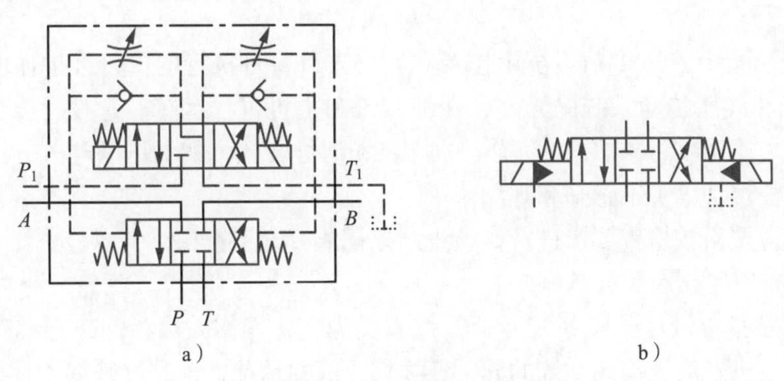

图 7–55　三位四通电液换向阀

a）详细图形符号　b）简化图形符号

§7–8　液压传动系统的使用与维护保养

一、使用液压传动系统的注意事项

1．操作者应掌握液压传动系统的工作原理，熟悉各种操作要点，熟知各调节手柄的功能、位置及旋向。

2．工作前应检查设备上各按钮、手柄、电气开关和行程开关的位置是否正常。

3．工作前应检查油温，若油温低于 10 ℃，则可将泵开开停停数次进行升温。液压传动系统一般应空载运转 20 min以上才能加载运转。若油温在 0 ℃以下，则应采取加热措施后再启动。如有条件，可根据季节更换不同黏度的液压油液。

4．工作中应随时注意油位高度和温升，一般油液的工作温度在 35 ~ 55 ℃较合适。

5．液压油液要定期检查和更换，保持油液清洁。对于新投入使用的液压设备，使用三个月左右应清洗油箱、更换新油，以后按设备使用说明书的要求每半年或一年进行一次清洗和换油。

6．使用中应注意过滤器的工作情况，滤芯应定期清洗或更换，平时要防止杂质进入油箱。

7．若液压设备长期不用，则应将各调节旋钮全部旋松，以防止弹簧产生永久变形而影响元件的性能，甚至导致故障的发生。

二、液压传动系统的检查

为延长液压传动系统的使用寿命，使系统无故障工作，除使用中注意前述事项外，应按规定做好检查工作，及时发现问题，预防事故的发生。检查分为日常检查、定期检查和专项检查三项。

1. 日常检查

日常检查是指由液压传动系统操作者和维修人员每日执行的例行维护作业，其目的是及时发现主机和液压传动系统的异常，保证系统和主机正常运转。检查时，利用人的感官（耳、目、手）、简单工具或装在系统上的仪表和信号装置（如电压、电流、压力、温度检测仪表和油箱液位计等）来感知和观测。

日常检查应严格按检查要求进行，检查结果记入日常检查记录卡中。

2. 定期检查

定期检查是指以液压传动系统专业维修人员为主，操作人员参加，定期对液压设备进行检查，记录主机及液压传动系统的异常、损坏及磨损情况，确定维修部位及更换元件，确定修理类别及时间。定期检查的对象是重点液压机械、故障多的设备和有特殊安全要求的设备。定期检查的主要目的是检查主机及系统的缺陷和隐患，确定修理方案和时间，保证主机和系统正常运行。

3. 专项检查

专项检查一般指由专业维修人员针对某些特定的项目（精度、功能参数等）进行定期或不定期的检查。其主要目的是了解液压设备的技术指标和工作性能，如精密或大型液压设备的精度检查和调整，液压起重和行走设备、压力设备的定期负荷试验、耐压试验等。

三、液压传动系统的保养

液压传动系统的保养一般分为日常保养（班保养）和定期保养。

1. 日常保养

每班开机前，先检查油箱液位及油液的污染情况。加油时，要加设备所要求牌号的液压油液，并要经过滤后方能加入油箱。检查主要元件及电气开关是否处于初始状态。开机后，按要求调整系统的工作压力、速度在规定范围内。特别是不能在压力表不工作的情况下调压。经常注意系统的工作情况，按时记录压力、速度、电压、电流等参数值；经常查看管接头处，拧紧松动的螺母，以防漏油。维持液压设备工作环境的清洁，以防外来污染物进入油箱及液压传动系统。当液压传动系统出现故障时，要停机检修，不可带病运行，以免造成故障或事故。

2. 定期保养

定期保养即计划保养，如液压传动系统工作三个月后，检查并拧紧管接头处的螺母和各螺纹连接件。定期更换密封件，定期清洗和更换滤清器的滤芯，定期更换液压油液，定期清洗油箱。

四、液压油液的使用与维护

1. 液压油液的选用

液压传动系统中，液压泵和各类控制阀对油液的性能十分敏感，正确合理地选用液压油液，对液压传动系统适应各种工作环境，延长液压元件的使用寿命，提高液压传动系统工作可靠性有着重要影响。

一般液压设备，在设备说明书和用户手册中都规定了该设备液压传动系统使用的液压油液品种、牌号和黏度，用户应该根据制造商的推荐选用液压油液。但在一些场合，用户所使用系统的工况和工作环境与设备制造商的规定有一定的出入，这就需要用户自行选用液压油液。选用液压油液一般可采用如下步骤：

（1）根据系统的工况和工作环境，确定系统应选用液压油液的类型。

（2）确定系统应选用液压油液的黏度。

（3）了解所选用液压油液的性能，分析是否符合系统工作要求。

（4）了解产品的价格。

2. 液压油液的污染及控制

液压传动系统在运行过程中，油箱中的液压油液会出现变色、变臭或油液中出现悬浮物等，这说明液压油液已经被污染，使用污染的液压油液会严重影响液压传动系统的可靠性和液压元件的使用寿命。

（1）液压油液污染的原因

1）残留物污染

主要是液压元件在制造、运输、安装、维修过程中带入的沙粒、铁屑、磨料等。

2）侵入物污染

系统周围环境中的尘埃、水滴等侵入系统而造成液压油液污染。

3）生成物污染

液压传动系统在工作过程中，相互摩擦表面产生的金属微粒，密封材料由于磨损而脱落的颗粒，油箱壁上脱落的涂料，油液老化后生成的胶状物和水分等，都会造成液压油液污染。

（2）液压油液污染的控制

控制液压油液污染的常用方法主要有以下几种：

1）清除系统各元件在加工和装配过程中残留的污染物。

2）防止污染物从外界侵入。液压油液在使用过程中会受到环境的污染，其途径之一便是油箱的通气孔，因此可在油箱通气孔上安装空气过滤器，防止灰尘及其他污染物侵入。

3）采用过滤精度较高的过滤器。

4）控制液压传动系统的温度。工作温度过高，液压油液会加重氧化变质的速度，产生各种有害物。一般液压传动系统的工作温度最好在 65 ℃以下。

5）定期检查和更换液压传动系统的液压油液。在液压传动系统工作一段时间以后，对油液要抽样检查，如不符合要求应立即更换。

第八章 气压传动

气压传动（简称气动）是以空气压缩机为动力源，以压缩空气为工作介质，利用压缩空气的压力和流动进行能量传送或信号传递的传动方式，是实现各种传动与控制的重要手段之一。气动技术广泛应用于机械制造业、石油化工业、轻工食品包装业、电子产品生产等行业，在机器人及汽车刹车、车门开闭等设备中也得到广泛应用。图 8–1 所示为气动冲床，它将空气压缩机产生的高压气体通过管路输送至气缸，通过双手同时按压两侧的开关控制气缸工作，使活塞杆伸出和返回，从而达到冲孔的目的。

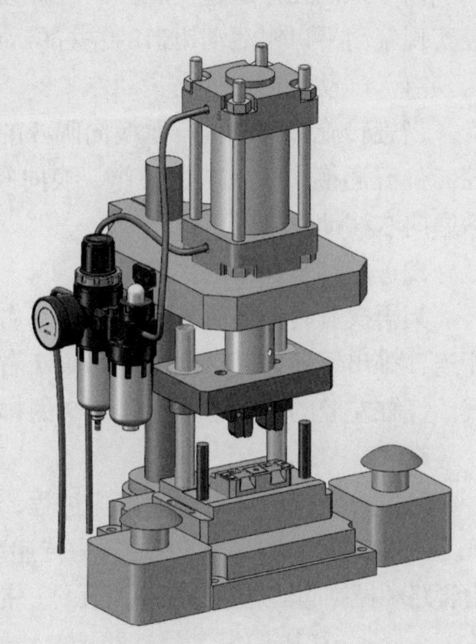

图 8–1　气动冲床

本章主要内容如下：

1. 气压传动的工作原理、组成及特点。

2. 气动系统的气源装置、辅助元件和执行元件的结构、工作原理、图形符号、特点及应用。

3. 气动控制元件的结构、工作原理、图形符号、特点及应用。

4. 气动基本回路和典型气动系统的工作原理。

5. 气动系统及气动元件的使用、维护保养方法，压缩空气的污染及防治方法。

§8-1 气压传动概述

一、气压传动的工作原理及组成

气压传动技术在机械加工设备上应用非常广泛，气动夹具在各种切削机床上被广泛应用。图 8-2 所示为数控铣床上使用的气动平口钳气动系统，气缸的活塞杆伸出时气动平口钳夹紧工件，活塞杆缩回时松开工件。该系统由空气压缩机、气动三联件（包括手动排水过滤器、带压力表的减压阀和油雾器）、旋钮式二位三通换向阀、单气控二位五通换向阀和气缸等组成。

1. 气动平口钳工作过程

分析图 8-2 可知，空气压缩机产生的压缩空气，先进入手动排水过滤器滤除水分、油分及其他杂质，然后经减压阀降压后进入油雾器，与油雾器产生的雾状润滑油混合后，分别输送给信号控制元件（旋钮式二位三通换向阀 6）和气缸控制元件（单气控二位五通换向阀 7）。信号控制元件通过气压控制气缸控制元件动作，气缸控制元件通过分别接通气缸两侧内腔实现气动平口钳活动钳口的左右移动。

（1）气动平口钳的夹紧动作

当旋转旋钮式二位三通换向阀 6 的旋钮使其左位工作时，压缩空气通过换向阀 6 使单气控二位五通换向阀 7 左位工作，换向阀 7 接通气缸 8 左侧气路，使气缸左腔进入压缩空气，活塞向右移动，夹紧工件。

（2）气动平口钳的松开动作

当再次旋转换向阀 6 的旋钮使其右位工作时，压缩空气被截断；同时使控制管路与大气相连，排出压缩空气。此时换向阀 7 右位工作，接通气缸右侧气路，使气缸右腔进入压缩空气。气缸左腔的空气通过换向阀 7 的排气孔排出。活塞向左移动，松开工件。

2. 气压传动的工作原理

通过分析气动平口钳的工作过程，可总结出气压传动的工作原理：气压传动是以压缩空气为工作介质，靠压缩空气的压力传递动力或信息的流体传动；传递动力的系统将压缩空气经由管路和控制阀输送给气动执行元件，把压缩空气的压力能转换为机械能，以驱动负载运动。

3. 气动系统的组成及各部分的作用

通过分析气动平口钳气动系统可知，气动系统一般由下列五部分组成。

（1）气源装置

气源装置是指产生、处理和储存压缩空气的装置，其主要设备是空气压缩机，复杂的气源装置（空气压缩站）还包括压缩空气的净化和储存装置。空气压缩机（简称空压机）将原动机（如电动机）的机械能转换为空气的压力能。空气净化装置用于去除空气中的水分、油分及其他杂质，为各类气压传动设备提供洁净的压缩空气；空气储存装置（气罐）用于储存压缩空气。图 8-2 所示气动系统的气源装置为空气压缩机。

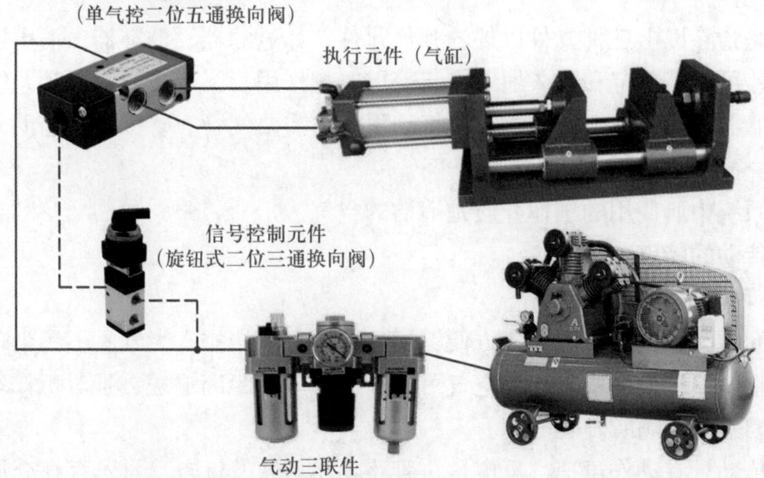

a）

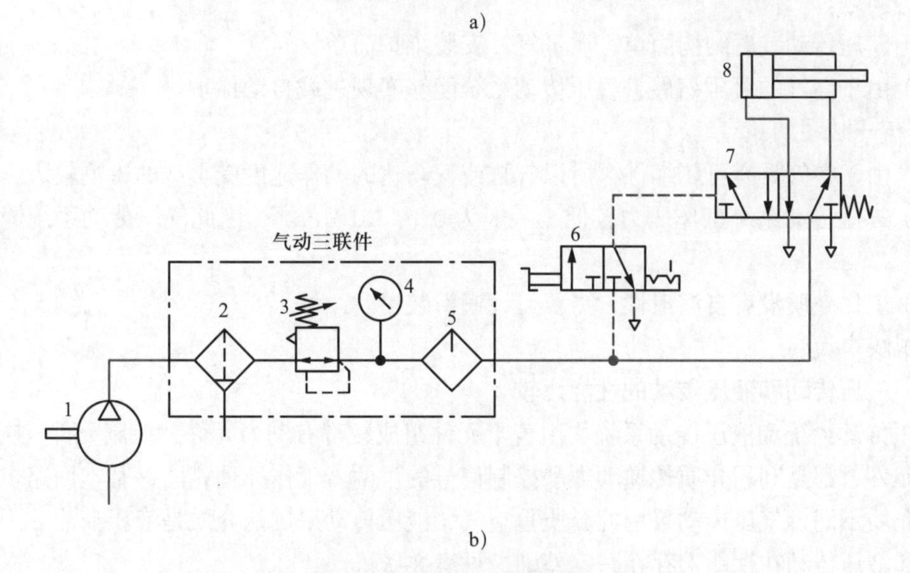

b）

图 8-2　气动平口钳气动系统

a）设备组成图　b）气动系统图

1—空气压缩机　2—手动排水过滤器　3—减压阀　4—压力表　5—油雾器

6—旋钮式二位三通换向阀　7—单气控二位五通换向阀　8—气缸

（2）执行元件

执行元件是把压缩空气的压力能转换成机械能，以驱动工作机构运动的元件，一般为做直线运动的气缸或做旋转运动的气马达。图 8-2 所示气动系统的执行元件为气缸。

（3）控制调节元件

控制调节元件是对气动系统中气体的压力、流量和流动方向进行控制和调节的元件，如减压阀、换向阀、节流阀等，这些元件的不同组合构成了不同功能的气动系统。图 8-2 所示气动系统的控制调节元件为减压阀和换向阀。

（4）辅助元件

辅助元件是指除以上三种元件以外的其他元件，如过滤器、油雾器、消声器等。它们对保持系统正常、可靠、稳定和持久地工作起着重要的作用。图 8–2 所示气动系统的辅助元件为手动排水过滤器和油雾器。此外，连接气动系统还需要气管、管接头等辅助元件。

（5）工作介质

气压传动系统中所使用的工作介质是清洁的空气。

二、气压传动的特点

1. 气压传动的优点

（1）工作介质为空气，来源经济方便，用过之后可直接排入大气，不污染环境。

（2）由于空气流动损失小，压缩空气可集中供气、远距离输送，且对工作环境的适应性强，可用于易燃、易爆场所。

（3）气压传动具有动作迅速、反应快、管路不易堵塞等优点，且不存在介质变质、补充和更换等问题。

（4）气压传动装置结构简单，质量轻，安装维护简单。

（5）由于空气的可压缩性，气压传动系统能够实现过载自动保护。

2. 气压传动的缺点

（1）由于空气具有可压缩性，所以气缸或气马达的动作速度受负载的影响较大。

（2）气压传动系统工作压力较低（一般为 0.3 ~ 1.0 MPa），因此气压传动系统输出的动力较小。

（3）工作介质没有自润滑性，需要另设润滑装置。

（4）噪声大。

三、气压传动和液压传动的性能比较

气压传动系统和液压传动系统均由若干元件组成，都有动力元件、控制元件、执行元件和辅助元件，都是利用介质传递动力和控制信号的。两者工作原理相同，基本回路也差异不大，但介质不同，气压传动采用的介质是空气，液压传动采用的介质是液压油液。因此，气压传动和液压传动在性能上存在一定差别，见表 8–1。

表 8–1　　气压传动和液压传动的性能比较

比较项目	气压传动	液压传动
负载变化对传动的影响	影响较大	影响较小
润滑方式	需设置润滑装置	介质为液压油液，可直接用于润滑，无须设置润滑装置
速度反应	速度反应较快	速度反应较慢
系统构造	结构简单，制造方便	结构复杂，制造相对较难
信号传递	信号传递较容易，且易实现中距离控制	信号传递较难，常用于短距离控制

续表

比较项目	气压传动	液压传动
环境要求	适用于易燃、易爆、冲击场合，不受温度、污染的影响，存在泄漏现象，但不污染环境	对温度、污染敏感，存在泄漏现象，且污染环境，易燃
产生的总推力	具有中等推力	能产生较大推力
介质成本	所用介质为空气，成本低	所用介质为液压油液，使用寿命相对较短，成本较高
维护	维护简单	维护复杂，排除故障困难
噪声	噪声较大	噪声较小

§8-2　气源装置、辅助元件和执行元件

一、气源装置

气源是气压传动系统的动力源。通常情况下，排气量≥ 6 m^3/min 时，应独立设置空气压缩站；若排气量 <6 m^3/min，则可将空气压缩机安装在系统旁直接为系统供气。

1. 空气压缩站

空气压缩站简称空压站，由空气压缩机、气罐和空气处理净化设备等组成。图 8–3 所示为空气压缩站的组成。自然环境下的空气经空气过滤器 1 后进入空气压缩机 2。从空气压缩机中输出的压缩空气，其温度一般为 140 ~ 170 ℃，并含有一定量的水分、油分和其他杂质。高温并含有杂质的压缩空气首先进入后冷却器 3 中进行冷却，使压缩空气的温度下降至 40 ~ 50 ℃，此时压缩空气中大部分的水汽和油雾凝结成水滴和油滴；然后压缩空气进入手动排水分离器 4，使大部分油、水和其他杂质从气体中分离出来，得到初步净化后的压缩空气被送入气罐 5 中。这个过程称为一次净化。对于要求不高的气动系统，可以从气罐 5 中直接供气。

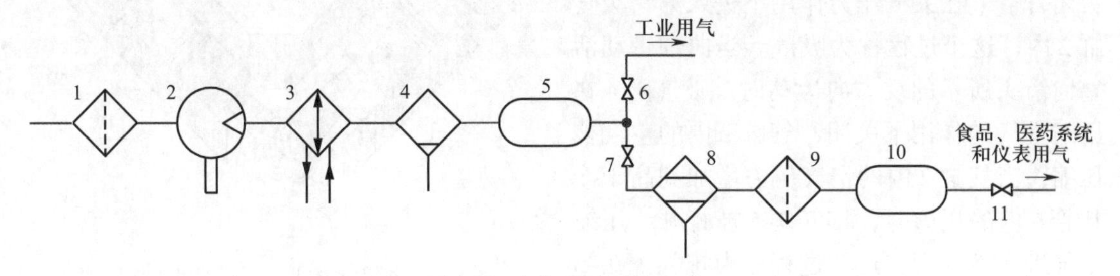

图 8–3　空气压缩站的组成

1—空气过滤器　2—空气压缩机　3—后冷却器　4—手动排水分离器
5、10—气罐　6、7、11—截止阀　8—空气干燥器　9—空气精过滤器

对于食品、医药、仪表等用气质量要求较高的气动系统，则需要进行二次净化。一次净化处理后的压缩空气送入空气干燥器 8 中进一步去除残留的水分，然后经过空气精过滤器 9 进一步清除压缩空气中的颗粒和油气后进入气罐 10。经过二次净化的压缩空气给用气质量要求较高的仪表和气动设备供气。

2. 空气压缩机

空气压缩机是产生压缩空气的设备，它将机械能（通常由电动机产生）转换成气体压力能。在气动系统中，两级活塞式空气压缩机最为常用。如图 8–4 所示，活塞式空气压缩机由电动机、空气压缩机构、气罐、排水器、压力开关、压力表及各种阀等组成。

a)

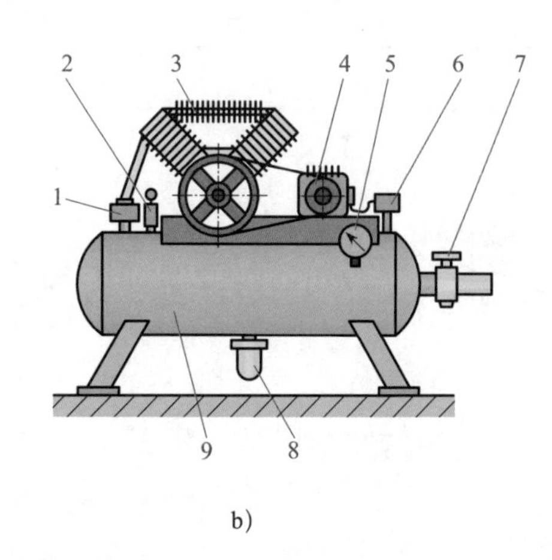

b)

图 8–4 活塞式空气压缩机

1—单向阀 2—安全阀 3—空气压缩机构 4—电动机 5—压力表
6—压力开关 7—截止阀 8—排水器 9—气罐

如图 8–5 所示，两级活塞式空气压缩机的空气压缩机构由两级气缸组成，并在两级气缸之间增加了冷凝器，电动机带动曲轴 12 旋转，通过曲柄滑块机构带动两个气缸的活塞做往复运动。当第一级气缸的活塞 3 按箭头所示方向运动时，进气阀 4 打开，排气阀 5 关闭，空气在大气压力作用下进入第一级气缸 2 内，这个过程称为吸气。当曲轴带动活塞向箭头所示的反方向运动时，吸气阀 4 在压缩空气的作用下关闭，气缸 2 内的空气被压缩；当气缸 2 内的空气压力增加到高于冷却管 6 内的压力时，排气阀 5 被打开，压缩空气进入冷却管，这个过程称为排气。在第一级气缸排气时，第二级气缸 9 进行吸气；在第一级气缸吸气时，第二级气缸进行排气。

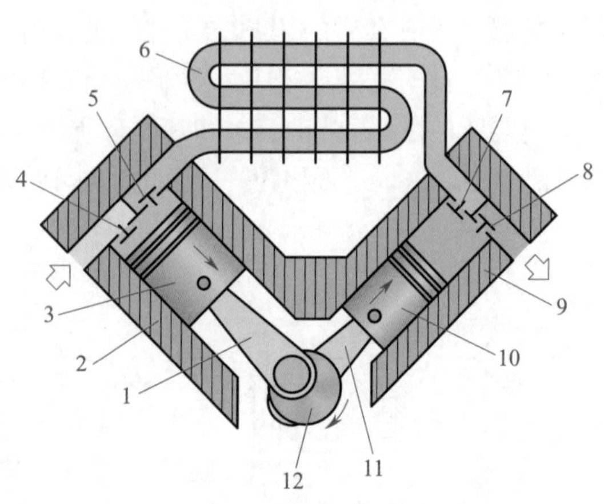

图 8–5 两级活塞式空气压缩机工作原理

1、11—连杆 2、9—气缸 3、10—活塞 4、7—进气阀
5、8—排气阀 6—冷却管 12—曲轴

第一级气缸排出的压缩空气经第二级气缸压缩后得到了更高的输出压力。为了得到更高的压力，有些活塞式空气压缩机采用了三级气缸。

活塞式空气压缩机的优点是结构简单，使用寿命长，并且容易实现大容量和高压输出；缺点是振动大，噪声大，且因为排气为断续进行，输出有脉动，需要气罐。

二、气动辅助元件

气动辅助元件用于对空气压缩机产生的压缩空气进行净化、减压、降温或稳压等处理，以保证气压传动系统正常工作。常用气动辅助元件有手动排水分离器、气罐、手动排水过滤器、油雾器、消声器、气管与气动管接头等。

1. 手动排水分离器

手动排水分离器的作用是分离压缩空气中的水分、油分及其他杂质，使压缩空气得到初步净化。图 8-6 所示为撞击折回式手动排水分离器。当压缩空气从进气口 4 进入分离器壳体以后，气流先受到隔板 2 的阻挡，被撞击而折回向下，之后又上升产生环形回转，最后从出气口 3 排出。与此同时，在压缩空气中凝结的水滴、油滴等杂质受惯性力的作用而分离析出，沉降在壳体底部，由放油水阀 6 定期排出。手动排水分离器一般用于空气压缩站，安装在冷却器和气罐之间，用于对压缩空气的初步净化。

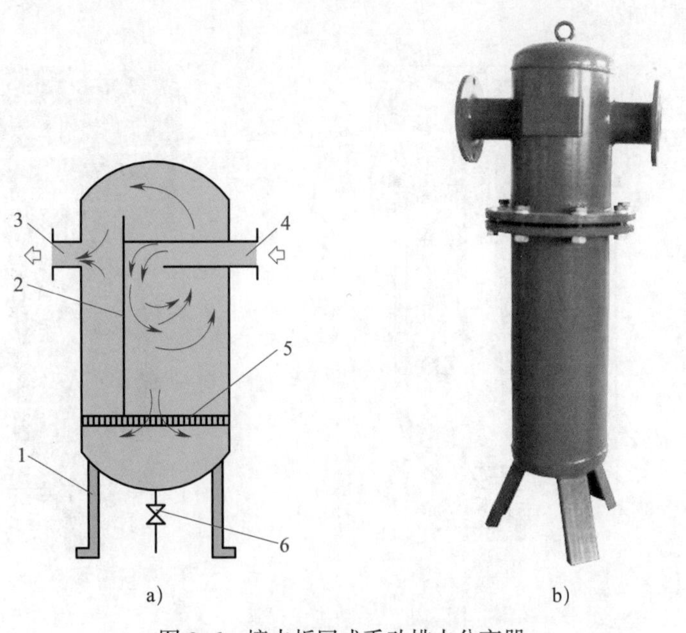

图 8-6 撞击折回式手动排水分离器

a）结构原理图 b）实物图

1—支架 2—隔板 3—出气口 4—进气口 5—栅板 6—放油水阀

2. 气罐

在气动系统中，往往使用气罐储存一定量的压缩空气，以解决空气压缩机的输出气量和气动设备耗气量之间的不平衡；减小气源输出气流的波动，保证输出气流的连续性和平稳性；减弱空气压缩机排气压力脉动引起的管道振动，进一步分离压缩空气中的水分和油分等，同时储备的压缩空气可以在空气压缩机发生故障时临时应急使用。气罐一般采用立式焊接结构，如图 8–7 所示。气罐的高度一般为其直径的 2 ~ 3 倍，进气口在下，出气口在上。气罐上设有安全阀、压力表及排放油水的阀门等。

3. 手动排水过滤器

手动排水过滤器用于分离夹杂在气体中的水滴、油滴等杂质，其结构如图 8–8 所示。其工作原理为：压缩空气从进气口进入后，被引到旋风叶子 1 处，旋风叶子上有很多成一定角度的缺口，迫使空气沿切线方向运动并产生强烈的旋转。夹杂在气体中较大的水滴、油滴等，在惯性力的作用下与存水杯 3 的内壁碰撞，并分离出来沉到杯底；而微粒灰尘和雾状水汽则在气体通过滤芯 2 时被拦截而滤除，清洁的空气便从出气口输出。为防止气体将存水杯中积存的污水卷起，在滤芯下方安装了挡水板 4。手动排水阀 5 用于排出污水。手动排水过滤器一般与减压阀、油雾器等组成气动三联件或气动二联件，安装在气动回路的前端，用于滤除压缩空气中的杂质。

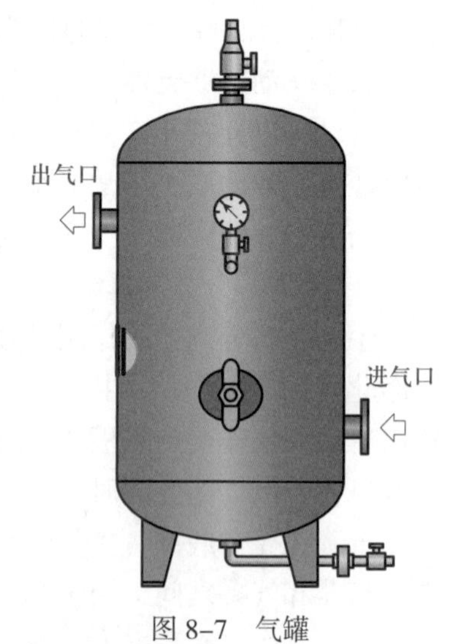

图 8–7　气罐

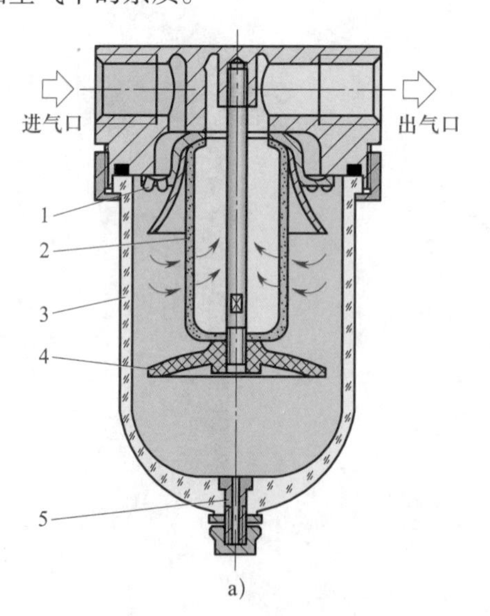

图 8–8　手动排水过滤器

1—旋风叶子　2—滤芯　3—存水杯　4—挡水板　5—手动排水阀

4. 油雾器

油雾器的作用是将润滑油雾化，并随压缩空气一起进入被润滑部位，其结构如图 8–9 所示。当压缩空气从进气口进入后，通过喷嘴 5 下端的小孔进入阀座 7 的腔室内，推动钢球 6 向下运动。压缩空气进入存油杯 10 的上腔，油面受压，润滑油经吸油管 9 将钢球 8 顶起。钢球上部管道有一个方形小孔，因此钢球不会把上方的管道封死。润滑油不断地流入储油室 3 内，再流入喷嘴 5 中，被主管气流从喷嘴的小孔中引射出来，雾化后从出气口输出。

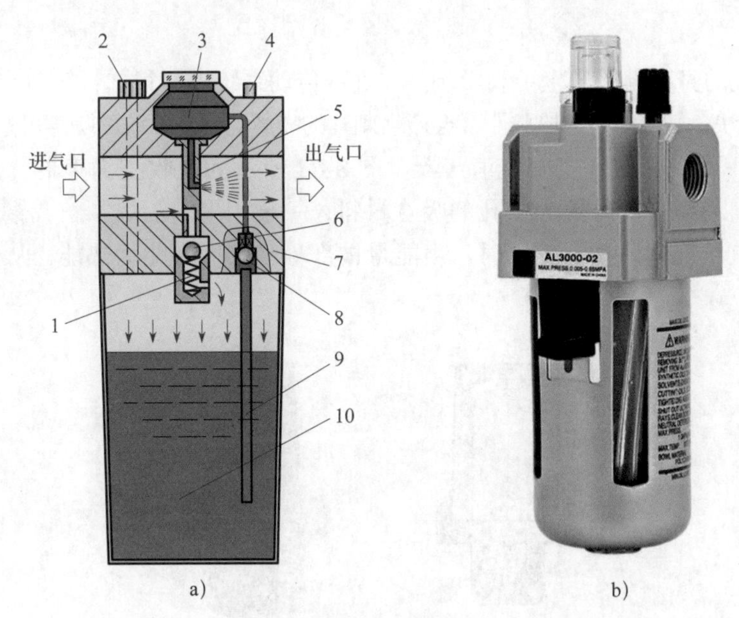

图 8-9　油雾器

1—弹簧　2—加油孔　3—储油室　4—油量调节阀　5—喷嘴
6、8—钢球　7—阀座　9—吸油管　10—存油杯

5. 气动三联件

气动三联件是指由手动排水过滤器、带压力表的减压阀和油雾器组成的气源处理装置，其构成如图 8-10 所示。其中，手动排水过滤器用于对气源的清洁，可过滤压缩空气中的水分、油分及其他杂质，避免水分、油分及其他杂质随气体进入气动系统。减压阀可对气源进行稳压，使气源处于恒压状态，以减小气源气压突变对控制元件和执行元件的损伤。油雾器可使压缩空气中含有雾状润滑油，以对气动元件的运动部位进行润滑，延长气动元件的使用寿命。

有些电磁阀和气缸采用脂润滑，便不需要使用油雾器。手动排水过滤器和带压力表的减压阀组合在一起则组成气动二联件。

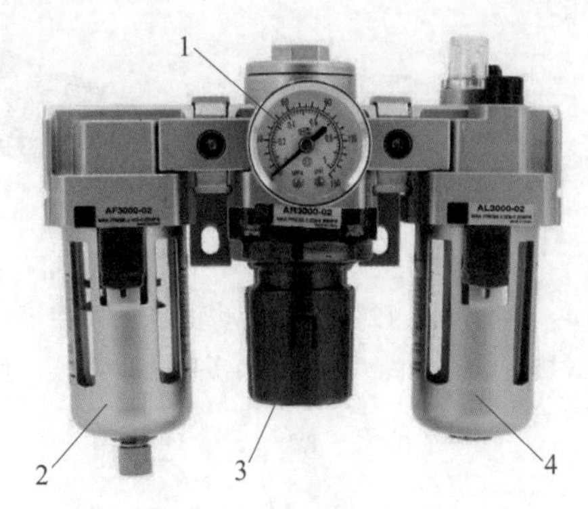

图 8-10　气动三联件

1—压力表　2—手动排水过滤器　3—减压阀　4—油雾器

6. 消声器

噪声会对人的身心健康产生不利影响。在气压传动系统中，气缸、气动控制阀等在工作时，排气速度较快，气体体积急剧膨胀，会产生刺耳的噪声，气动系统的噪声可达 100 ~ 120 dB。为了降低噪声，可以在排气口安装消声器。图 8–11 所示为吸收型消声器，这种消声器主要依靠吸音材料消声。消声罩为多孔的吸音材料，一般用聚苯乙烯颗粒或铜珠制成。其消声原理是：当有压气体通过消声罩时，声能量被部分吸收而转化为热能，从而降低了噪声强度。

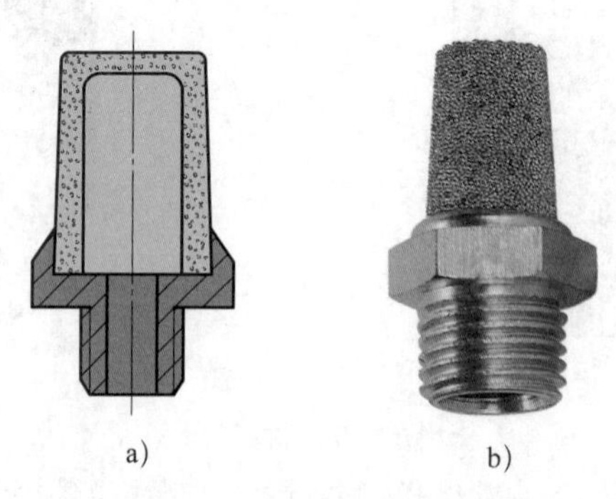

a) b)

图 8–11 消声器

7. 气管与气动管接头

气管可分为硬管和软管两种，硬管用于固定不动且不需要经常装拆的部位（如总气管和支气管等），连接运动部件和临时使用、希望装拆方便的管路应使用软管。硬管有铁管、铜管和硬塑料管等，软管有塑料软管、尼龙管、橡胶管和带加固编织层的塑料软管等。

气动系统中使用的管接头的种类很多，图 8–12 所示为几种常用气动管接头的产品。气动管接头按其结构及工作原理分为插入式、卡套式、锁母式、卡箍式、快换式等类型。图 8–13 所示为插入式气动管接头，由接头 1、密封圈 2、弹性片 3、固定套 4 和按钮 5 组成。使用时，插入接管 6，靠弹性片 3 卡住接管的外表面，使接管在受到向外的拉力时不会被拉出来。拆卸时，向内按压按钮 5，使弹性片和接管外表面分离，可将接管从接头中抽出。

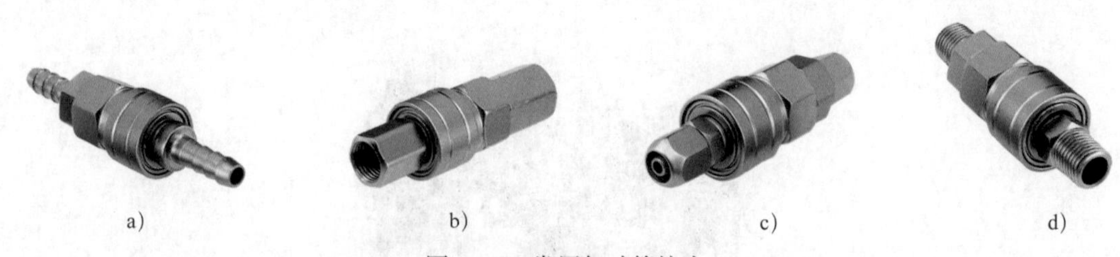

a) b) c) d)

图 8–12 常用气动管接头

a）外螺纹接头 b）内螺纹接头 c）快插接头 d）卡箍式接头

三、气动执行元件

气动执行元件是指以压缩空气为动力源，将气体的压力能转换为机械能的装置，主要有气缸和气马达，前者做直线运动，后者做旋转运动。

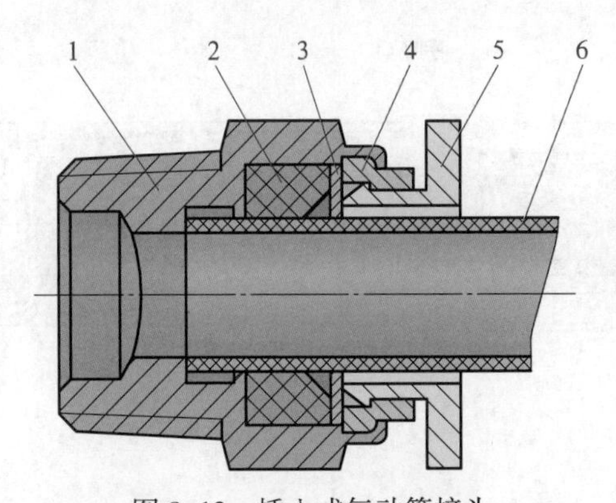

图 8–13　插入式气动管接头

1—接头　2—密封圈　3—弹性片　4—固定套　5—按钮　6—接管

1. 气缸

气缸的种类很多，常用的有单作用气缸和双作用气缸。单作用气缸只有一个方向的运动依靠压缩空气，活塞的复位靠弹簧力或重力；双作用气缸的活塞往返全都依靠压缩空气来完成。

（1）单作用单杆气缸

靠弹簧复位的单作用单杆气缸的结构如图 8–14 所示。它主要由活塞杆 5、活塞 9、导向环 10、前缸盖 4、后缸盖 13、缸筒 8、缓冲垫圈 6 和 12 等组成，在前缸盖上有一个呼吸口，在后缸盖上有一个进气口。单作用单杆气缸只可以在活塞的一侧输入压缩空气，在活塞的另一侧呼吸口与大气接通。这种气缸的压缩空气只能在一个方向上做功，活塞的反方向动作则依靠复位弹簧实现。由于压缩空气只能在一个方向上控制气缸活塞的运动，因此称为单作用气缸。

（2）双作用单杆气缸

图 8–15 所示为双作用单杆气缸，它主要由活塞杆 4、活塞 7、左缸盖 1、右缸盖 9、缸筒 5 等组成。当压缩空气进入气缸的右腔时（左腔与大气相通），压缩空气的压力作用在活塞的右侧，当作用力克服活塞杆上的负载时，活塞杆伸出；当压缩空气进入左腔时（右腔与大气相通），推动活塞右移，活塞杆收回。

2. 气马达

气马达是将压缩空气的压力能转换成旋转的机械能的装置。叶片式气马达有非膨胀式和不完全膨胀式两种，两者的结构基本相同，主要由定子、转子、叶片及壳体构成。非膨胀叶片式气马达工作原理如图 8–16a 所示。在定子 1 上有一个进气口 A 和一个排气口 B，转子 2 上径向安装了 3 ~ 10 个叶片，转子 2 偏心安装在定子 1 内，叶片 3 在转子 2 的槽内可以沿径向滑动。压缩空气由 A 孔输入后，分为两路：一路经定子 1 两端密封盖的槽进入叶片底部（图中未画出）将叶片推出，叶片靠气体推力和转子转动时产生的离心力紧密地贴在定子的内壁上；另一路进入定子内腔，使叶片带动转子逆时针旋转，做功后的废气由 B 口排出。若压缩空气从 B 口输入，A 口排出，则改变气马达的旋转方向。非膨胀叶片式气马达实物外形如图 8–16c 所示。

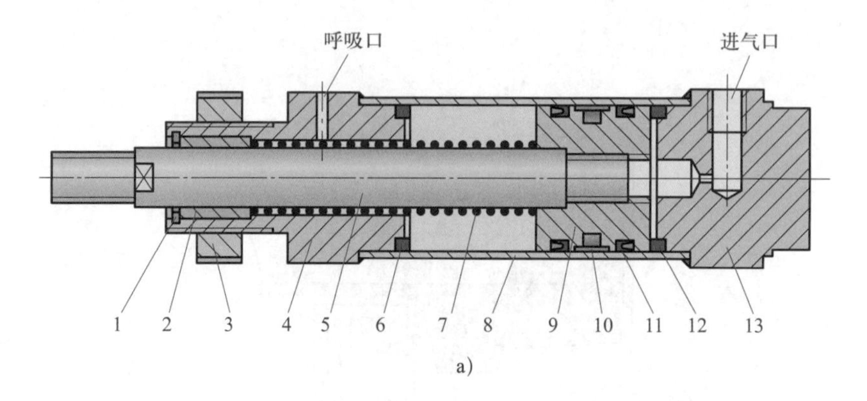

a)

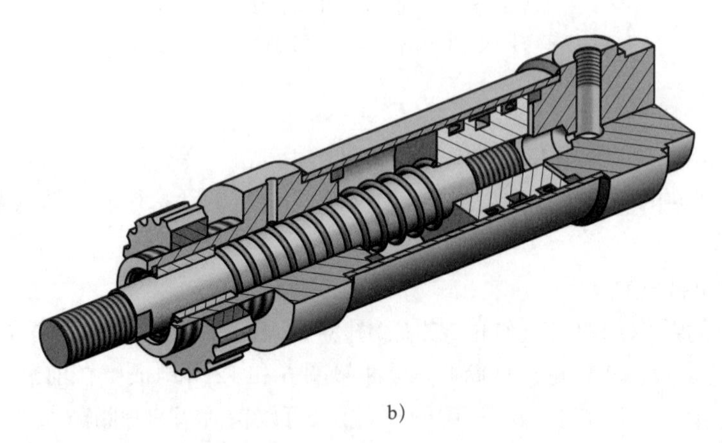

b)

图 8-14　单作用单杆气缸

1—挡圈　2—导向套　3—螺母　4—前缸盖　5—活塞杆　6、12—缓冲垫圈
7—弹簧　8—缸筒　9—活塞　10—导向环　11—活塞密封圈　13—后缸盖

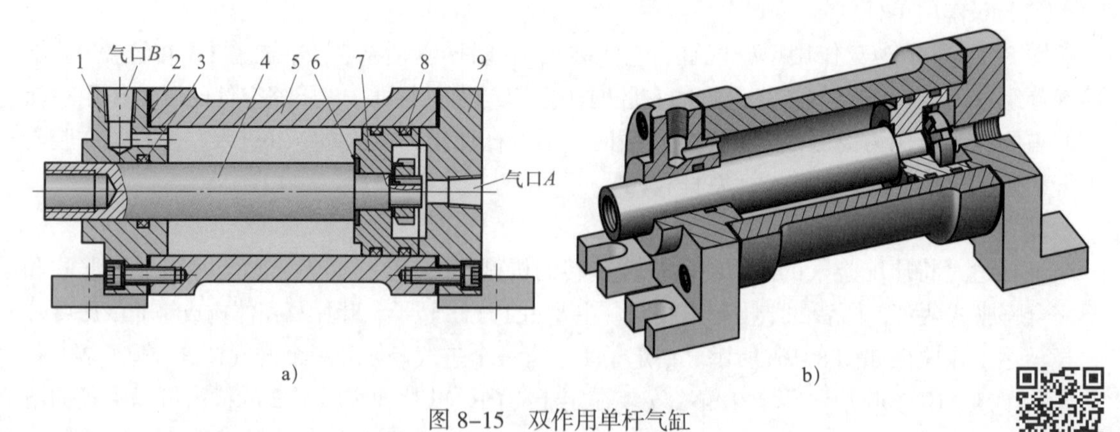

a)　b)

图 8-15　双作用单杆气缸

1—左缸盖　2、6—密封垫　3、8—密封圈　4—活塞杆　5—缸筒　7—活塞　9—右缸盖

不完全膨胀叶片式气马达的工作原理如图 8-16b 所示。它有一个进气口 *A*、一个一次排气口 *C* 和一个二次排气口 *B*。压缩空气在一次排气口 *C* 进行第一次排气，其余压缩空气进行膨胀后在二次排气口 *B* 进行第二次排气。气马达采用这种结构能有效地利用部分压缩空

气膨胀时的能量，提高了输出功率。不完全膨胀式气马达与非膨胀式气马达相比，其耗气量小，效率高。若压缩空气从 B 口输入，同样可以改变气马达的旋转方向。

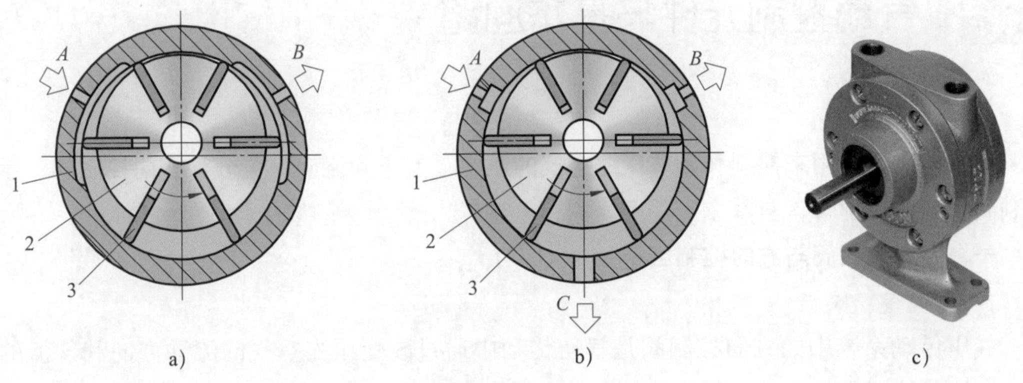

图 8-16　气马达

a）非膨胀叶片式气马达工作原理图　b）不完全膨胀叶片式气马达工作原理图　c）非膨胀叶片式气马达实物

1—定子　2—转子　3—叶片

四、常用气源、气动执行元件及辅助元件的图形符号

常用气源、气动执行元件及辅助元件的图形符号见表 8-2。

表 8-2　常用气源、气动执行元件及辅助元件的图形符号

元件名称	空气压缩机	气罐	单作用单杆缸（弹簧复位，弹簧腔带连接气口）	双作用单杆缸
图形符号				
元件名称	气马达	手动排水分离器	压力表	手动排水过滤器
图形符号				
元件名称	油雾器	消声器	气源处理装置（包括手动排水过滤器、手动调节式减压阀、压力表和油雾器）	
图形符号			详细示意图	简化图

§8-3 气动控制元件与基本回路

气动控制元件用来控制和调节压缩空气的压力、流量和流向，可分为方向控制阀、压力控制阀和流量控制阀。

一、方向控制阀与方向控制回路

1. 方向控制阀

气压传动系统中的方向控制阀是气压传动中通过改变压缩空气的流动方向和气流的通断，来控制执行元件启动、停止及运动方向的气动元件，常见的有单向阀、换向阀、梭阀、双压阀和快速排气阀等，下面主要介绍单向阀和换向阀。

（1）单向阀

单向阀是指气流只能向一个方向流动而不能反向流动的阀。单向阀的结构如图 8-17a、b 所示，其工作原理为：压缩空气从进气口进入，克服弹簧力和摩擦力使单向阀阀口开启，压缩空气从进气口流至出气口；当进气口无压缩空气时，在弹簧力和出气口余气压力作用下，阀口处于关闭状态，则从出气口至进气口的气不能流通。单向阀应用于不允许气流反向流动的场合，如空气压缩机向气罐充气时，在空气压缩机与气罐之间设置一个单向阀，当空气压缩机停止工作时，可防止气罐中的压缩空气回流到空气压缩机。单向阀还常与节流阀、顺序阀等组合成单向节流阀、单向顺序阀使用。气动单向阀的图形符号与液压单向阀相同，如图 8-17c 所示。

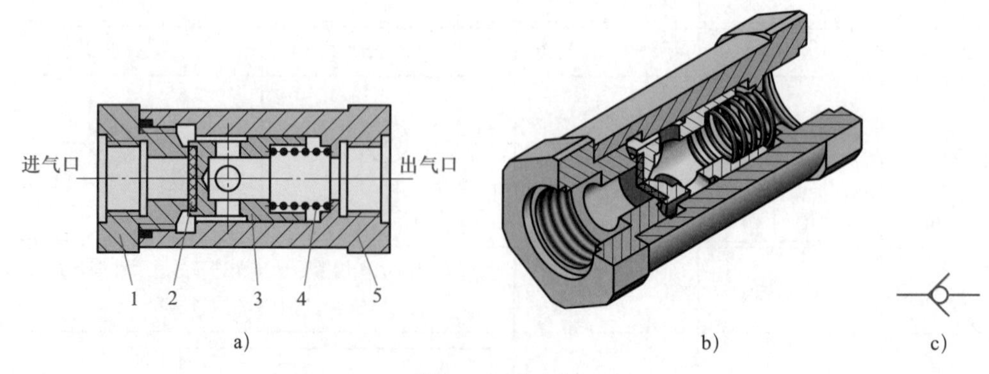

图 8-17　单向阀

a）结构原理图　b）实体图　c）图形符号

1—阀盖　2—密封垫　3—阀芯　4—弹簧　5—阀体

（2）换向阀

利用换向阀阀芯相对于阀体的运动，可使气路接通或断开，从而使气动执行元件实现启动、停止或变换运动方向。

二位三通机动换向阀是一种最常见的方向控制阀，其结构如图 8–18 所示。它是一种常闭式控制阀，当压下推杆 1 时接通气路；当松开推杆时断开气路，同时工作回路与大气接通，排出压缩空气。在常位（见图 8–18a），阀芯把进气口与出气口之间的通道关闭，两气口不相通；而出气口与排气口相通，压缩空气可以通过排气口排入大气中。当压下阀芯 2（见图 8–18b）时，进气口与出气口相通，同时排气口被阀芯封闭，压缩空气通过进气口进入，从出气口输出。

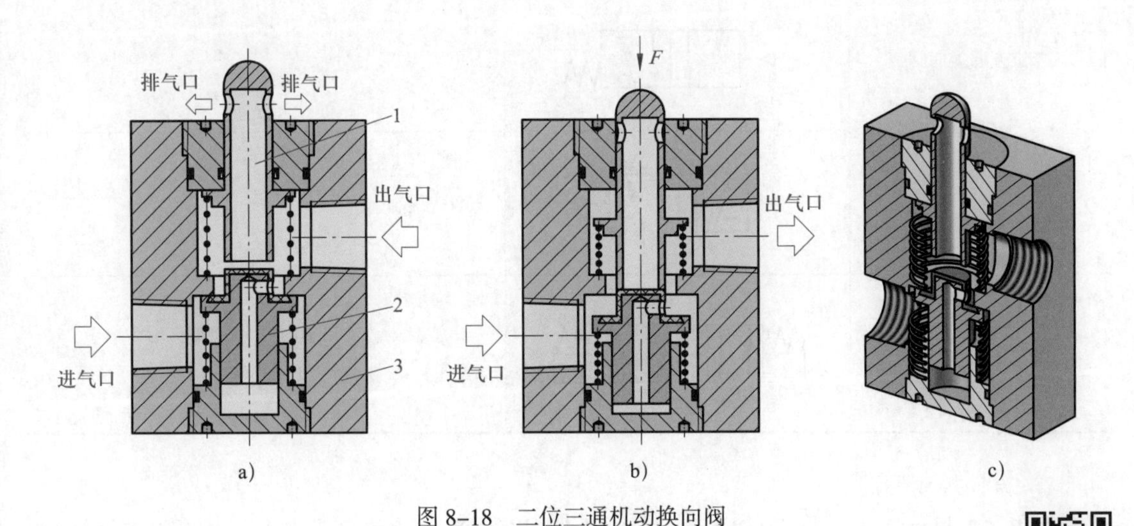

图 8–18　二位三通机动换向阀

a）常位　b）压下阀芯　c）实体图（常位）

1—推杆　2—阀芯　3—阀体

气动换向阀的图形符号与液压换向阀基本相同，见表 8–3。

表 8–3　常用气动换向阀的图形符号

名称	图形符号	说明
二位三通换向阀		推压控制机构，弹簧复位
		滚轮连杆控制，弹簧复位。又称为行程阀
		单作用电磁铁操纵，弹簧复位，定位销手动定位

续表

名称	图形符号	说明
二位四通换向阀		单作用电磁铁操纵，弹簧复位
二位五通换向阀		推压控制机构，弹簧复位
		单气控制，弹簧复位
		双气控制
三位四通换向阀		弹簧对中，双电磁铁直接操纵，中位各气口全部关闭，系统保持压力

2. 方向控制回路

图 8–19 所示为单往复动作回路，图中下侧的符号▷—表示气源，从三个换向阀引出的符号→表示排气口。当按下手动换向阀 1 的按钮后，气缸往复运动一次。该回路采用了二位三通手动换向阀 1、二位三通行程换向阀 3 和二位四通双气控换向阀 4 三个换向阀。当按下手动换向阀 1 的按钮后，压缩空气使二位四通双气控换向阀 4 左位工作，压缩空气经换向阀 4 进入气缸 2 的左腔，活塞向右行进，活塞杆伸出。同时，要松开手动换向阀 1 的按钮，让换向阀 1 的阀芯在弹簧力的作用下复位。当活塞杆上的挡块压下行程换向阀 3 的推杆时，换向阀 4 右位工作，压缩空气经换向阀 4 进入气缸 2 的右腔，活塞杆返回，完成一次工作循环。如果还要气缸运动，则需再次按下手动换向阀 1 的按钮。

二、压力控制阀与压力控制回路

1. 压力控制阀

（1）溢流阀

当气罐或回路中气压上升到调定压力后，系统需要减压，溢流阀可通过排出气体的方法降低系统压力，起到保护系统的作用。气动溢流阀也分为直动式和先导式两种。

直动式溢流阀的结构如图 8–20a、b 所示。当进气口的压力超过调定值时，阀芯（钢球）4 上移，从阀侧的排气口排气；当进气口的压力低于调定压力时，阀芯（钢球）4 下移，阀口关闭。旋转调压螺套 1 可调节调压弹簧的预紧力，进而改变溢流阀的调定压力。这种溢流阀主要在气动系统中起过载保护作用，故又称为安全阀。直动式溢流阀的图形符号如图 8–20c 所示，右侧的符号“>”表示排气口。

溢流阀常用于控制气罐内的压力。如图 8–21 所示，溢流阀 4 可以同时控制气罐 5 和气源 1 的压力。当气罐 5 或气源 1 的压力超过规定压力值时，溢流阀 4 接通，气罐 5 或气源 1 输出的压缩空气由溢流阀 4 排入大气，使气罐 5 内的压力保持在规定的范围内。

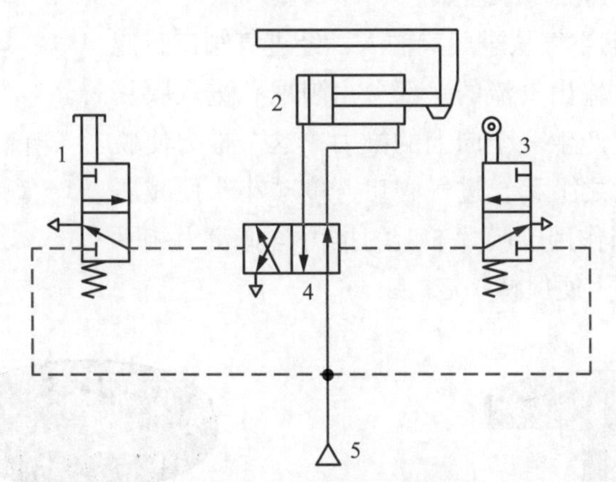

图 8–19　单往复动作回路

1—二位三通手动换向阀　2—气缸　3—二位三通行程换向阀

4—二位四通双气控换向阀　5—气源

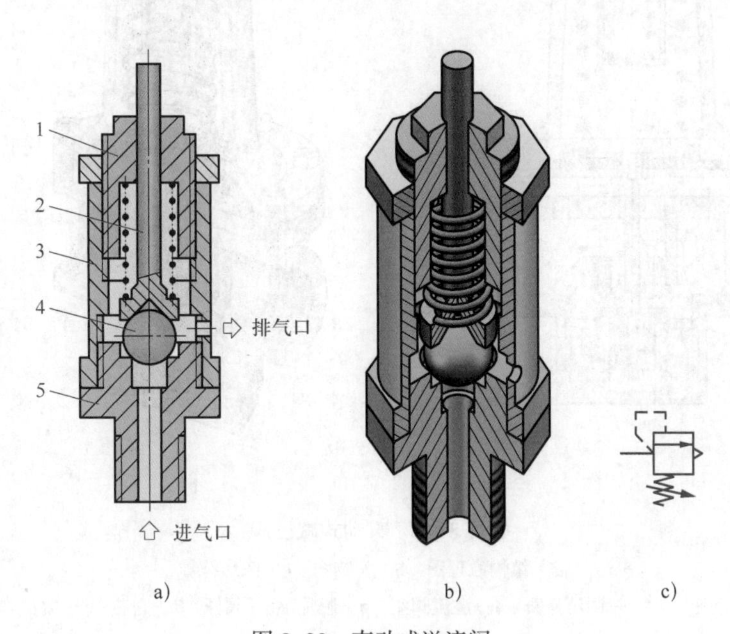

图 8–20　直动式溢流阀

a）结构原理图　b）实体图　c）图形符号

1—调压螺套　2—压杆　3—阀体　4—阀芯（钢球）　5—阀座

（2）减压阀

在气动系统中，往往气源输出的压缩空气的压力比设备实际需要的压力要高些，同时其波动值也较大，给系统带来不稳定性，因此需要用减压阀进行减压和稳压。

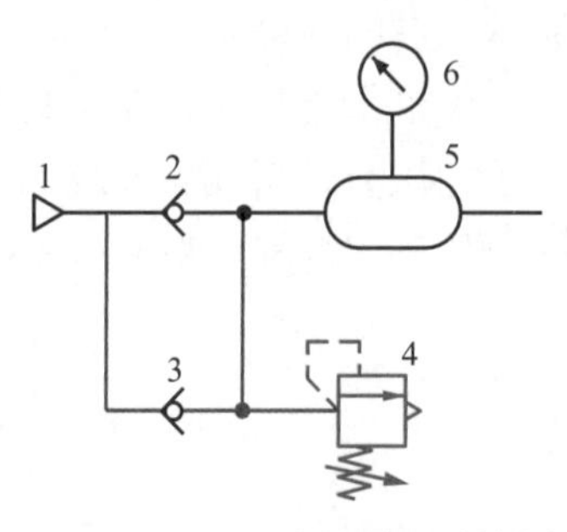

图 8–21　溢流阀的应用举例

1—气源　2、3—单向阀　4—溢流阀　5—气罐　6—压力表

减压阀按压力调节方式分为直动式和先导式。图 8–22 所示为直动式减压阀，其工作原理如下。

1）减压原理。压缩空气从进气口输入，经进气阀口节流减压后从出气口输出。输出气流的一部分由阻尼孔进入膜片气室，在膜片 5 的下方产生一个向上的推力，这个推力使膜片向上凸起，阀芯 7 随之上移，进气阀口开度减小，使减压阀的输出压力下降。当作用于膜片 5 上的推力与弹簧力相平衡后，减压阀的输出压力便保持一定。

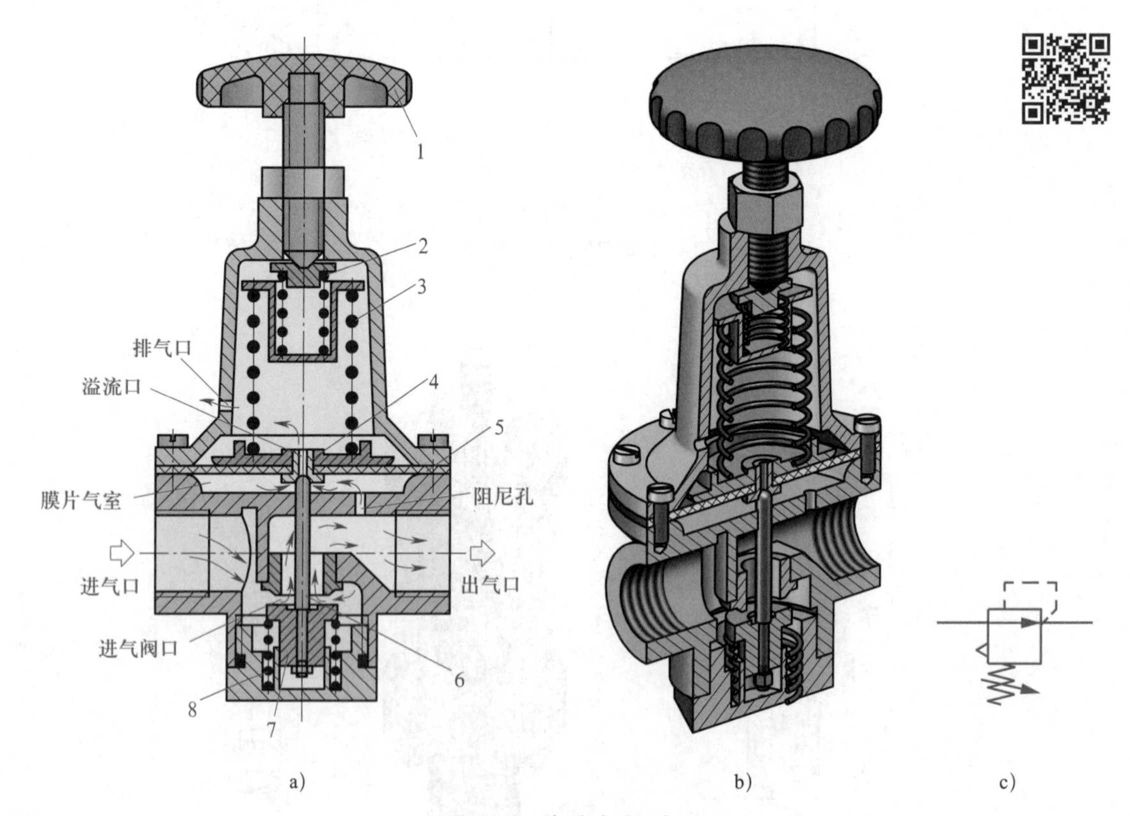

图 8–22　直动式减压阀

a）结构原理图　b）实物图　c）图形符号

1—旋钮　2、3—调压弹簧　4—溢流阀座　5—膜片　6—阀杆　7—阀芯　8—复位弹簧

2）稳压原理。当输入压力发生波动时，如输入压力瞬时升高，输出压力也随之升高，作用于膜片 5 上的气体推力也随之增大，破坏了原来的力的平衡，使膜片 5 向上移动（此时有少量气体经溢流口排出）。在膜片 5 上移的同时，因复位弹簧 8 的作用，阀杆 6 和阀芯 7

上移，使进气阀口减小，输出压力下降，直到达到新的平衡为止。重新平衡后的输出压力又基本上恢复至原值。反之，输出压力瞬时下降，膜片 5 下移，进气阀口开度增大，节流作用减小，输出压力又基本回升至原值。

3）调压原理。旋转旋钮 1，通过调压弹簧 2、3 和膜片 5 等使阀芯 7 移动，改变进气阀口的大小，达到调压的目的。

气动减压阀的图形符号与液压减压阀类似（见图 8–22c），不同之处是取消了泄油路和油箱的图形符号，增加了排气口的图形符号“>”。

2. 压力控制回路

图 8–23 所示为铣床气动夹具，主要用来夹紧轴类零件和套类零件。在工作过程中，夹紧轴类零件需要较大的夹紧力，而夹紧薄壁类零件则需要较小的夹紧力。为了解决这个问题，需要气路能供给两种压力的压缩空气，这就需要用到高、低压转换回路。

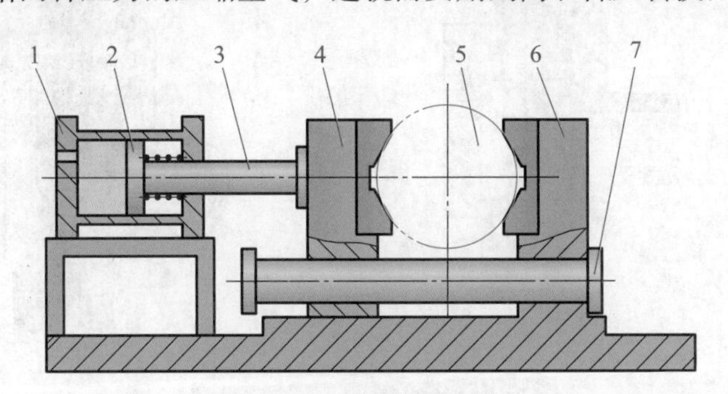

图 8–23　铣床气动夹具

1—缸体　2—活塞　3—活塞杆　4—活动钳身　5—工件　6—固定钳身　7—导杆

图 8–24 所示为高、低压转换回路，它利用两个减压阀 3、4 得到不同的压力，并通过二位三通手动换向阀 9 进行压力转换，使输送到气缸中的压力有高、低两种，以适应不同工作状况的需要。

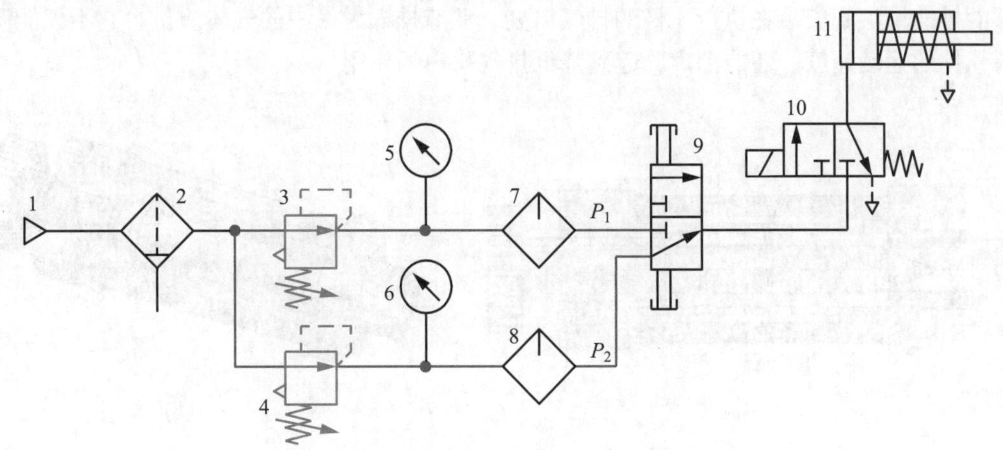

图 8–24　高、低压转换回路

1—气源　2—手动排水过滤器　3、4—减压阀　5、6—压力表　7、8—油雾器

9—二位三通手动换向阀　10—二位三通电磁换向阀　11—单作用弹簧复位气缸

三、流量控制阀与速度控制回路

1. 流量控制阀

（1）节流阀

图 8-25 所示为圆柱斜切型节流阀，压缩空气由进气口进入，经节流后由出气口流出。旋转阀芯螺杆 3，就可以改变节流口的开度，从而调节压缩空气的流量。这种节流阀结构简单，体积小，应用广泛。

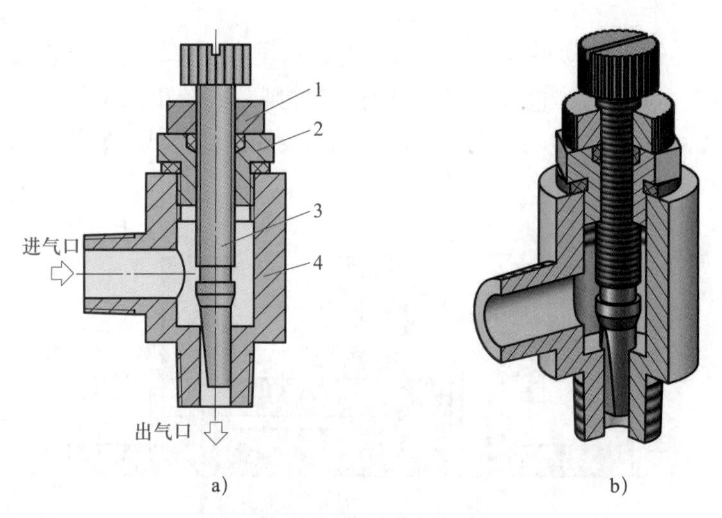

图 8-25　圆柱斜切型节流阀

1—螺母　2—压盖　3—阀芯螺杆　4—阀体

（2）带消声器的排气节流阀

图 8-26 所示为带消声器的排气节流阀，它是在节流阀的基础上增加了消声装置。带消声器的排气节流阀安装在执行元件的排气口处，调节排入大气中的气体流量。它不仅能调节执行元件的运动速度，还能消声，起到降低排气噪声的作用。

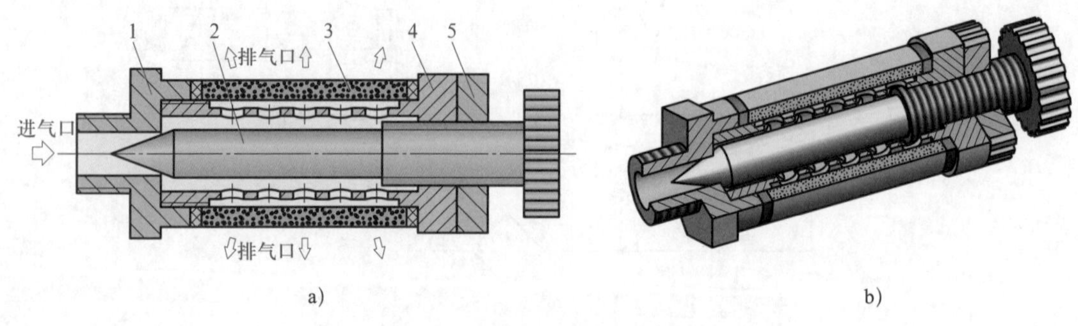

图 8-26　带消声器的排气节流阀

1—阀盖　2—阀芯螺杆　3—消声装置　4—阀体　5—锁紧螺母

（3）单向节流阀

单向节流阀如图 8–27 所示，它是由单向阀和节流阀并联组成的组合式流量控制阀，一般安装在主控阀和执行元件之间进行速度控制。图 8–27a 所示为节流进气，当压缩空气从左侧接口流向右侧接口时，单向阀关闭，压缩空气经节流阀流出，节流口的大小可以通过旋转流量调节螺杆 2 进行调节；图 8–27b 所示为快速排气，当压缩空气从右侧接口反向流入时，单向阀打开，压缩空气经单向阀快速从左侧接口排出。

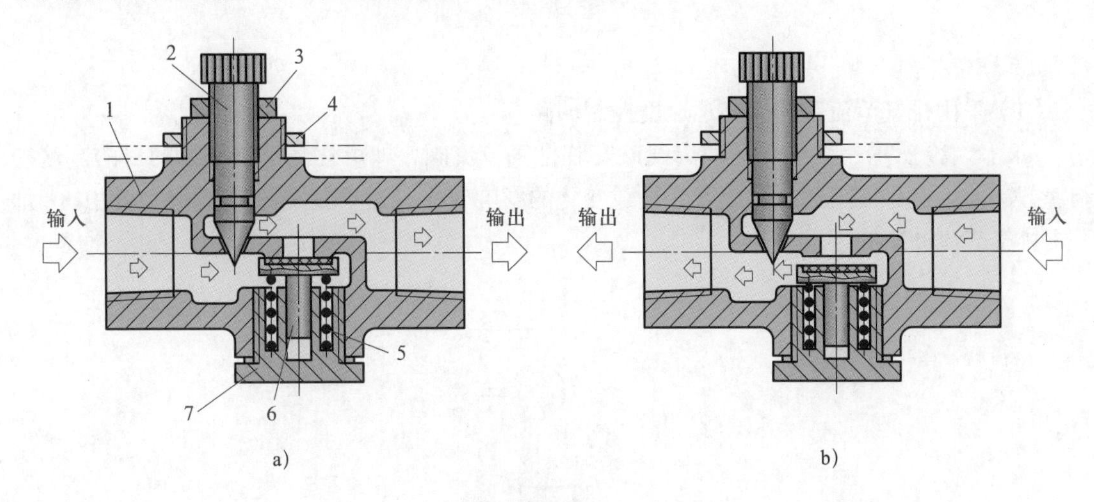

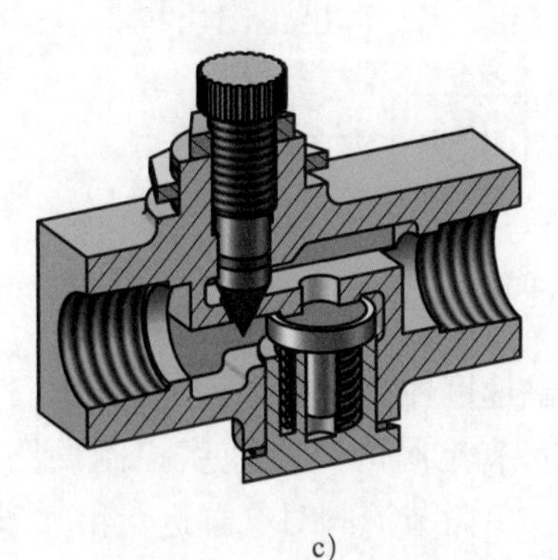

c)

图 8–27　单向节流阀

a）节流进气　b）快速排气　c）实体图

1—阀体　2—流量调节螺杆　3—锁紧螺母　4—固定螺母

5—弹簧　6—单向阀阀芯　7—螺盖

（4）流量控制阀的图形符号

气动回路图中的节流阀、带消声器的排气节流阀和单向节流阀等流量控制阀的图形符号如图 8–28 所示。气动节流阀的图形符号与液压节流阀相同。带消声器的排气节流阀的图形符号由节流阀的图形符号和消声器的图形符号（ ）串联而成，消声器右侧绘制了排气口的图形符号。单向节流阀的图形符号由节流阀的图形符号和单向阀的图形符号并联而成。

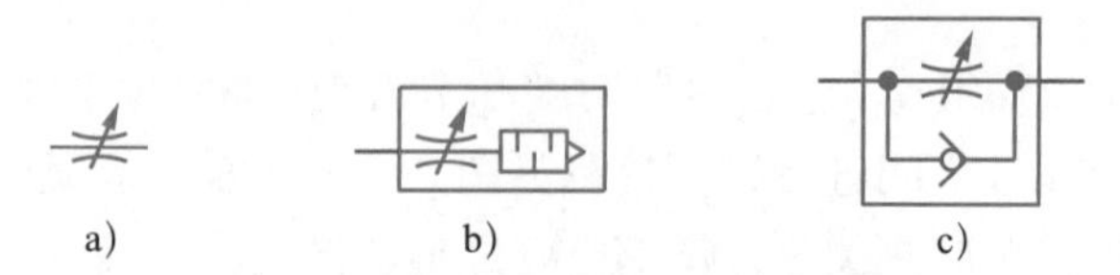

图 8–28　流量控制阀的图形符号

a）节流阀　b）带消声器的排气节流阀　c）单向节流阀

2. 速度控制回路

（1）采用排气节流阀的气马达速度控制回路

如图 8–29 所示，在气马达的出气口安装排气节流阀，即可达到节流调速的目的。这种调速方法的优点是气马达运转速度受负载变化的影响较小，运动较平稳，在实际应用中大都采用排气节流调速的方式。

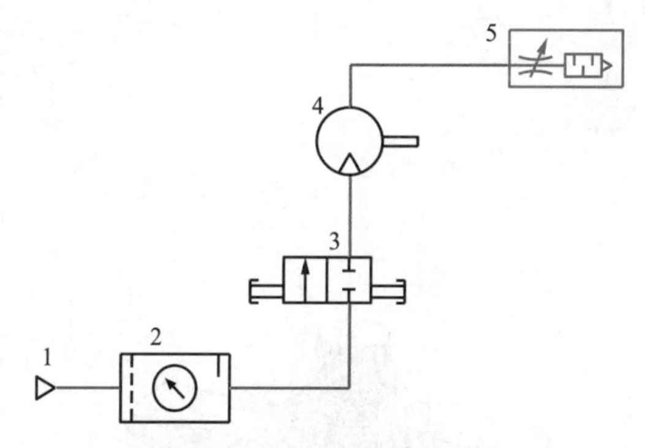

图 8–29　排气节流调速回路

1—气源　2—气动三联件　3—二位二通手动换向阀　4—气马达　5—排气节流阀

（2）采用单向节流阀的气缸速度控制回路

如图 8–30 所示，采用单向节流阀的气缸速度控制回路有供气节流和排气节流两种。图 8–30a 所示为供气节流调速，单向节流阀对气缸进行供气节流，气缸排出的气流则可以通过单向节流阀内的单向阀从换向阀的排气口排出。这种控制方法可以防止气缸启动时的“冲出”现象，调速效果也较好，但是当负载变化时气缸运行不够稳定，一般用于要求启动平稳的小容量气缸的气动系统。

图 8–30b 所示为排气节流调速，它对气缸排气进行节流控制。在这种情况下，气缸活塞的两端都受到气压的作用，大大改善了气缸的进给性能，能获得较好的平稳性，因此在实际中应用广泛。

四、其他基本回路

1. 安全回路

在锻压、冲压等设备中必须设置安全保护回路，以保证操作者的安全。图 8–31 所示为双手同时操作回路，该系统中接入了气瓶 3（气瓶的图形符号与气罐类似，不同之处是增加了一般表示气压方向的空心等边三角形），气瓶能预先充满压缩空气。该系统只有在双手按下推压控制式二位五通换向阀 1、2 时，才能使气缸 5 的活塞下行。该气动系统的工作原理如下。

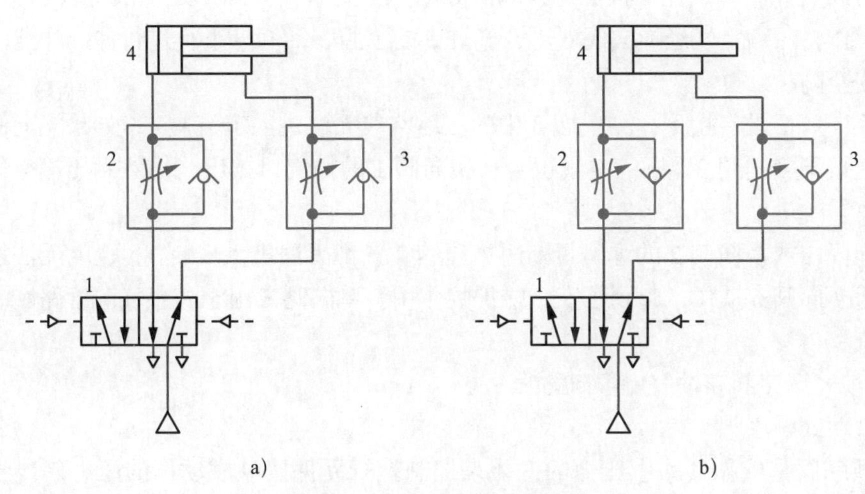

图 8-30　节流调速控制回路

a）供气节流调速　b）排气节流调速

1—二位五通双气控换向阀　2、3—单向节流阀　4—气缸

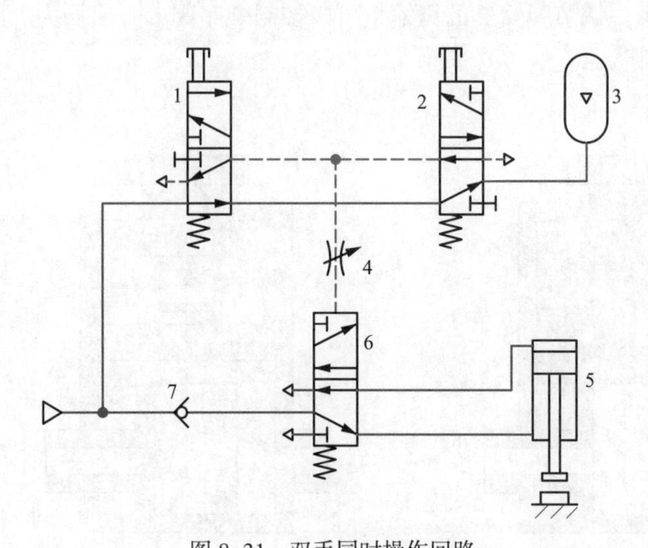

图 8-31　双手同时操作回路

1、2—推压控制式二位五通换向阀　3—气瓶　4—节流阀

5—气缸　6—单气控二位五通换向阀　7—单向阀

（1）初始状态

在初始状态，气源通过推压控制式二位五通换向阀 1、2 向气瓶 3 充气，同时，压缩空气经单向阀 7、单气控二位五通换向阀 6 进入气缸 5 的下腔，使气缸 5 的活塞杆保持在缩回状态。

（2）正常作业

当同时按下换向阀 1、2 的手柄时，气瓶 3 中的压缩空气经换向阀 2 进入节流阀 4，并延时一定时间后控制单气控二位五通换向阀 6 动作（此时换向阀 1 处于截止状态），使换向阀 6 上位工作，压缩空气经换向阀 6 进入气缸 5 的上腔，活塞杆下行进行冲压作业。

（3）安全防护

如果换向阀 2 没有按下，则气瓶 3 中的压缩空气无法进入节流阀 4；如果换向阀 1 没有按下，即使按下换向阀 2，压缩空气也会从换向阀 1 的排气口排出，仍然无压缩空气通过节流阀 4。

当换向阀 1 或换向阀 2 的弹簧折断时，压缩空气都无法进入气瓶 3，也就无法控制单气控二位五通换向阀 6 动作，起到了安全防护的作用。单向阀 7 用于防止气源管路断裂时压缩空气的回流。

2. 直动式顺序阀和过载保护回路

（1）直动式顺序阀

气动顺序阀是依靠气路中压力的变化来控制执行元件按顺序动作的压力阀。直动式顺序阀的工作原理如图 8–32a、b 所示，左侧气口为压缩空气的进气口，右侧气口为压缩空气的出气口。当输入压力达不到调整压力时，阀芯 3 将气口封闭，顺序阀处于关闭状态，如图 8–32a 所示；当输入压力达到调整压力时，阀芯 3 上移，阀口打开，压缩空气从出气口输出，如图 8–32b 所示。调节弹簧 2 的压缩量可以控制顺序阀的开启压力。图 8–32c 所示为直动式顺序阀的图形符号。

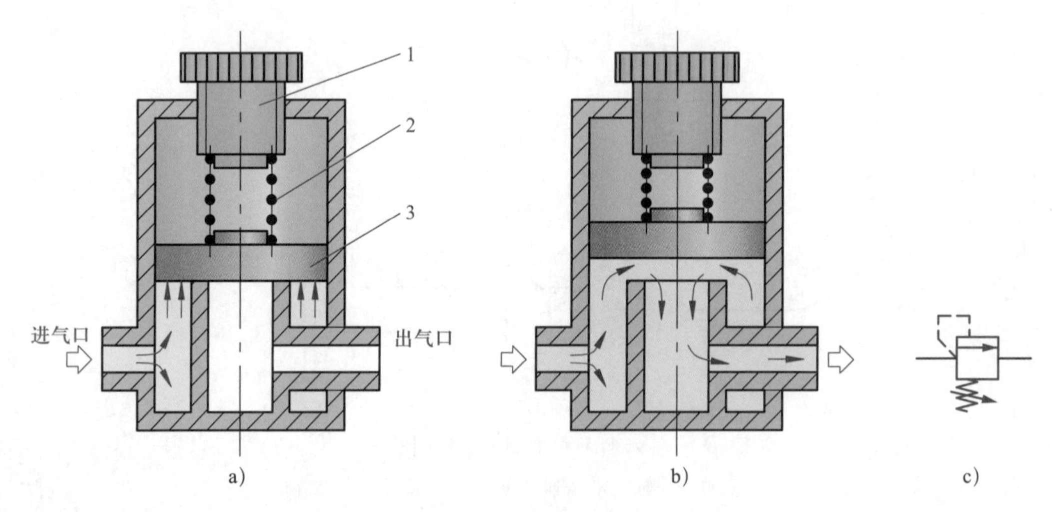

图 8–32　直动式顺序阀

a）关闭状态　b）开启状态　c）图形符号

1—调节螺杆　2—弹簧　3—阀芯

（2）过载保护回路

图 8–33 所示为过载保护回路，当按下推压控制式二位二通换向阀 1 后，气缸往复运

动一次。其工作原理如下：按下推压控制式二位二通换向阀 1 的手柄，单气控二位四通换向阀 2 左位接入系统，压缩空气经换向阀 2 左位进入气缸 5 的无杆腔，活塞杆伸出。同时，要松开换向阀 1 的按钮，使其阀芯复位。当活塞杆触发二位二通行程换向阀 6 时，控制气体经换向阀 6 排空，换向阀 2 失去控制压力，阀芯在弹簧作用下复位，压缩空气经换向阀 2 右位进入气缸 5 的有杆腔，活塞杆缩回，完成一个工作循环。如果活塞杆伸出时所受的负载很大或遇到障碍物时，气缸无杆腔的压力升高，当压力大于直动式顺序阀 4 的调定压力时，直动式顺序阀打开，压缩空气经直动式顺序阀进入单气控二位二通换向阀 3 的控制气口，使换向阀 3 的上位接入系统，来自换向阀 1 的控制气体经换向阀 3 排空，换向阀 2 在弹簧作用下复位，压缩空气进入气缸的有杆腔，活塞杆退回，从而实现了系统的过载保护。

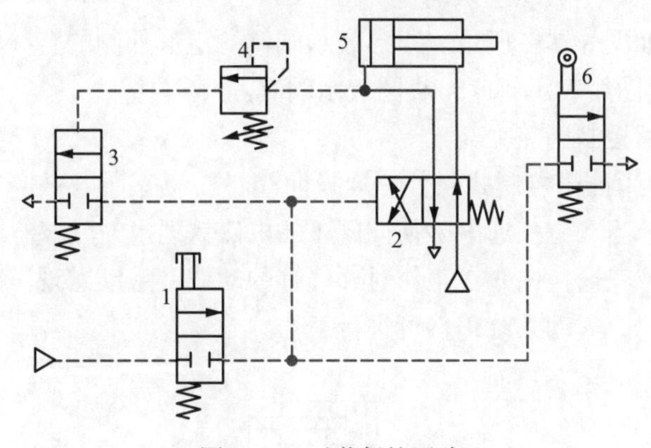

图 8-33　过载保护回路

1—推压控制式二位二通换向阀　2—单气控二位四通换向阀　3—单气控二位二通换向阀
4—直动式顺序阀　5—气缸　6—二位二通行程换向阀

3. 梭阀和自动手动并用控制回路

（1）梭阀

梭阀相当于两个单向阀组合在一起，其工作原理如图 8-34a、b 所示。它有两个进气口 P_1 和 P_2，一个出气口 A，阀芯在两个方向上起单向阀的作用。P_1 口和 P_2 口都可以与 A 口相通，但 P_1 口和 P_2 口不相通。梭阀的工作原理如下。

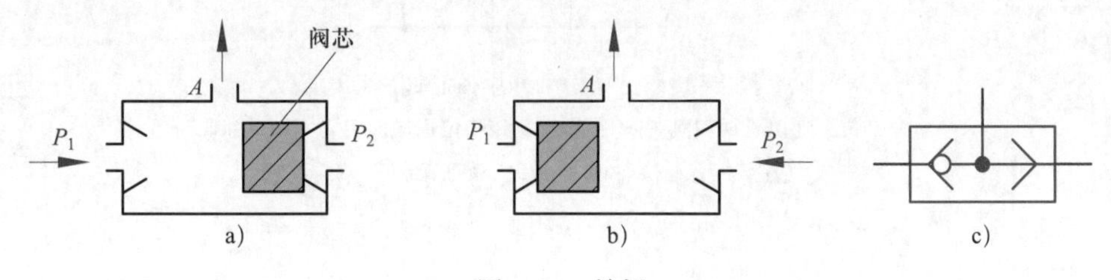

图 8-34　梭阀

a）P_1 口进气　b）P_2 口进气　c）图形符号

1）P_1口进气

如图 8-34a 所示，当P_1口进气时，阀芯右移，封住P_2口，使P_1口与A口相通，A口排气。

2）P_2口进气

如图 8-34b 所示，当P_2口进气时，阀芯左移，封住P_1口，使P_2口与A口相通，A口排气。

3）P_1口与P_2口都进气

当P_1口与P_2口都进气时，若P_1口与P_2口进气压力相等，阀芯可能停留在任意位置；若P_1口与P_2口进气压力不等，则高压的通道打开，低压口被封闭，高压气流从A口输出。

4）A口进气

当A口进气时，压缩空气从上次的进气口排出。

梭阀的图形符号如图 8-34c 所示。矩形表示阀体，矩形外侧的直线段表示进出气的管路接口，90°开口的 V 形图线表示阀座，小圆表示阀芯。

（2）自动手动并用控制回路

图 8-35 所示为采用推压控制式二位三通换向阀、二位三通电磁换向阀和梭阀控制的自动手动并用控制回路。当二位三通电磁换向阀 1 的电磁铁通电时，气缸的动作由电气控制实现；当推压控制式二位三通换向阀 2 工作时，气缸的动作由手动实现。此回路的作用是当停电或电磁阀发生故障时，气动系统仍然可进行工作。

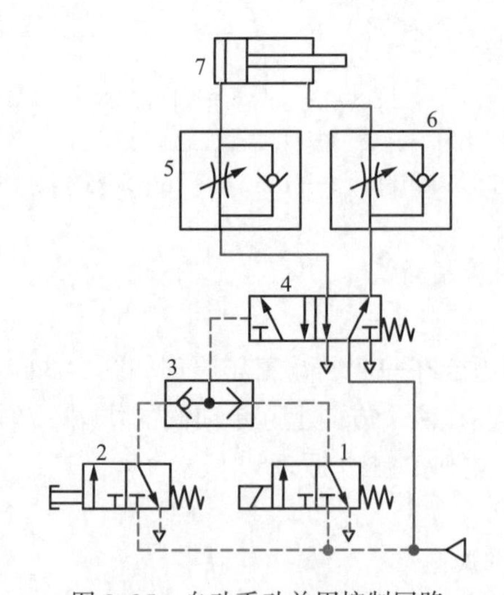

图 8-35 自动手动并用控制回路

1—二位三通电磁换向阀 2—推压控制式二位三通换向阀 3—梭阀

4—单气控二位五通换向阀 5、6—单向节流阀 7—气缸

§8-4　典型气动系统

气压传动系统使用安全、可靠，可以在高温、振动、腐蚀、易燃、易爆、多尘埃、强磁、辐射等恶劣环境下工作，因此其应用越来越广泛，成为实现工业生产自动化和半自动化的主要传动方式之一。本节介绍两个常用的气动系统实例。

一、组合机床气动夹具的气动系统

图 8-36 所示为组合机床中常用的气动夹具气动系统。当工件放置好后，首先垂直气缸 1 的活塞向下伸出将工件压紧；然后两侧气缸 5 和 7 的活塞杆同时伸出，对工件进行夹紧；工件夹紧后进行机械加工，完成后各气缸的活塞退回，将工件松开。该工件夹紧气动回路的工作过程如下。

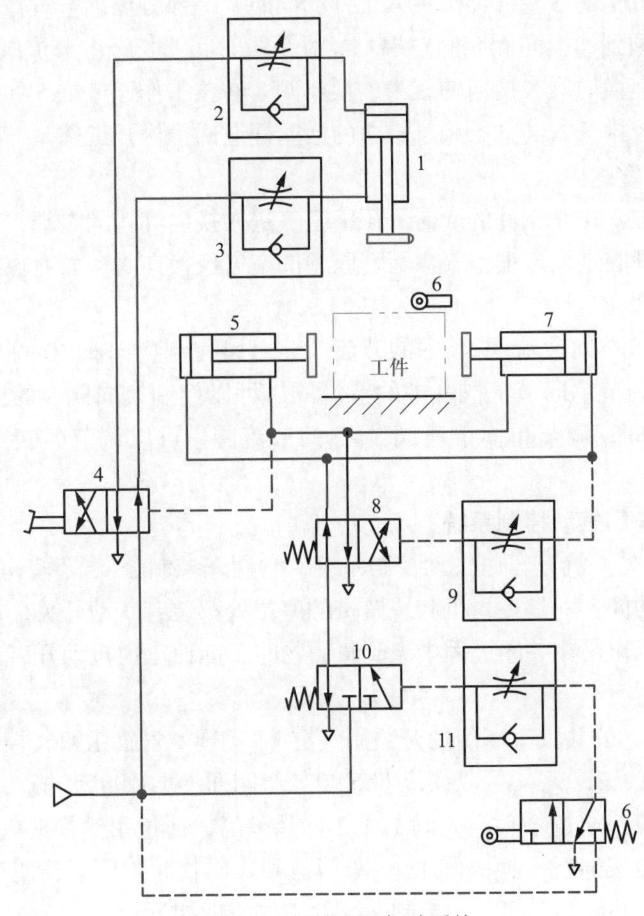

图 8-36　气动夹具气动系统

1、5、7—气缸　2、3、9、11—单向节流阀　4—脚踏式二位四通换向阀
6—二位三通行程换向阀　8—单气控二位四通换向阀　10—单气控二位三通换向阀

1. 上侧气缸活塞下行，压紧工件

踩下脚踏式二位四通换向阀 4，使其左位接入系统，然后松开换向阀 4 的踏板。压缩空气经换向阀 4 左位，再经单向节流阀 2 的单向阀进入气缸 1 的上腔；气缸 1 的下腔经单向节流阀 3 的节流阀，再经换向阀 4 左位进行排气。气缸 1 的活塞向下运动，实现对工件的上下夹紧。

2. 两侧气缸活塞杆伸出，夹紧工件

当气缸 1 的活塞下移到预定位置时，压下二位三通行程换向阀 6 的推杆，使其左位接入系统，控制气体经过行程换向阀 6，再经单向节流阀 11 的节流阀，进入单气控二位三通换向阀 10 右端的控制气口，使换向阀 10 右位接入系统。此时系统中主气路的走向是：压缩空气经过换向阀 10 的右位和换向阀 8 的左位进入气缸 5 和气缸 7 的无杆腔，气缸 5 和气缸 7 有杆腔中的空气经换向阀 8 的左位进行排气。从而使气缸 5 和气缸 7 的活塞杆伸出，实现从两侧夹紧工件。

3. 两侧气缸活塞退回

在气缸 5 和气缸 7 的活塞杆伸出夹紧工件的同时，一部分压缩空气作为控制气体通过单向节流阀 9 的节流阀到达换向阀 8 的右端。经过一段时间（长短由节流阀控制），机械加工完成后，气压达到使换向阀 8 换向的压力，换向阀 8 右位工作，气缸 5 和气缸 7 的有杆腔进入压缩空气，无杆腔排气。气缸 5 和气缸 7 的活塞杆退回，松开工件。

4. 上侧气缸活塞退回

在气缸 5 和气缸 7 松开工件的同时，压缩空气进入换向阀 4 的右端，使换向阀 4 右位接入系统。气缸 1 有杆腔进入压缩空气，无杆腔中的空气经换向阀 4 的右位排气，气缸 1 的活塞杆退回，松开工件。

在系统中，调节单向节流阀 11 中的节流阀，可以控制换向阀 10 的换向时间，确保气缸 1 先实现夹紧；调节单向节流阀 9 中的节流阀，可以控制换向阀 8 的换向时间，确保有足够的机械加工时间；调节单向节流阀 2、3 的节流阀，可以调节气缸 1 的活塞上下移动时间。

二、公共汽车车门气动控制系统

图 8–37 所示为公共汽车车门气动控制系统，它用来控制公共汽车车门的开闭。该气动控制系统具备两个功能：一是在司机和售票员的座位处都装有气动开关，司机和售票员都可以开关车门；二是当车门在关闭过程中遇到障碍物时，能使车门自动开启，起到安全保护作用。

如图 8–37 所示，公共汽车车门的开关用气缸 11 实现，气缸由双气控二位四通换向阀 8 控制，手动换向阀 1、2、3、4 可以操纵双气控二位四通换向阀 8 动作。气缸运动速度由单向节流阀 9、10 调节。通过手动换向阀 1 或 2 打开车门，通过手动换向阀 3 或 4 关闭车门。安装在车门上的二位三通行程换向阀 12 在车门遇到障碍物时被压下，使车门打开，从而起到安全保护作用。公共汽车车门气动控制系统的工作原理如下。

1. 初始状态

双气控二位四通换向阀 8 右位工作，气缸 11 的活塞杆伸出，车门处于关闭状态。

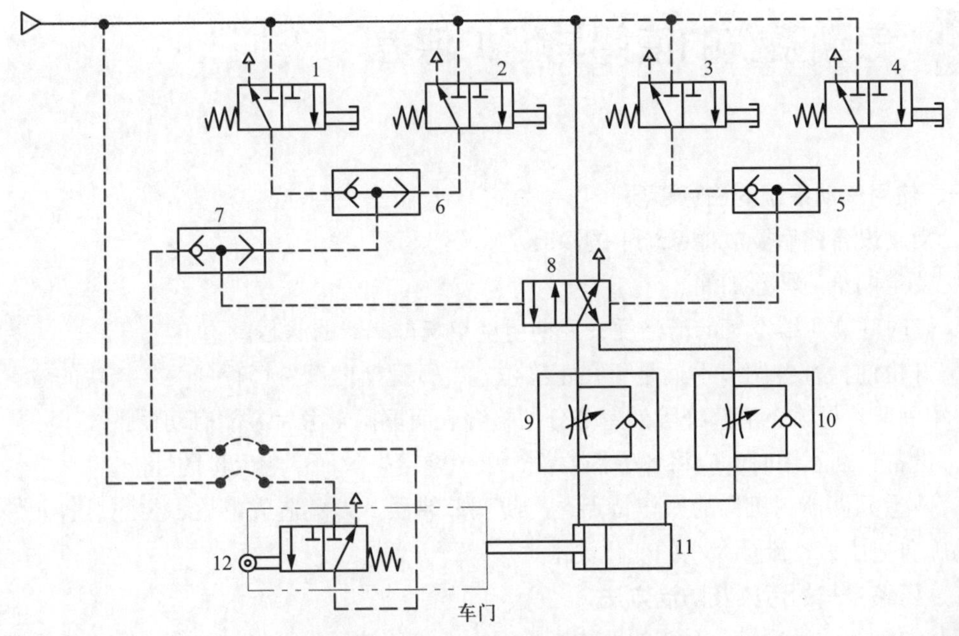

图 8-37　公共汽车车门气动控制系统

1、2、3、4—手动换向阀　5、6、7—梭阀　8—双气控二位四通换向阀

9、10—单向节流阀　11—气缸　12—二位三通行程换向阀

2. 打开车门

当操纵手动换向阀 1 或 2 时，压缩空气经手动换向阀 1 或 2 到达梭阀 6、7，把控制信号输送到换向阀 8 的左端，使换向阀 8 切换至左位工作。压缩空气经过换向阀 8、单向节流阀 9 的单向阀进入气缸左腔，使车门打开。

3. 关闭车门

当操纵手动换向阀 3 或 4 时，压缩空气经手动换向阀 3 或 4 到达梭阀 5，把控制信号输送到换向阀 8 的右端，使换向阀 8 切换至右位工作。压缩空气经过换向阀 8、单向节流阀 10 的单向阀进入气缸右腔，使车门关闭。

4. 安全保护

当车门在关闭过程中遇到障碍物时，便推动二位三通行程换向阀 12 动作，使压缩空气经二位三通行程换向阀 12、梭阀 7 到达换向阀 8 的左端，使车门重新开启。需要指出的是，若手动换向阀 3 或 4 在车门遇到障碍物时仍保持按下状态，则无法起到安全保护作用。

§8-5 气动系统的使用与维护保养

一、使用气动系统的注意事项

1．启动设备前后要放掉系统中的冷凝水。

2．要定期给油雾器加油。

3．随时注意压缩空气的清洁度，定期清洗空气过滤器的滤芯。

4．开机前检查各调节手柄是否在正确位置，行程换向阀、行程开关、挡块的位置是否正确、牢固。将导轨、活塞杆等外露部分的配合表面擦拭干净后方能启动设备。

5．设备长期不用时，应将各手柄放松，以免弹簧失效而影响元件的性能。

6．熟悉元件控制机构的操作特点，严防调节错误，以免造成事故。要注意各元件调节手柄的旋向与压力、流量大小的变化关系。

二、压缩空气的污染及防治方法

压缩空气的质量对气动系统的性能影响很大，它若被污染则将导致管道和元件锈蚀、密封件变形、喷嘴堵塞，使系统不能正常工作。压缩空气的污染主要来自水分、油分、粉尘和噪声四个方面，其污染原因及防治方法如下。

1．水分

压缩空气中的水分会腐蚀元件或造成元件动作失灵，特别是在我国南方和沿海一带及夏季或雨季，空气潮湿，这常常是气动系统发生故障的重要原因，对压缩空气的干燥必须给予足够的重视。为了排除水分，要使空气压缩机排出的高温气体尽快冷却下来析出水滴，这需要在空气压缩机出口处安装冷却器。在空气输入主管道的部位应安装空气过滤器以清除水分。此外，在水平管路安装时，要保留一定的倾斜度，并在末端设置冷凝水积水装置，使空气流动过程中产生的冷凝水沿斜管流到积水装置经排水阀排出。为了进一步净化空气，要安装干燥器。

2．油分

压缩空气中油分的存在主要是由于空气压缩机使用的一部分润滑油呈现雾状混入压缩空气，随压缩空气一起输送出去。压缩空气中的油分会使橡胶、塑料、密封材料变质，也会导致喷嘴堵塞及机械污染等。压缩空气中油分的清除可采用油雾分离器。

3．粉尘

空气压缩机会吸入有粉尘的空气而使粉尘流入系统中。压缩空气中的粉尘会引起气动元件的摩擦副损坏，增大摩擦力，也会引起气体泄漏，甚至使控制元件动作失灵，执行元件推力降低。在空气压缩机吸气口安装过滤器，可减少进入空气压缩机中气体的粉尘量。在气体进入气动装置前设置过滤器，可进一步过滤粉尘杂质。

4. 噪声

气动系统的噪声，是生产中的一种严重污染，是妨碍气动设备推广和发展的一个重要原因。目前，消除噪声的主要方法有两个，一是利用消声器，二是实行集中排气。

三、气动系统的维护保养

要想保证气动系统工作安全、稳定、可靠，必须经常检查和维护气动系统，及时发现气动元件及系统的故障先兆并进行处理，才能保证气动元件及系统的正常工作，延长其使用寿命。气动系统的维护保养分为系统操作前的检查与调整、系统工作循环试运行、系统工作时的检查和工作后的维护保养等方面。

1. 系统操作前的检查与调整

（1）打开气源，检查整个系统有无漏气部位，有漏气现象应分析原因并排除。

（2）观察气源压力是否正常，管道布置是否符合要求，软管有无弯折现象。

（3）检查气源辅助元件，将油雾分离器、空气过滤器的积水排除，调整油雾器使油雾的大小合适。

（4）检查并调整各执行元件进入初始位置。

2. 系统工作循环试运行

（1）试运行几个工作循环，观察运行中有无漏气部位。

（2）观察执行元件的运动是否正常，行程、速度等参数不正常的要逐一调整到正常。

（3）检查故障报警及处理功能是否正常。

（4）检查工作精度是否正常，有误差的应设法调整并消除误差。

（5）观察气缸有无冲击、噪声过大、爬行等现象，若有应及时消除。

3. 系统工作时的检查

（1）随时观察润滑情况，油雾器滴油应适量并不能间断。

（2）观察排水器的储水情况，及时排水或定时排水，不能因疏忽使水进入气动系统。

（3）观察运行情况，如发现操作时有不正常的噪声、冲击、刀具折断、气缸爬行、自停、乱步等情况，应及时调整或消除故障。

（4）对加工设备应检查工件尺寸精度，有不符合要求时应停机寻找原因并消除。

（5）观察空气压缩机的电动机温升，不能超出要求。

4. 系统工作后的维护保养

（1）停机前应加大油雾，充分润滑各气动元件，以防止停机时间过长时造成锈蚀。

（2）将油雾分离器、排水过滤器等的冷凝水排掉，清除切屑、冷却液，在移动部位加润滑油。

（3）定期清洗、维护、检修气动元件。

（4）定期更换达到使用寿命的气动元件。

四、空气压缩机的使用与维护保养

1. 空气压缩机的使用

（1）操作前，应检查注油器中的润滑油是否在标尺范围内，注油器内的油量不应低于刻度线的最低值。

（2）操作前，应检查各运动部位是否灵活，各连接部位是否紧固，润滑系统是否正常，电动机及电气控制设备是否安全。

（3）操作前，应检查防护装置及安全附件是否完好齐全，检查排气管路是否畅通。

（4）必须在无载荷状态下启动，待空载运转情况正常后，再逐步使空气压缩机进入负荷运转。

（5）启动时应注意倾听机器的运转声音是否正常。在机器运转 1 ~ 2 min 后，观察机器工作有无异常。

（6）工作时，检查各仪表的指示值是否正确。

（7）启动设备前和关闭设备后，都应将冷凝水放掉。

2. 空气压缩机的维护保养

（1）保持整机清洁无油污。

（2）每天检查各连接部位有无松动现象。

（3）空气压缩机在运行中如出现异声或剧烈振动，应停机检查。

（4）每月清洗消声器和空气滤清器。

（5）定期查看气阀密封情况。如压力下降过快，应检查密封情况，并更换损坏的密封件。

五、气缸的使用与维护保养

1. 气缸的使用环境

（1）气缸要使用清洁干燥的压缩空气。压缩空气中不得含有有机溶剂的合成油、盐分、腐蚀性气体等，以防气缸动作不良。

（2）在灰尘多，有水滴、油滴的场所，气缸活塞杆一侧应安装伸缩防护套。安装伸缩防护套时，不要出现拧扭现象。不能使用伸缩防护套的场合，应选用带强力防尘圈的气缸或防水气缸。

（3）一般气缸的正常工作温度，在带磁性开关时为 −10 ~ 60 ℃，不带磁性开关时为 −10 ~ 70 ℃。若超出范围，则要采用防冻或隔热措施。

（4）在强磁场的环境中，应选用带耐强磁场的自动开关的气缸。

2. 气缸的使用要求

（1）使用流量控制阀进行气缸速度的调整时，流量控制阀应从全闭状态逐渐打开调至所希望的开度，流量控制阀的调整圈数不许超过最大旋转圈数，调整完成后将锁紧螺母拧紧。

（2）气缸的润滑分为给油润滑和脂润滑。给油润滑气缸，应配置流量合适的油雾器。不给油润滑气缸，因气缸内预加了润滑脂，可以长期使用。这种气缸也可以给油使用，但一旦给油就不得再停止给油，这是因为预加的润滑脂可能已被冲洗掉，不给油会导致气缸动作不良。

（3）缸筒和活塞杆的滑动部位不得受损伤，以防止气缸动作不良、损坏活塞杆密封圈等造成漏气。

（4）气缸若长时间不用，应一个月动作一次，并在活塞杆上涂润滑油或润滑脂，以防生锈。

3. 气缸的维护保养

（1）使用中应定期检查气缸各部位是否有异常现象，动作是否平稳，速度及循环周期有无明显变化，气缸安装架是否松动和变形，各连接部分有无松动等。若发现问题应及时检修，防止事故发生。

（2）气缸正常使用后，要经常检查系统中排水过滤器和油雾器的工作情况，及时放水加油。不供油气缸每六个月在气缸滑动部位涂抹一次润滑脂。

（3）气缸需要定期更换密封圈，以防止泄漏，确保气缸能正常工作。重新装配时，零件必须清洗干净，不得将脏物带入气缸内，特别需防止密封圈被剪切、划伤、损坏等。